——普通高等院校数据科学与大数据技术专业系列教材

Spark大数据
编程基础(Scala版)

高建良 盛 羽 编著

本书配有教学课件和源代码

中南大学出版社
www.csupress.com.cn
·长沙·

普通高等院校数据科学与大数据技术专业系列教材编委会

主　　任　桂卫华
副 主 任　邹北骥　吴湘华
执行主编　郭克华　张祖平
委　　员　(按姓氏笔画排序)
龙　军　刘丽敏　余腊生　周　韵
高　琰　桂劲松　高建良　章成源
鲁鸣鸣　雷向东　廖志芳

总 序
Preface

随着移动互联网的兴起,全球数据呈爆炸式增长,目前90%以上的数据是近年产生的,数据规模大约每两年翻一番,而随着人工智能下物联网生态圈的形成,数据的采集、存储及分析处理、融合共享等技术需求都能得到响应,各行各业都在体验大数据带来的革命,"大数据时代"真正来临。这是一个产生大数据的时代,更是需要大数据力量的时代。

大数据具有体量巨大、速度极快、类型众多、价值巨大的特点,对数据从产生、分析到利用提出了前所未有的新要求。高等教育只有转变观念,更新方法与手段,寻求变革与突破,才能在大数据与人工智能的信息大潮面前立于不败之地。据预测,中国近年来大数据相关人才缺口达200万人,全世界相关人才缺口更超过1000万人之多。我国教育部门为了适应社会发展需要,率先于2016年开始正式开设"数据科学与大数据技术"本科专业及"大数据技术与应用"专科专业,近几年,全国形成了申报与建设大数据相关专业的热潮。随着专业建设的深入,大家发现了一个共同的难题:没有成系列的大数据相关教材。

中南大学作为首批申报大数据专业的学校,2015年在我校计算机科学与技术专业设立大数据方向时,信息科学与工程学院院领导便意识到系列教材缺失的严重问题,因此院领导规划由课程团队在教学的同时积累素材,形成面向大数据专业知识体系与能力体系、老师自己愿意用、同学觉得买得值、关联性强的系列教材。经过两年的准备,针对2017年《教育部办公厅关于推荐新工科研究与实践项目的通知》的精神,中南大学出版社组织对系列教材文稿进行相应的打磨,最终于2018年底出版"普通高等院校数据科学与大数据技术专业系列教材"。

该套系列教材具有如下特点:

1. 本套教材主要参照"数据科学与大数据技术"本科专业的培养方案,综合考虑专业的来源,如从计算机类专业、数学统计类专业以及经济类专业发展而来,同时适当兼顾了专科类偏向实际应用的特点。

2. 注重理论联系实际,注重能力培养。该系列教材中既有理论教材也有配套的实践教程,力图通过理论或原理教学、案例教学、课堂讨论、课程实验与实训实习等多个环节,训练学生掌握知识、运用知识分析并解决实际问题的能力,以满足学生今后就业或科研的需求,同时兼顾"全国工程教育专业认证"对学生基本能力的培养要求与复杂问题求解能力的要求。

3. 在规范教材编写体例的同时，注重写作风格的灵活性。本套系列教材中每本书的内容都由教学目的、本章小结、思考题或练习题、实验要求等组成。每本教材都配有 PPT 电子教案及相关的电子资源，如实验要求及 DEMO、配套的实验资源管理与服务平台等。本套系列教材的文本层次分明、逻辑性强、概念清晰、图文并茂、表达准确、可读性强，同时相关配套电子资源与教材的相关性强，形成了新媒体式的立体型系列教材。

4. 响应了教育部"新工科"研究与实践项目的要求。本套教材从专业导论课开始设立相关的实验环节，作为知识主线与技术主线把相关课程串接起来，力争让学生尽早具有培养自己动手能力的意识、综合利用各种技术与平台的能力。同时为了避免新技术发展太快、教材纸质文字内容容易过时的问题，在相关技术及平台的叙述与实践中，融合了网络电子资源容易更新的特点，使新技术保持时效性。

5. 本套丛书配有丰富的多媒体教学资源，将扩展知识、习题解析思路等内容做成二维码放在书中，丰富了教材内容，增强了教学互动，有利于提高学生的学习积极性与主动性。

本套丛书吸纳了数据科学与大数据技术教育工作者多年的教学与科研成果，凝聚了作者们的辛勤劳动，同时也得到了中南大学等院校领导和专家的大力支持。我相信本套教材的出版，对我国数据科学与大数据技术专业本科、专科教学质量的提高将有很好的促进作用。

桂卫华
2018 年 11 月

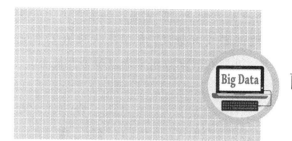

前 言
Foreword

大数据被称为"未来的新石油",那么如何开采"新石油"是各个领域处理大数据面临的核心问题。工欲善其事,必先利其器。大数据编程为处理大数据提供了最有效的"器",本书全面介绍了大数据编程基础。Apache Spark 已经成为大数据处理的首选平台,因此本书的大数据编程将基于 Spark 平台进行。

本书成体系地介绍了 Spark 大数据编程技术。本书分为三个部分共 10 章,从介绍 Spark 开发环境开始,再以 Spark 编程入门基础为承接,最后具体到每一个 Spark 编程组件。这三部分内容由浅入深自成体系,可以方便地学习 Spark 编程的每个具体知识点。

第一部分包含第 1~2 章,讲述了 Spark 的开发环境。其中,第 1 章对 Spark 的背景和运行架构进行了概述;第 2 章对 Spark 开发环境的搭建进行了详细介绍。这是学习后续章节的基础。

第二部分包含第 3~5 章,讲述了 Spark 编程入门基础部分,重点介绍了 Scala 编程基础和弹性分布式数据集(resilient distributed dataset,RDD)编程。本书采用 Scala 编程语言,第 3 章和第 4 章分别介绍了 Scala 语言基础和 Scala 面向对象编程。RDD 是 Spark 对数据的核心抽象,第 5 章介绍了 RDD 编程。

第三部分包含第 6~10 章,讲述了 Spark 编程组件部分,重点介绍了 Spark SQL、Spark Streaming、Spark GraphX、Spark ML 四个组件的编程。其中,第 6 章介绍了 Spark SQL,它可以高效地处理结构化数据;第 7 章介绍了 Spark Streaming,它可以高效地处理流式数据;第 8 章介绍了 Spark GraphX,它可以高效地处理图数据;第 9 章和第 10 章介绍了 Spark ML,它们分别以 Spark 机器学习原理和 Spark 机器学习模型为重点进行介绍。

本书在编写过程中力求深入浅出、重点突出、简明扼要,尽可能方便不同专业背景和知识层次的读者阅读。本书编写过程中,中南大学研究生杜宏亮、田玲、熊帆、高俊、吕腾飞、蒋志怡、应晓婷等做了大量的资料收集整理、书稿校对等工作,在此,对这些同学的辛勤工作表示感谢。

本书配套的官方网站是 http://aibigdata.csu.edu.cn,免费提供全部课件资源、源代码和数据集。相关资料也可以从中南大学出版社的网站下载。

另外,本书部分内容参考了大量的公开资料和网络上的资源,对他们的工作致以衷心的感谢。需要指出的是,数据科学与大数据技术是一个全新的专业,因此编写一本完美的大数据编程教材绝非易事。由于水平有限,书中难免存在疏漏或者错误,希望广大读者不吝赐教。如有任何建议、意见或者疑问,请及时联系作者,以期在后续版本中加以改进和完善。

编 者
2019 年 3 月

目录 Contents

第 1 章 Spark 概述 (1)
1.1 Spark 的背景 (1)
1.1.1 Spark 发展史 (1)
1.1.2 Spark 的特点 (2)
1.2 Spark 生态系统 (3)
1.2.1 Spark Core (3)
1.2.2 Spark SQL (4)
1.2.3 Spark Streaming (4)
1.2.4 GraphX (5)
1.2.5 MLBase/MLlib (5)
1.2.6 SparkR (5)
1.3 Spark 运行架构 (6)
1.3.1 相关术语 (6)
1.3.2 Spark 架构 (7)
1.3.3 执行步骤 (8)
1.3.4 Spark 运行模式 (10)
1.4 WordCount 示例 (13)
1.4.1 三种编程语言的示例程序 (13)
1.4.2 Scala 版本 WordCount 运行分析 (16)
1.4.3 WordCount 中的类调用关系 (18)
1.5 本章小结 (19)
思考与习题 (19)

第 2 章 搭建 Spark 开发环境 (20)
2.1 Spark 开发环境所需软件 (20)
2.2 安装 Spark (21)

2.2.1 spark-shell 下的实例 ……(25)
2.2.2 SparkWEB 的使用 ……(26)
2.3 IDEA ……(28)
2.3.1 安装 IDEA ……(28)
2.3.2 IDEA 的实例(Scala) ……(32)
2.3.3 IDEA 打包运行 ……(37)
2.4 Eclipse ……(40)
2.4.1 安装 Eclipse ……(40)
2.4.2 Eclipse 的实例(Scala) ……(41)
2.5 本章小结 ……(46)
思考与习题 ……(47)

第 3 章 Scala 语言基础 (48)

3.1 Scala 简介 ……(48)
3.1.1 Scala 特点 ……(48)
3.1.2 Scala 运行方式 ……(48)
3.2 变量与类型 ……(50)
3.2.1 变量的定义与使用 ……(50)
3.2.2 基本数据类型和操作 ……(56)
3.2.3 Range 操作 ……(61)
3.3 程序控制结构 ……(62)
3.3.1 if 条件表达式 ……(62)
3.3.2 循环表达式 ……(66)
3.3.3 匹配表达式 ……(70)
3.4 集合 ……(73)
3.4.1 数组 ……(73)
3.4.2 列表 ……(78)
3.4.3 集 ……(81)
3.4.4 映射 ……(85)
3.4.5 Option ……(90)
3.4.6 迭代器与元组 ……(92)
3.5 函数式编程 ……(95)
3.5.1 函数 ……(95)
3.5.2 占位符语法 ……(97)
3.5.3 递归函数 ……(99)

3.5.4　嵌套函数 ……………………………………………………………………（101）
　　3.5.5　高阶函数 ……………………………………………………………………（102）
　　3.5.6　高阶函数的使用 ……………………………………………………………（104）
3.6　本章小结 ……………………………………………………………………………（108）
思考与习题 ………………………………………………………………………………（108）

第4章　Scala 面向对象编程 ………………………………………………………（110）

4.1　类与对象 ……………………………………………………………………………（110）
　　4.1.1　定义类 …………………………………………………………………………（110）
　　4.1.2　创建对象 ………………………………………………………………………（111）
　　4.1.3　类成员的访问 …………………………………………………………………（112）
　　4.1.4　构造函数 ………………………………………………………………………（113）
　　4.1.5　常见对象类型 …………………………………………………………………（116）
　　4.1.6　抽象类与匿名类 ………………………………………………………………（118）
4.2　继承与多态 …………………………………………………………………………（120）
　　4.2.1　类的继承 ………………………………………………………………………（121）
　　4.2.2　构造函数执行顺序 ……………………………………………………………（124）
　　4.2.3　方法重写 ………………………………………………………………………（125）
　　4.2.4　多态 ……………………………………………………………………………（127）
4.3　特质(trait) …………………………………………………………………………（128）
　　4.3.1　特质的使用 ……………………………………………………………………（129）
　　4.3.2　特质与类 ………………………………………………………………………（132）
　　4.3.3　多重继承 ………………………………………………………………………（135）
4.4　导入和包 ……………………………………………………………………………（137）
　　4.4.1　包 ………………………………………………………………………………（137）
　　4.4.2　import 高级特性 ………………………………………………………………（138）
4.5　本章小结 ……………………………………………………………………………（141）
思考与习题 ………………………………………………………………………………（141）

第5章　RDD 编程 ……………………………………………………………………（143）

5.1　RDD 基础 …………………………………………………………………………（143）
　　5.1.1　RDD 的基本特征 ……………………………………………………………（143）
　　5.1.2　依赖关系 ………………………………………………………………………（144）
5.2　创建 RDD …………………………………………………………………………（148）
　　5.2.1　从已有集合创建 RDD ………………………………………………………（148）

5.2.2　从外部存储创建 RDD ……………………………………………………（149）
5.3　RDD 操作 ………………………………………………………………………（150）
　　5.3.1　Transformation 操作 ……………………………………………………（151）
　　5.3.2　Action 操作 ………………………………………………………………（159）
　　5.3.3　不同类型 RDD 之间的转换 ………………………………………………（166）
5.4　数据的读取与保存 ………………………………………………………………（168）
5.5　RDD 缓存与容错机制 …………………………………………………………（170）
　　5.5.1　RDD 的缓存机制（持久化）………………………………………………（170）
　　5.5.2　RDD 检查点容错机制 ……………………………………………………（173）
5.6　综合实例 …………………………………………………………………………（174）
5.7　本章小结 …………………………………………………………………………（179）
思考与习题 ……………………………………………………………………………（180）

第 6 章　Spark SQL ……………………………………………………………………（181）

6.1　Spark SQL 概述 …………………………………………………………………（181）
　　6.1.1　Spark SQL 架构 …………………………………………………………（181）
　　6.1.2　程序主入口 SparkSession ………………………………………………（182）
　　6.1.3　DataFrame 与 RDD ………………………………………………………（184）
6.2　创建 DataFrame …………………………………………………………………（185）
　　6.2.1　从外部数据源创建 DataFrame ……………………………………………（185）
　　6.2.2　RDD 转换为 DataFrame …………………………………………………（199）
6.3　DataFrame 操作 …………………………………………………………………（203）
　　6.3.1　Transformation 操作 ……………………………………………………（204）
　　6.3.2　Action 操作 ………………………………………………………………（216）
　　6.3.3　保存操作 ……………………………………………………………………（219）
6.4　Spark SQL 实例 …………………………………………………………………（220）
6.5　本章小结 …………………………………………………………………………（226）
思考与习题 ……………………………………………………………………………（226）

第 7 章　Spark Streaming ……………………………………………………………（228）

7.1　Spark Streaming 工作机制 ……………………………………………………（228）
　　7.1.1　Spark Streaming 工作流程 ………………………………………………（228）
　　7.1.2　Spark Streaming 处理机制 ………………………………………………（229）
7.2　DStream 输入源 …………………………………………………………………（230）
　　7.2.1　基础输入源 …………………………………………………………………（230）

7.2.2　高级输入源 ··· (232)

7.3　DStream 转换操作 ··· (233)

　　7.3.1　无状态转换操作 ··· (233)

　　7.3.2　有状态转换操作 ··· (234)

7.4　DStream 输出操作 ··· (245)

7.5　Spark Streaming 处理流式数据 ·· (246)

　　7.5.1　文件流 ·· (246)

　　7.5.2　RDD 队列流 ··· (248)

　　7.5.3　套接字流 ·· (250)

　　7.5.4　Kafka 消息队列流 ··· (251)

7.6　Spark Streaming 性能调优 ··· (258)

　　7.6.1　减少批处理时间 ·· (258)

　　7.6.2　设置适合的批次大小 ··· (259)

　　7.6.3　优化内存使用 ·· (259)

7.7　本章小结 ·· (260)

思考与习题 ·· (260)

第 8 章　Spark GraphX ··· (261)

8.1　GraphX 简介 ·· (261)

8.2　GraphX 图存储 ··· (262)

　　8.2.1　GraphX 的 RDD ··· (262)

　　8.2.2　GraphX 图分割 ··· (264)

8.3　GraphX 图操作 ··· (265)

　　8.3.1　构建图操作 ··· (266)

　　8.3.2　基本属性操作 ·· (268)

　　8.3.3　连接操作 ·· (270)

　　8.3.4　转换操作 ·· (271)

　　8.3.5　结构操作 ·· (273)

　　8.3.6　聚合操作 ·· (274)

　　8.3.7　缓存操作 ·· (275)

　　8.3.8　Pregel API ·· (276)

8.4　内置的图算法 ·· (279)

　　8.4.1　PageRank ·· (279)

　　8.4.2　计算三角形数 ·· (282)

　　8.4.3　计算连通分量 ·· (284)

8.4.4　标签传播算法 …………………………………………………………… (285)
　　8.4.5　SVD++ ………………………………………………………………… (286)
8.5　GraphX 实现经典图算法 ……………………………………………………………… (288)
　　8.5.1　Dijkstra 算法 …………………………………………………………… (288)
　　8.5.2　TSP 问题 ……………………………………………………………… (291)
　　8.5.3　最小生成树问题 ………………………………………………………… (292)
8.6　GraphX 实例分析 ……………………………………………………………………… (294)
　　8.6.1　寻找"最有影响力"论文 ………………………………………………… (294)
　　8.6.2　寻找社交媒体中的"影响力用户" ……………………………………… (296)
8.7　本章小结 ………………………………………………………………………………… (298)
思考与习题 ………………………………………………………………………………………… (299)

第9章　Spark 机器学习原理 ……………………………………………………………… (300)

9.1　Spark 机器学习简介 …………………………………………………………………… (300)
9.2　ML Pipeline ……………………………………………………………………………… (301)
　　9.2.1　Pipeline 概念 …………………………………………………………… (301)
　　9.2.2　Pipeline 工作过程 ……………………………………………………… (302)
　　9.2.3　Pipeline 实例 …………………………………………………………… (303)
9.3　Spark 机器学习数据准备 ……………………………………………………………… (310)
　　9.3.1　特征提取 ………………………………………………………………… (310)
　　9.3.2　特征转换 ………………………………………………………………… (314)
　　9.3.3　特征选择 ………………………………………………………………… (319)
9.4　算法调优 ………………………………………………………………………………… (326)
　　9.4.1　模型选择 ………………………………………………………………… (326)
　　9.4.2　交叉验证 ………………………………………………………………… (326)
　　9.4.3　TrainValidationSplit …………………………………………………… (329)
9.5　本章小结 ………………………………………………………………………………… (331)
思考与习题 ………………………………………………………………………………………… (331)

第10章　Spark 机器学习模型 …………………………………………………………… (332)

10.1　spark.ml 分类模型 …………………………………………………………………… (332)
　　10.1.1　spark.ml 分类模型简介 ……………………………………………… (332)
　　10.1.2　朴素贝叶斯分类器 …………………………………………………… (333)
　　10.1.3　朴素贝叶斯分类器程序示例 ………………………………………… (335)
10.2　回归模型 ……………………………………………………………………………… (337)

10.2.1　spark.ml 回归模型简介 ·· (338)
　　10.2.2　线性回归 ·· (338)
　　10.2.3　线性回归程序示例 ··· (341)
10.3　决策树 ·· (343)
　　10.3.1　spark.ml 决策树模型简介 ·· (343)
　　10.3.2　决策树分类 ·· (345)
　　10.3.3　决策树分类程序示例 ·· (347)
　　10.3.4　决策树回归 ·· (350)
　　10.3.5　决策树回归程序示例 ·· (354)
10.4　聚类模型 ·· (357)
　　10.4.1　spark.ml 聚类模型简介 ·· (358)
　　10.4.2　K-means 算法示例 ·· (360)
　　10.4.3　K-means 程序示例 ·· (362)
10.5　频繁模式挖掘 ·· (363)
　　10.5.1　FP-Growth ·· (364)
　　10.5.2　FP-Growth 算法示例 ··· (365)
　　10.5.3　FP-Growth 程序示例 ··· (367)
10.6　本章小结 ·· (369)
思考与习题 ·· (369)

参考文献 ··· (371)

第 1 章　Spark 概述

　　Spark 在大数据处理中发挥着越来越重要的作用,本章将对 Spark 进行概述。首先介绍 Spark 的发展背景和特点;其次介绍 Spark 的生态系统,即 Spark 的核心组件;再次对 Spark 的运行架构进行介绍,为理解 Spark 的运行流程与原理提供帮助;最后结合代码实例对 Spark 的编程进行简单介绍。

1.1　Spark 的背景

　　Spark 起源于一个学术研究项目,仅用几年时间就成为了大数据领域应用最广泛的项目之一。本节简要介绍 Spark 发展史和 Spark 的特点。

1.1.1　Spark 发展史

　　Spark 是一种快速、通用、可扩展的大数据分析引擎。它以高效的方式处理分布式数据集,为分布式数据集的处理提供了一个有效的框架。2009 年,Spark 在加州大学伯克利分校 AMP 实验室(Algorithms, Machines and People Lab)形成雏形。2010 年,Spark 正式开放源代码。2013 年,Spark 进入 Apache 孵化器项目,成为孵化项目,不久便成为顶级项目并不断发展和完善。2018 年 11 月,最新的 Spark 2.4.0 版本。Spark 的演进路线如图 1-1 所示,可见其发展速度非常之快。

图 1-1　Spark 演进路线图

　　Spark 的发展态势迅猛,已经成为当前大数据分析的主流平台之一。Spark 作为一个开源项目,越来越多的开发人员参与其中作出贡献,共同推动 Spark 继续快速地发展。

1.1.2　Spark 的特点

Spark 的一个含义是"电光火石",表示运行速度非常快。Spark 官网提供的数据表明,如果数据是从内存中读取,它的速度可以达到 Hadoop MapReduce 的 100 多倍。

Spark 默认情况下迭代的中间结果放在内存中,后续的运行作业利用这些结果进一步计算,如图 1-2 所示。而 Hadoop 的计算结果都需要存储到磁盘中,后续的计算需要从磁盘中读取之前的计算结果。由于从内存中读取数据要比从磁盘读取数据快得多,所以 Spark 运行速度会快得多,尤其是在需要多次迭代计算的情况下。另外,Spark 基于 JVM(Java virtual machine)进行了优化。Hadoop 中的每次 MapReduce 操作,启动一个 Task 便会启动一次 JVM,这是基于进程的操作;而 Spark 的每次 MapReduce 操作是基于线程的,只在启动 Executor 时启动一次 JVM,内存的 Task 操作是在线程复用的。每次启动 JVM 的时间大约需要几秒甚至十几秒,那么当 Task 多了,Hadoop 就比 Spark 花了更多时间。

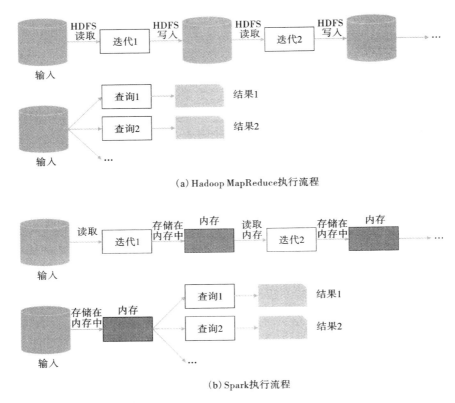

图 1-2　Spark 与 Hadoop 的执行流程比较

Spark 在很多方面借鉴 Hadoop MapReduce,并克服了 Hadoop MapReduce 的很多不足,它具有以下优点:

(1) Spark 运算效率高。MapReduce 在数据 Shuffle 之前,要花费大量时间排序,而 Spark 不需要对所有情景进行排序,由于采用有向无环图(directed acyclic graph,DAG)执行计划,每次输出结果可以缓存在内存中,所以迭代运算效率高。MapReduce 的计算结果保存在磁盘上，对比而言 Spark 减少了迭代过程中数据的落地，提高处理效率。

（2）Spark 容错性高。Spark 引入了弹性分布式数据集（resilient distributed dataset，RDD）概念，它是分布在一组节点中的只读对象的集合。如果某个 RDD 失败了，可以通过父 RDD 自动重建，保证容错性。"弹性"是指在任何时候都能进行重算。当集群中的一台机器故障而导致存储在其上的 RDD 丢失后，Spark 还可以重新计算出这部分的分区数据，用户根本感觉不到这部分的内容丢失过。这样 RDD 数据集就像一块带有弹性的海绵一样，不管怎样挤压都是完整的。

（3）Spark 更加通用。Hadoop 只提供 Map 和 Reduce 两种操作，而 Spark 提供的数据集操作的类型很多。转换操作包括 map、filter、flatMap、groupByKey、reduceByKey、union、join、mapValues、sort 和 partionBy 等操作类型；行动操作包括 collect、reduce、save 等操作类型。另外，处理节点间的通信模型也不止 Shuffle 一种模式，用户可以命名、物化、控制中间结果的存储、分区。

（4）Spark 提供丰富的 API，支持多种语言编程，比如 Scala、Python、Java 以及 R 语言，便于开发者在熟悉的环境下工作。相同的应用程序，Spark 的代码量比 Hadoop MapReduce 少 50%~80%。开发者可以像写单机程序一样开发分布式程序，轻松用 Spark 搭建大数据的平台。

（5）Spark 还可以方便地与其他开源产品进行融合。Spark 可以使用 Hadoop 的 YARN 与 Apache Mesos 作为它的资源管理和调度器，而且可以处理所有 Hadoop 支持的数据，包括 HDFS、Cassandra、HBase 等。这对部署了 Hadoop 集群的用户来说意味着不需要数据迁移就可以使用 Spark 的强大处理能力。Spark 也可以不依赖第三方的资源管理和调度器，它可以将 Standalone 作为其内置资源管理和调度框架，进一步降低了 Spark 的使用门槛。

（6）Spark 集批处理、实时流处理、交互式查询与图计算为一体，避免多种运算场景下需要部署不同集群带来的资源浪费。

1.2 Spark 生态系统

Spark 的设计遵循"一个软件栈满足不同应用场景"的理念，逐渐形成了一套完整的生态系统。Spark 生态圈以 Spark Core 为核心，既能够提供内存计算框架，也可以支持 SQL 即席查询 Spark SQL、实时流式计算 Spark Streaming、机器学习 Spark MLlib 和图计算 Spark GraphX 等。图 1-3 所示为 Spark 的生态系统图。

1.2.1 Spark Core

Spark Core 是 Spark 生态系统的核心组件，是一种大数据分布式处理框架。它实现了 MapReduce 的算子 map 函数和 reduce 函数及计算模型，还提供 filter、join、groupByKey 等丰富的算子，同时，也实现了 Spark 的基本功能，包括任务调度、内存管理、错误恢复与存储系统交互等模块。Spark Core 有下面几个主要的特征：

（1）Spark Core 提供多种运行模式，不仅可以使用自身运行模式处理任务，如本地模式、Standalone 模式，还可以使用第三方资源调度框架来处理任务，如 YARN、Mesos 等，通过使用这些部署模式分配资源，可以提高任务的并发执行效率。

应用层	Spark SQL	Spark Streaming	GraphX	MLlib/ML	SparkR
数据处理引擎	Spark Core					
资源管理层	本地运行模式	Standalone	EC2	Mesos	Hadoop YARN
数据存储层	HDFS、AmazonS3、HBase…				

图 1-3 Spark 生态系统

（2）Spark Core 提供了 DAG 分布式并行计算框架，而且提供内存机制支持多次迭代计算或数据共享，减少迭代计算时读数据开销，提高迭代计算的性能。

（3）Spark 引入弹性分布式数据集（resilient distributed datasets，RDD），实现了应用任务的调度、RPC、序列化和压缩，并为运行在其上层的组件提供 API。另外这些对象集合是弹性的，若有部分数据集丢失，它可根据"血统"对丢失部分进行重建，提高数据的容错性。

（4）Spark 优先考虑使用各节点的内存作为存储，当内存不足时才会考虑使用磁盘，这极大地减少了访问磁盘次数，提升了任务执行的效率，使得 Spark 适用于实时计算、流式计算等场景。

1.2.2　Spark SQL

Spark SQL 是 Spark 的一个结构化数据处理模块，可以看作是一个分布式 SQL 查询引擎。Spark SQL 的特点有：

（1）支持多种数据源：如 Hive、RDD、Parquet、JSON、JDBC 等。

（2）多种性能优化技术：内存列存储（in-memory columnar storage）、字节码生成技术（byte-code generation）、cost model 动态评估等。内存列存储意味着 Spark SQL 的数据不是使用 Java 对象的方式来进行存储，而是使用面向列的内存存储的方式来进行存储。每一列作为一个数据存储的单位，从而大大优化了内存使用的效率。采用了内存列存储之后，减少了对内存的消耗，也就避免了回收大量数据的性能开销。Spark SQL 在其 catalyst 模块的 expressions 中增加了 codegen 模块，对于 SQL 中的计算表达式，比如 select num + num from t 这种 SQL 语句，可以使用动态字节码生成技术来优化其性能。

（3）组件扩展性：对于 SQL 的语法解析器、分析器以及优化器，用户都可以重新开发，并且动态扩展。

Spark SQL 提供的最核心的编程抽象就是 DataFrame。DataFrame 是以指定列（named columns）分布式组织数据集，它在概念上等同于关系数据库的一个表或 R/Python 的一个数据框架，但是提供更精细的优化方式。DataFrame 可以从各种数据源载入数据，例如，结构化数据文件（JSON、Parquet）、Hive 表、使用 JDBC 连接的外部数据库或现有的 RDD。

1.2.3　Spark Streaming

Spark Streaming 是 Spark 核心 API 的一个扩展，可以实现高吞吐量的、具备容错机制的实时流数据的处理。支持从多种数据源获取数据，包括 Kafka、Flume、Twitter、Kinesis 以及 TCP sockets。从数据源获取数据之后，可以使用诸如 map、reduce、join 和 window 等高级函数进行复杂算法的处理。最后还可以将处理结果存储到文件系统、数据库和现场仪表盘。在"One Stack to rule them all"的基础上，还可以使用 Spark 的其他子框架。Spark Streaming 最大的优势是其处理引擎和 RDD 编程模型可以同时进行批处理和流处理。

Spark Streaming 将流式计算分解成多个 Spark Job，对于每一段数据的处理都会经过 Spark DAG 图分解以及 Spark 的任务集的调度过程。对于目前版本的 Spark Streaming 而言，其最小的 Batch Size 的选取为 0.5~2 s（Storm 目前最小的延迟是 100 ms 左右），所以 Spark Streaming 能够满足除对实时性要求非常高（如高频实时交易）之外的所有流式准实时计算场景。

1.2.4 GraphX

GraphX 是 Spark 中图计算的核心组件，便于高效地完成图计算的完整的流水作业。在高层次上，GraphX 通过引入一种具有附加到每个顶点和边的属性来扩展 Spark RDD。为了支持图计算，GraphX 公开了一组基本运算符（如 subgraph, joinVertices 和 aggregateMessages）以及 Pregel API 的优化变体。此外，GraphX 还在不断增加其图算法。

GraphX 的核心抽象（resilient distributed property graph）是点和边都带有属性的有向多重图，且有 Table 与 Graph 两种视图，但只需要一份物理存储，两种视图都有自己独有的操作符，从而不但操作灵活而且执行效率高。对 Graph 视图的所有操作，最终都会转换为由其关联的 Table 视图的 RDD 操作来完成。这样对一个图的计算，最终在逻辑上等价于一系列 RDD 的转换过程。

1.2.5 MLBase/MLlib

MLBase 是 Spark 生态圈里的一部分，专门负责机器学习，它的目标是降低机器学习的门槛。MLBase 由四部分组成：MLRuntime、MLlib、ML Optimizer、MLI。

（1）MLRuntime：是 Spark Core 提供的分布式内存计算框架，运行由 Optimizer 优化过的算法进行数据计算，并且输出结果。

（2）MLlib：是 Spark 实现一些机器学习算法的库，如分类、回归、聚类、降维、协同过滤。

（3）ML Optimizer：它会把用户的数据用它认为最适合的内部已经实现好的机器学习算法以及相关参数进行处理，并且返回模型或者其他帮助分析的结果。

（4）MLI：它是一个特征抽取和高级 ML 编程抽象算法实现的 API 的平台。

在性能方面，Spark 在机器学习方面提供了高质量的算法，使 MLlib 能够快速运行，比 MapReduce 快 100 多倍。同时，MLlib 还在发展完善中，不断地有新的机器学习算法加入其中，为大数据编程提供更大的便利。

1.2.6 SparkR

SparkR 是 AMPLab 发布的一个 R 开发包，为 Apache Spark 提供了轻量的前端。SparkR 提供了 Spark 中弹性分布式数据集（RDD）的 API，用户可以在集群通过 R shell 交互性地运行 Job。

Spark 具有快速、可扩展和交互的特点，R 具有统计、绘图的优势，R 和 Spark 的有效结合，解决了 R 语言中无法级联扩展的难题，同时也丰富了 Spark 在机器学习方面的 Lib 库。

1.3 Spark 运行架构

本节对 Spark 的运行原理、Spark 的架构、运行步骤以及运行模式进行介绍,由此可以了解 Spark 的工作流程。

1.3.1 相关术语

首先介绍本节需要用到的相关术语。
- **Client**:客户端进程,负责提交作业到 Master 上。
- **Driver(驱动器节点)**:Spark 中的 Driver 运行 Application 的 main 函数时生成了 SparkContext 即 Spark 的入口,SparkContext 的创建是为了准备 Spark 应用程序的运行环境。
- **Cluster Manager(集群管理器)**:一种外部服务,通过这种外部服务可以在集群中的机器上启动应用,用来管理集群。
- **Master(主节点)**:负责接收 Client 提交的作业,管理 Worker,并命令 Worker 启动 Executor。
- **Worker(工作节点)**:集群中可运行 Application 代码的节点,运行由驱动器节点分配来的任务。
- **Application(应用程序)**:是指用户编写的 Spark 应用程序,它包含 Driver(驱动器节点)和分布在集群中的多个节点上运行的 Executor(执行器)代码。
- **Job(作业)**:在 Spark 运行时,RDD 中由 Action(行动操作)所生成的一个或者多个 Stage(调度阶段)。
- **Stage(调度阶段)**:每个 Job 会根据 RDD 之间的依赖关系拆分成多组任务集合,称为调度阶段,也叫 TaskSet(任务集)。Stage 的划分是由 DAGScheduler 来进行的。
- **Task(任务)**:Stage 可以划分成许多个 TaskSet,TaskSet 包含多个 Task。Task 被分发到 Executor 上执行,它是 Spark 实际执行应用的最小单元。
- **DAGScheduler**:DAGScheduler 是面向调度阶段的任务调度器,负责接收 Spark 应用提交的作业,根据 RDD 的依赖关系划分 Stage,然后提交这些 Stage 给 TaskScheduler 处理。
- **TaskScheduler**:TaskScheduler 是面向任务的调度器,它接收 DAGScheduler 提交过来的 Stage,然后把 Stage 拆分成 Task,并把 Task 分发到 Worker 节点,由 Worker 节点的 Executor 来执行该任务。
- **Block Manager**:管理 RDD 的物理分区,每个 Block 就是节点上对应的物理块,而 RDD 中的 Partition 是一个逻辑数据块,对应相应的物理块 Block。
- **Task threads**:任务执行线程。
- **Spark Env**:Spark 的执行环境对象,其中包括与众多 Executor 执行相关的对象。
- **Executor(执行器)**:Application 运行在 Worker 节点上的一个进程,分配到 Worker 上的任务就是在这里被执行的。

1.3.2 Spark 架构

Spark 架构采用分布式计算中的 Master-Slave 模型。集群中的主控节点称为 Master，集群中含有 Worker 进程的节点称为 Slave。Master 负责控制整个集群的运行；Worker 节点相当于分布式系统中的计算节点，它接收 Master 节点指令并返回计算进程到 Master；Executor 负责任务的执行；Client 是用户提交应用的客户端；Driver 负责协调提交后的分布式应用。Driver 是应用逻辑的起点，负责 Task 任务的分发和调度；Worker 负责管理计算节点，并创建 Executor 来并行处理 Task 任务。Task 执行过程中所需的文件和包由 Driver 序列化后传输给对应的 Worker 节点，Executor 对相应分区的任务进行处理。具体架构如图 1-4 所示。

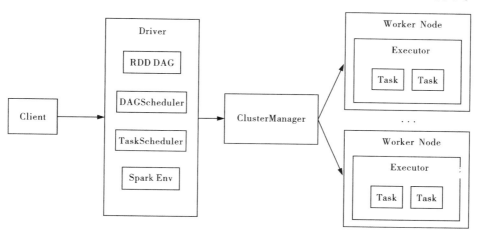

图 1-4　Spark 基本架构图

Spark 中 Master、Driver、Worker 之间的关系如图 1-5 所示，图中用它们之间的通信过程描述了其关系。

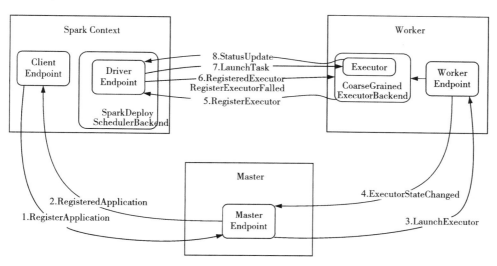

图 1-5　Spark 运行消息通信的交互过程

（1）执行应用程序需启动 SparkContext，在其启动过程中会先实例化 SchedulerBackend 对象，在 Standalone（独立）模式中实际创建的是 SparkDeploySchedulerBackend 对象，在该对象的启动中会继承父类 DriverEndPoint 和创建 AppClient 的 ClientEndpoint 的两个终端点。在 ClientEndpoint 创建的线程池中启动注册线程并向 Master 发送 RegisterApplication 注册应用消息。当 Master 接收到注册应用的消息时，在 registerApplication 方法中记录应用信息并把该应用加入到等待运行的应用列表中，注册完成后发送成功消息 RegisteredApplication 给 ClientEndpoint，同时调用 startExecutorOnWorkers 方法运行应用。在执行前需要获取运行应用的 Worker，然后发送 LaunchExecutor 消息给 Worker，通知 Worker 启动 Executor。

（2）AppClient.ClientEndpoint 接收到 Master 发送的 RegisteredApplication 消息，需要把注册标识 registered 的值置为 true，Master 注册线程获取状态变化后，完成注册 Application 进程。

（3）在 Master 类的 startExecutorOnWorkers 方法中分配资源运行应用程序时，调用 allocateWorkerResourceToExecutors 方法实现在 Worker 中启动 Executor。当 Worker 收到 Master 发送的 LaunchExecutor 消息，先实例化 ExecutorRunner 对象，在 ExecutorRunner 启动中会创建进程生成器 ProcessBuilder，然后由该生成器使用 command 创建 CoarseGrainedExecutorBackend 对象，该对象是 Executor 运行的容器，最后 Worker 发送 ExecutorStateChanged 消息给 Master，通知 Executor 容器已经创建完毕。

（4）Master 接收到 Worker 发送的 ExecutorStateChanged 消息。

（5）在（3）中 CoarseGrainedExecutorBackend 启动方法 onStart 发送注册 Executor 消息 RegisterExecutor 给 DriverEndpoint，DriverEndpoint 终端点先判断该 Executor 是否已经注册，如果已经存在则发送注册失败 RegisterExecutorFailed 消息，否则 DriverEndpoint 终端点记录该 Executor 信息，发送注册成功 RegisteredExecutor 消息，在 makeOffers() 方法中分配运行任务资源，最后发送 LaunchTask 消息执行任务。

（6）当 CoarseGrainedExecutorBackend 接收到 Executor 注册成功 RegisteredExecutor 消息时，CoarseGrainedExecutorBackend 容器中实例化 Executor 对象。启动完毕后，会定时向 Driver 发送心跳消息，等待接收从 DriverEndpoint 终端点发送的执行任务的消息。

（7）CoarseGrainedExecutorBackend 的 Executor 启动后，接收从 DriverEndpoint 终端点发送的 LaunchTask 执行任务消息，任务执行是 Executor 的 launchTask 方法实现的。在执行任务时创建 TaskRunner 进程，由该进程进行任务处理，处理完后发送 StatusUpdate 消息返回给 CoarseGrainedExecutorBackend。

（8）在 TaskRunner 执行任务完成时，向 DriverEndpoint 终端点发送状态变更 StatusUpdate 消息，当 DriverEndpoint 终端点接收到该消息时，调用 TaskSchedulerImpl 的 statusUpdate 方法，根据任务执行的不同结果进行处理，处理完后再向该 Executor 分配执行任务。

1.3.3 执行步骤

Spark 的作业在其内部的调度主要是指基于 RDD 的一系列操作构成的作业在执行器中执行。图 1-6 描述了 Spark 内部调度的流程，主要包括四个步骤。

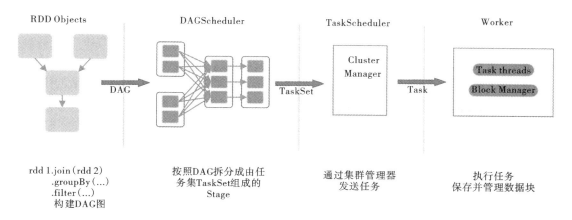

图 1-6　Spark 作业调度图

（1）构建 DAG 图。Spark 应用程序进行很多 RDD 操作，其中包括各种转换操作，它们描述了 RDD 之间的依赖关系，当遇到行动操作触发 Job 的提交，提交的是根据 RDD 依赖关系构建的 DAG 图，DAG 图提交给 DAGScheduler 进行解析。

（2）DAGScheduler 进行任务划分。DAGScheduler 会收到之前生成的 DAG 图，然后对该图进行拆分，拆分的依据是 DAG 图中一个 RDD 到下一个 RDD 之间的操作步骤是否为宽依赖，是宽依赖则拆分为 Stage。Stage 的提交是有顺序的，如图 1-7 所示是一个简单的 Stage 依赖关系，它的 Stage 提交逻辑如图 1-8 所示，Stage1 与 Stage2 是可以并行的，在有计算资源的情况下会首先被提交，并且在这两个 Stage 都计算完成的情况下，再提交 Stage3。

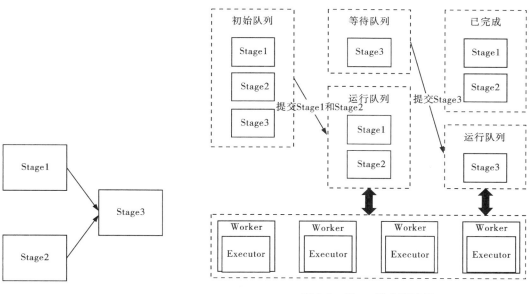

图 1-7　Stage 依赖图　　　　　图 1-8　Stage 提交顺序图

（3）TaskScheduler 调度任务。TaskScheduler 接收了来自 DAGScheduler 发送的 TaskSet，然后把收到的 TaskSet 中的 Task（Task 的数量与输入的 RDD 的 Partition 数量一样，Partition 是 RDD 的最小单元，RDD 是分布在各个节点上的 Partition 组成，因为每一个 Task 只是处理一个 Partition 上的数据），发送到集群 Worker 节点上去执行。

（4）Worker 执行任务。Worker 节点中的 Executor 收到 TaskScheduler 发送过来的 Task 后会执行 Task。Task 以多线程方式运行，每个线程负责一个任务。

1.3.4　Spark 运行模式

Spark 的运行模式多种多样，灵活多变，部署在单机上时，可以用本地模式运行，而当以分布式集群的方式部署时，也有众多的运行模式可供选择，这取决于集群的实际情况。底层的资源调度既可以依赖外部资源调度框架，也可以使用 Spark 内部的 Standalone 模式。对于外部资源调度框架，目前支持相对稳定的 Hadoop YARN 模式和 Mesos 模式。

1. 本地（Local）模式

在本地运行模式中，Spark 的所有进程都在一台机器上的 JVM 上运行。在本地运行模式下，作业划分调度后，任务集会发送到本地终端点，本地终端接收到任务后，会在本地启动 Executor，这一切工作都在本地执行。

2. 独立（Standalone）集群运行模式

Standalone 模式即独立模式，是 Spark 自带的一种简单集群管理器，可单独部署到一个集群中，无须依赖其他任何资源管理系统。从一定程度上说，它是 Spark on YARN 和 Spark on Mesos 的基础。它采用 Master/Slave 的典型架构，其组成包括 Client 节点、Master 节点、Worker 节点。Driver 不仅可以在 Master 节点运行，也可以在本地客户端上运行，如图 1-9 所示。

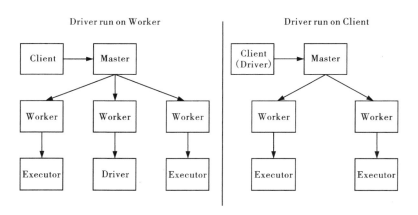

图 1-9　Standalone 的 Spark 结构图

3. YARN 模式

Spark 若与别的分布式应用共享集群，就需要在集群管理器上运行（如 Spark 框架与

MapReduce 框架同时运行，如果不用第三方资源管理器进行资源分配，MapReduce 分到的内存资源会很少，效率低下）。下面将介绍 Spark 运行在第三方资源管理器上的部署方案。

资源管理器（yet another resource negotiator，YARN）是一个通用的资源管理系统，能够为上层应用提供统一资源管理和资源调度。YARN 的引入为集群在利用率、资源统一管理和数据共享等方面带来了巨大的好处。YARN 的出现最初是为了修复 MapReduce 的不足，并对可伸缩性、可靠性和集群利用率进行提升。YARN 将资源管理和作业调度及监控分成了两个独立的服务程序：全局的资源管理（resource manager，RM）和针对个人应用的 Master（application master，AM），此处应用指的是传统意义上的 MapReduce 任务或是任务的 DAG。

Spark on YARN 模式借助了 YARN 良好的弹性资源管理机制，不仅部署应用程序更加方便，而且用户在 YARN 集群中运行的服务和 Application 的资源也完全隔离，更具实践应用价值的是 YARN 可以通过队列的方式，管理同时运行在集群中的多个服务。图 1-10 所示为 Hadoop YARN 的架构图。

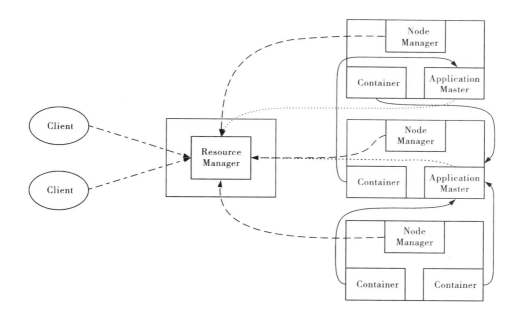

图 1-10　YARN 模式架构图

在图 1-10 中，ResourceManager（RM）：负责全局资源管理，接收 Client 端任务请求，接收和监控 NodeManager 的资源情况汇报，负责资源的分配与调度，启动和监控 ApplicationMaster。NodeManager（NM）：可以看作节点的资源和任务管理器，启动 Container 运行 Task 计算，汇报资源、Container 情况给 RM，汇报任务处理情况给 AM。ApplicationMaster（AM）：主要是负责单个 Application（Job）的 Task 管理和调度，向 RM 申请资源，向 NM 发出 Launch Container 指令，接收 NM 的 Task 处理状态信息。Container：YARN 中资源分配单位，资源使用 Container 表示，每个任务占用一个 Container，并在 Container 中运行。

ResourceManager 与 NodeManagers 共同组成了整个数据计算框架，其中 ResourceManager 负责将集群的资源分配给各个应用使用，资源分配和调度的基本单位是 Container，其中封装了机器资源,如内存、CPU、磁盘和网络等。每个任务被分配的一个 Container,该任务只能在该 Container 中执行,并使用该 Container 封装资源。NodeManager 是一个个计算节点,主要负责启动 Application 所需的 Container,监控资源的使用情况,并汇报给 ResourceManager。ApplicationMaster 与具体的 Application 相关,主要负责同 ResourceManager 协商以获取 Container,并追踪 Container 的状态,监控其进度。

4. Mesos 模式

Mesos 是 Apache 旗下的开源软件,采用 Master/Slave 结构,作为 Apache 下的开源分布式资源管理框架,被称为分布式系统的内核。Mesos 是一个集群管理器,提供有效的跨分布式应用或框架的资源隔离共享,可以支持 Hadoop、MPI、Hypertable、Spark 等。由于 Mesos 和 Spark 都是 Apache 旗下的开源项目,Spark 运行在 Mesos 上相比运行在 YARN 上更加灵活。

ApacheMesos 由四个组件组成,分别为 Mesos Master、Mesos Slave、框架和执行容器,架构图如图 1-11 所示。

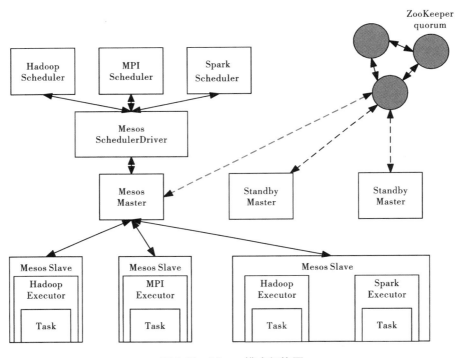

图 1-11 Mesos 模式架构图

Mesos Master 是整个系统的核心,负责管理接入到 Mesos 的各个计算框架的 Slave,并将 Slave 上的资源按照指定算法分配给计算框架。由于 Master 存在单点故障的问题,因此 Mesos 采用了 ZooKeeper 解决该问题。

Mesos Slave 负责接收并执行来自 Mesos Master 的命令,同时也管理节点上的任务,为各个 Task 分配资源。Slave 在启动的时候将自己的资源量发送给 Master。在计算框架注册时由 Master 的 Allocator 模块决定将哪些资源分配给该框架。当前考虑的资源有 CPU 和内存两种,也就是说，Slave 会将 CPU 的个数和内存量发送给 Master，而用户提交作业时，需要指定每个任务需要的 CPU 个数和内存量，当任务运行时，Master 会将任务放到包含固定资源的运行容器中运行，以达到资源隔离的目的。

框架指的是用于数据计算的分布式框架，如 Hadoop、Spark 等，这些计算框架可通过注册的方式接入 Mesos 中，以便 Mesos 进行统一管理和资源分配。Mesos 要求可接入的框架必须有一个调度器（scheduler）模块，该调度器负责框架内部的调度任务。当一个计算框架想要接入 Mesos 时，需要修改其调度器，以便向 Mesos 注册，并获取 Mesos 分配给自身的资源，这样再由其调度器将这些资源分配给框架中的任务。整个 Mesos 系统采用了双层调度框架：第一层，由 Mesos 将资源分配给各个计算框架；第二层，各个计算框架的调度器将资源分配给其内部的任务。Mesos 为了向各种调度器提供统一的接入方式，在 Mesos 内部实现了一个调度器驱动器（mesos scheduler driver），计算框架的调度器可调用该驱动器中的接口与 Master 进行交互，完成一系列功能（如注册、资源分配等）。

执行容器主要用于启动计算框架内部的任务。由于不同的框架启动任务的接口或者方式不同，当一个新的框架要接入 Mesos 时，需要重写该执行容器，告诉 Mesos 如何启动该框架中的任务。为了向各种框架提供统一的执行器编写方式，Mesos 内部实现了一个执行器驱动器（mesos executor driver），计算框架可通过该驱动器的相关接口告诉 Mesos 启动的方法和任务。

1.4 WordCount 示例

Spark 支持多种开发语言编写程序如 Scala、Java、Python 和 R，而且还支持在 Scala、Python、R 的 shell 中进行交互式查询。下面以不同语言编写单词统计（word count）为例，展示不同语言的 Spark 编程。

1.4.1 三种编程语言的示例程序

以单词统计应用 word count 为例，将文件内所有单词以空格为切分，然后统计每个单词的出现次数，并保存为文本形式。

假设输入文件内容为：

1. Scala 版本

WordCount 的 Scala 版本如代码 1-1 所示。

代码 1-1

```scala
import org.apache.spark.{SparkConf,SparkContext}
//建立的 WordCount 对象，以及定义 main 函数
object WordCount {
    def main(args: Array[String]): Unit = {
        val conf = new SparkConf().setMaster("local").setAppName("wordcount")
        val sc = new SparkContext(conf)
        val lines = sc.textFile("文件路径")
        val words = lines.flatMap(line => line.split(" "))
        val count = words.map(word => (word,1)).reduceByKey{case(x,y) => x+y}
        println(count.collect().mkString("\n"))     //逐行输出
    }
}
```

2. Python 版本

WordCount 的 Python 版本如代码 1-2 所示。在命令行中打开 pyspark（在 Spark 环境配置好时直接输入 pyspark），然后输入下面的代码。

代码 1-2

```python
from pyspark import SparkConf, SparkContext as sc
conf = SparkConf().setMaster("local").setAppName("wordcount")
sc=SparkContext.getOrCreate(conf)      #SparkContext 初始化
lines = sc.textFile("文件路径")
words = lines.flatMap(lambda line: line.split(" "))   #用空格拆分元素,将其切成一个个单词
#转换成键值对，且相同键值组合计数
count = words.map(lambda x:(x,1)).reduceByKey(lambda x,y: x+y)
print(count.collect())
```

3. Java 版本

WordCount 的 Java 版本如代码 1-3 所示。

代码 1-3

```java
import java.util.Arrays;
import java.util.Iterator;
import org.apache.spark.SparkConf;
import org.apache.spark.api.java.JavaPairRDD;
import org.apache.spark.api.java.JavaRDD;
import org.apache.spark.api.java.JavaSparkContext;
```

```java
import org.apache.spark.api.java.function.FlatMapFunction;
import org.apache.spark.api.java.function.Function2;
import org.apache.spark.api.java.function.PairFunction;
import org.apache.spark.api.java.function.VoidFunction;
import scala.Tuple2;

public class javaWordCount {
public static void main(String[] args) {
        // 第一步：初始化配置
        SparkConf conf = new SparkConf().setMaster("local").setAppName("wordcount");
        // 第二步：创建 JavaSparkContext 对象，SparkContext 是 Spark 的所有功能的入口
        JavaSparkContext sc = new JavaSparkContext(conf);

        // 第三步：创建一个初始的 RDD
        // SparkContext 中用于根据文件类型的输入源创建 RDD 的方法，叫做 textFile()方法
        JavaRDD<String> lines = sc.textFile("文件路径"); //括号中为文件路径

        // 第四步：对初始的 RDD 进行 transformation 操作，也就是词频统计初始操作
        // 首先把单词用空格拆开
        JavaRDD<String> words = lines.flatMap(new FlatMapFunction<String, String>() {
            private static final long serialVersionUID = 1L;
            @Override
            public Iterator<String> call(String line) throws Exception {
                return Arrays.asList(line.split(" ")).iterator();
            }
        });
        // 将每一个单词，映射为（单词，1）的格式
        JavaPairRDD<String, Integer> pairs = words.mapToPair(new PairFunction<String, String, Integer>() {
            private static final long serialVersionUID = 1L;
            @Override
            public Tuple2<String, Integer> call(String word) throws Exception {
                return new Tuple2<String, Integer>(word, 1);
            }
        });
        // 以单词作为 key，统计每个单词出现的次数
        JavaPairRDD<String, Integer> wordCounts = pairs.reduceByKey(new Function2<Integer, Integer, Integer>() {
```

```java
            private static final long serialVersionUID = 1L;
            @Override
            public Integer call(Integer v1, Integer v2) throws Exception {
                return v1 + v2;
            }
        });
        // 输出 WordCount 结果
        wordCounts.foreach(new VoidFunction<Tuple2<String,Integer>>() {
            private static final long serialVersionUID = 1L;
            @Override
            public void call(Tuple2<String, Integer> wordCount) throws Exception {
                System.out.println(wordCount);
            }
        });
        sc.close();
    }
}
```

上述三个实例输出结果如下所示：

(d,1)
(e,3)
(a,2)
(b,1)
(c,3)

1.4.2 Scala 版本 WordCount 运行分析

代码 1-4 以 Scala 版本 WordCount 代码为例进行分析。

代码 1-4

```scala
val lines = sc.textFile("文件路径")        //获取文件
val words = lines.flatMap(line => line.split(" "))   //用空格切分 RDD 成一个个单词 RDD
val pairs = words.map(word => (word,1))    //把单词化成(word,1)的形式
val WordCounts = pairs.reduceByKey(_+_)    //进行单词统计，统计相同单词数量
```

图 1-12 和图 1-13 是 WordCount 的逻辑运行图，以下以一个有 5 个 Partition 输入的文件为例，详细描述"WordCount"的逻辑执行过程。

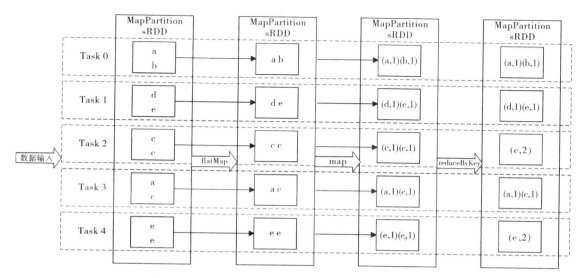

图 1-12 "WordCount"实例逻辑:Shuffle 之前的 Task

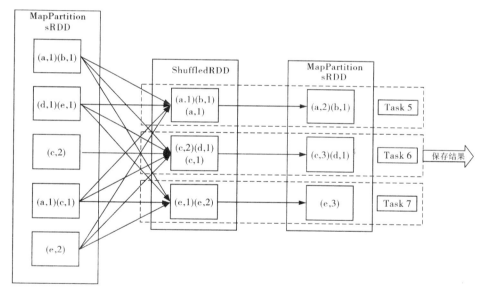

图 1-13 "WordCount"实例逻辑:Shuffle 之后的 Task

WordCount 根据依赖划分为两类 Task,一类是 Shuffle 操作之前的 Task(图 1-12),一类是 Shuffle 操作之后输出结果的 Task(图 1-13)。在图 1-12 中,初始的 RDD 有 5 个 Partition,因此有 5 个 Task 生成,Shuffle 操作输出的 Partition 数量是 3 个,所以图 1-13 中有 3 个 Task。其基本操作步骤和上述的代码注释解释的一样,在转换操作 reduceByKey 时会触发 Shuffle 过程,然而在这个过程开始之前,有一个本地聚合的过程,比如在 Task 2 中的 Partition 的(c,1)(c,1)聚合成了(c,2)。Shuffle 的结果为下游的三个 Partition,之后再做一个聚合,就生成了结果 RDD。

1.4.3 WordCount 中的类调用关系

在经典的 WordCount 的例子中，作业真正提交是从"count"这个行动操作开始的，在 RDD 源代码的 count 方法中触发了 SparkCount 的 runJob 方法提交作业。对于 RDD 来说，它根据彼此之间的依赖形成一个 DAG，然后把这个 DAG 交给 DAGScheduler 处理，DAGScheduler 类内部首先在 runJob 方法里调用 submitJob 方法继续提交作业，这里会发生阻塞，直到返回作业完成或者失败的结果；然后在 submitJob 方法中创建一个 JobWaiter 对象，借助内部消息处理把对象发送给 DAGScheduler 内嵌类 DAGSchedulerEventProcessLoop 进行处理；最后在它的消息接收方法 onReceive 中，接收到 JobSubmitted 样例完成匹配后，继续调用 DAGScheduler 的 handleJobSubmitted 方法来提交作业，阶段划分就是在该方法中进行的。在提交调度阶段开始时，会依据调度阶段寻找父调度阶段，如不存在父调度阶段，则使用 submitMissingTasks 方法提交，如存在则放入等待列表中。当调度阶段提交运行后，在 DAGScheduler 的 submitMissingTasks 方法中根据 Partition 个数拆分对应个数的任务，任务会提交到 TaskScheduler 进行处理，对于每一个任务集，都包含了对应调度阶段的所有任务，这些任务处理逻辑上完全一样，只是处理的数据不同。

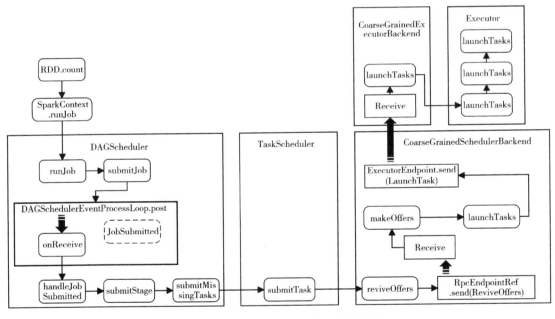

图 1-14 独立运行模式作业执行类调用图

图 1-14 所示的是 Spark 独立运行模式作业执行类调用图。当 TaskScheduler 收到发送过来的任务集时，在 submitTasks 方法中构建一个 TaskSetManager 实例，用来管理这个任务集的生命周期，接着在 CoarseGrainedSchedulerBackend 类方法中的 reviveOffers 方法，向 DriverEndPoint 终端点发送消息，调用 makeOffers 方法。该方法会获取集群中可用的 Executor，然后向任务集的任务分配运行资源，最后提交到 launchTasks 方法中，该方法把任

务一个个发送到 Worker 节点上的 CoarseGrainedSchedulerBackend，当 CoarseGrainedSchedulerBackend 接收到 LaunchTask 消息时，会调用 Executor 的 launchTask 方法进行处理，在 Executor 的 launchTask 方法中会初始化一个 TaskRunner 来封装任务，用于管理任务运行时的细节，TaskRunner 的 run 方法中，首先会对发送过来的 Task 本身以及它所依赖的 Jar 等文件进行反序列，最后反序列化的任务调用 Task 的 runTask 方法。

1.5 本章小结

Spark 已经成为广泛采用的大数据处理平台，本章介绍了 Spark 的发展历程以及它的重要组成部分；然后介绍了 Spark 的运行原理；接着介绍了 Spark 所支持的运行模式，包括 Spark 自带的集群管理器，或在 YARN 或 Mesos 这种第三方集群管理器上运行 Spark。最后结合 WordCount 程序为例进行了 Spark 的编程和工作机制的介绍。

思考与习题

1. Spark 有哪些优点？
2. Spark 包含哪些组件？
3. 为什么要采用第三方资源管理器管理集群？
4. Job、Stage、Task 之间有什么关系？
5. Standalone 模式中的 Driver 可以在哪里运行？
6. DAGScheduler 在 Spark 运行过程中有什么作用？
7. Mesos 模式中 Mesos Slave 有什么作用？
8. 简述 Spark 的执行流程。
9. 简述 ResourceManager(RM) 和 NodeManager(NM) 在 YARN 模式中的作用。
10. 简述 WordCount 的运行过程。

第 2 章 搭建 Spark 开发环境

工欲善其事，必先利其器，学习 Spark 编程，首先应搭建好 Spark 开发环境。本章将介绍 Linux 下 Spark 开发环境的搭建步骤。本章包括 JDK 配置、Spark Shell 环境配置、使用 IDEA 开发并生成 jar 包，并通过 spark-submit 提交运行，以及使用 Eclipse 开发并运行 Spark 程序。完成 Spark 开发环境搭建后，即可进一步进行应用开发。

2.1 Spark 开发环境所需软件

Spark 可以运行在 Linux 或 Windows 系统上。由于 Spark 在 Linux 系统上运行效率更高，当前服务器大多使用 Linux 系统部署 Spark，因此本书以 Linux Ubuntu 16.04 为例，介绍在 Linux 系统上搭建 Spark 开发环境。

常见的 Spark 部署模式主要分为 Local（本地）部署、Standalone（独立）部署、YARN 部署以及 Mesos 部署。Local 模式部署 Spark 开发环境比较简单，Spark 能通过内置的单机集群调度器在本地运行。在 Local 模式下，所有的 Spark 进程运行在同一个 Java 虚拟机中，实际上构成一个独立、多线程版本的 Spark 环境。由于 Local 模式适合程序的原型设计、开发、调试及测试，本节介绍 Local（本地）模式部署的 Spark 开发环境。

本书部署的 Spark 版本为 2.3.0，安装 Spark2.0 及以上版本需要先安装 Java JDK8 或更高版本。本章涉及的软件配置如表 2-1 所示。

表 2-1 本书部署 Spark 开发环境的软件及其版本信息

软件名	软件版本号
OS	64 位 Linux Ubuntu 16.04
JDK	jdk-8u171-linux-x64.tar.gz
Spark	spark-2.3.0-bin-hadoop2.7
Scala	2.11.8
IDEA	IDEA Community 2018.1.6 for Linux
Eclipse	Oxygen.3a（4.7.3a）for Linux
IDEA 的 Scala 插件	Community 2018.1.9 for Linux
Eclipse 的 Scala 插件	4.7.0

2.2 安装 Spark

前期准备中需要下载 JDK 和 Spark 的安装包。具体版本号和官方下载地址如表 2-2 所示。

表 2-2 JDK 和 Spark 安装包信息

软件名	版本号	下载地址
JDK	JDK8 或更高版本	https://www.oracle.com/technetwork/java/javase/downloads/java-archive-javase8-2177648.html
Spark	spark-2.3.0-bin-hadoop2.7	https://archive.apache.org/dist/spark/spark-2.3.0/spark-2.3.0-bin-hadoop2.7.tgz

1. 下载安装包

在 Linux 系统下，可以使用以下两种方式下载软件安装包：

（1）使用浏览器下载

本书使用 Ubuntu 自带的 Firefox 浏览器下载安装包，此处以下载 JDK 为例。版本号是 jdk-8u171-linux-x64。

第一步，在浏览器地址栏中输入本书提供的网址"https://www.oracle.com/technetwork/java/javase/downloads/java-archive-javase8-2177648.html"，并回车跳转至下载页面。

注意：由于从官方网站下载旧版本 JDK 时，必须先使用 Oracle 账户登录，才能获取到一个临时的下载链接（一段时间后链接会自动失效），所以本书不提供 JDK 的直接下载地址。

第二步，选中图 2-1 中所示【Accept License Agreement】并在 Download 列表中找到 jdk-8u171-linux-x64.tar.gz，鼠标左键点击该链接，将跳转到 Oracle 账户页面登录页面。

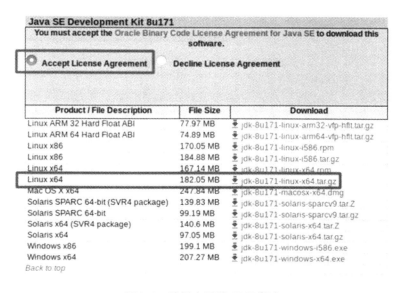

图 2-1 选择合适的 JDK 版本

注意：本书使用的 Ubuntu16.04 为 64 位版本，对应下载 Linux x64 的 JDK。如果使用 32 位的 Linux 系统，则下载 Linux x86 的 JDK。

第三步，用 Oracle 账户登录，如果没有账户请先进行注册，注册过程此处省略。

第四步，登录成功后会弹出下载框，点击"确认"即可下载。JDK 会保存在浏览器设置的下载文件夹中（Firefox 的默认下载文件夹是"~/Downloads"）。

（2）使用 wget 命令下载

以下载 Spark 为例，介绍通过 wget 命令和本书中提供的官方下载地址获取 Spark 安装包。

注意：本书提供官方网站的下载地址，读者也可以使用下述方法获取最新的 Spark 下载地址并用 wget 命令下载，方法是：浏览器打开 Spark 的官方下载网站 http://spark.apache.org/downloads.html。在图 2-2 所示页面中设置要下载的 Spark 版本，以本书的 Spark 版本为例，Spark release 选择【2.3.0】，package type 选择【Pre-built for Apache Hadoop 2.7 and later】。鼠标右键点击 Download Spark 之后的链接，然后点击菜单中的【Copy Link Location】复制下载链接。

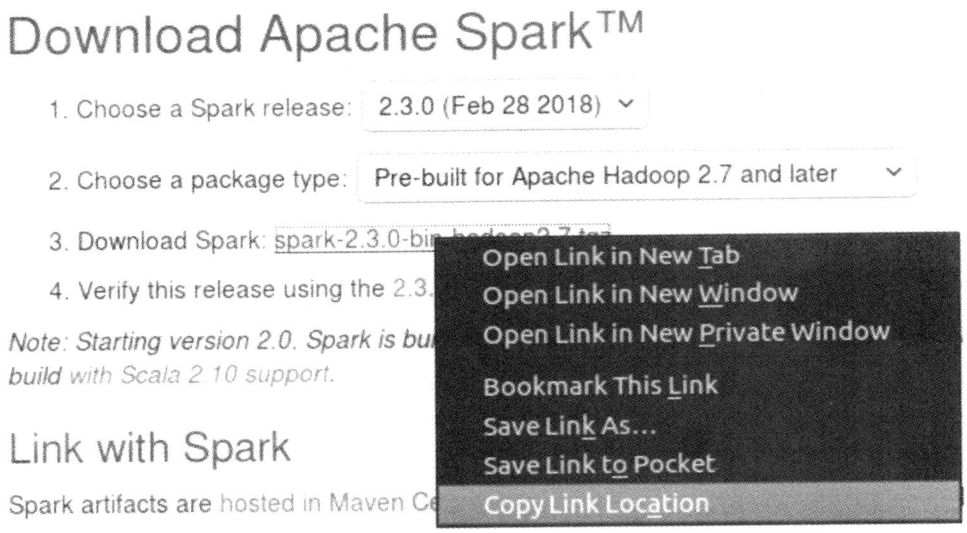

图 2-2 获取 Spark 的下载链接

获取下载链接后，使用 wget 命令下载安装包的具体步骤为：

①打开终端。在桌面上点击鼠标右键，再点击弹出菜单中的【Open in Terminal】；

②在终端中输入命令：wget + 空格，然后在终端中右键点击【Paste】复制 Spark 的下载链接，完整命令为：

```
wget https://archive.apache.org/dist/spark/spark-2.3.0/spark-2.3.0-bin-hadoop2.7.tgz
```

③回车运行，连接服务器后自动开始下载，如图 2-3 所示。

注意：如果不使用"-P"参数设置保存位置，下载的文件会保存在用户文件夹下（本书为

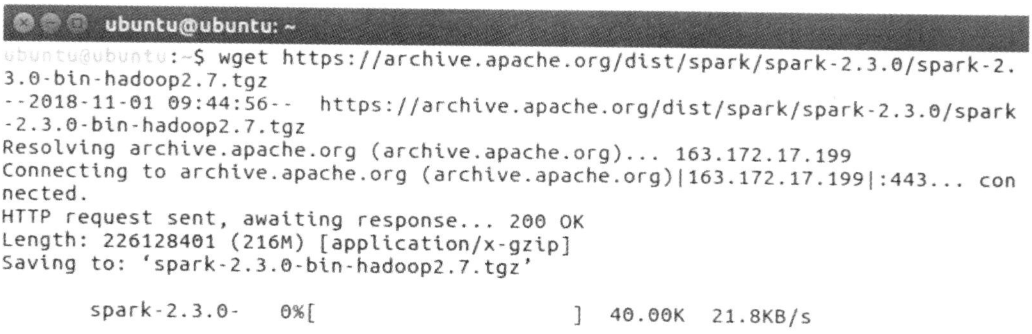

```
ubuntu@ubuntu:~$ wget https://archive.apache.org/dist/spark/spark-2.3.0/spark-2.3.0-bin-hadoop2.7.tgz
--2018-11-01 09:44:56--  https://archive.apache.org/dist/spark/spark-2.3.0/spark-2.3.0-bin-hadoop2.7.tgz
Resolving archive.apache.org (archive.apache.org)... 163.172.17.199
Connecting to archive.apache.org (archive.apache.org)|163.172.17.199|:443... connected.
HTTP request sent, awaiting response... 200 OK
Length: 226128401 (216M) [application/x-gzip]
Saving to: 'spark-2.3.0-bin-hadoop2.7.tgz'

   spark-2.3.0-     0%[                    ]  40.00K  21.8KB/s
```

图 2-3 使用 wget 命令下载（不使用参数）

"/home/ubuntu/"目录下，其中 ubuntu 为用户名）。

wget 的常用参数使用方法（以下载 Spark 压缩包为例）：

①"-O 文件名"，将下载的文件保存为自定义文件名，例如将下载的 Spark 压缩包自定义文件名为 spark.tgz：

wget -O spark.tgz https://archive.apache.org/dist/spark/spark-2.3.0/spark-2.3.0-bin-hadoop2.7.tgz

②"-c"，使用断点续传功能，防止下载时因网络中断导致下载失败。如果加入了-c 参数后出现网络中断的情况，只需要再次运行该命令即可从之前的进度开始继续下载：

wget -c https://archive.apache.org/dist/spark/spark-2.3.0/spark-2.3.0-bin-hadoop2.7.tgz

③"-P 保存路径"，将下载的文件保存到指定目录下，如"~/Downloads"目录下：

wget -P ~/Downloads https://archive.apache.org/dist/spark/spark-2.3.0/spark-2.3.0-bin-hadoop2.7.tgz

④以上参数也可以组合使用。例如开启断点续传功能，并将下载的文件命名为"spark.tgz"并保存到用户文件夹中的 Downloads 文件夹下：

wget -P ~/Downloads -O spark.tgz -c https://archive.apache.org/dist/spark/spark-2.3.0/spark-2.3.0-bin-hadoop2.7.tgz

2. 环境配置

Local 模式快速部署 Spark，只需解压 JDK 和 Spark 的安装包到指定目录，并在环境变量文件中配置 JDK 和 Spark 的存放路径。

（1）JDK

JDK 的配置过程分为三步：解压安装包、配置环境变量、检查安装状态。

①安装 JDK。在 JDK 安装包存放的目录（本书为"/home/ubuntu/Downloads/jdk-8u171-linux-x64.tar.gz"），鼠标右键点击【Open in Terminal】，打开终端，将 JDK 安装包解压到"/usr/local"目录下，解压命令：

sudo tar zxvf jdk-8u171-linux-x64.tar.gz -C /usr/local

②配置环境变量。在终端中输入：

gedit ~/.bashrc

回车运行，在打开的.bashrc 文档最后加入字段：

```
#JAVA
export JAVA_HOME=/usr/local/jdk1.8.0_171
export JRE_HOME=${JAVA_HOME}/jre
export CLASSPATH=.${JAVA_HOME}/lib:${JRE_HOME}/lib
export PATH=$PATH:$JAVA_HOME/bin
```

注意：JAVA_HOME 的值应与 JDK 解压后存放路径一致。

添加字段以后，点击【Save】保存修改。在终端中输入"**source ~/.bashrc**"命令使配置生效：

③检查 JDK 安装状态。在终端中输入"**java -version**"，终端中出现图 2-4 所示的结果，说明 JDK 配置成功。

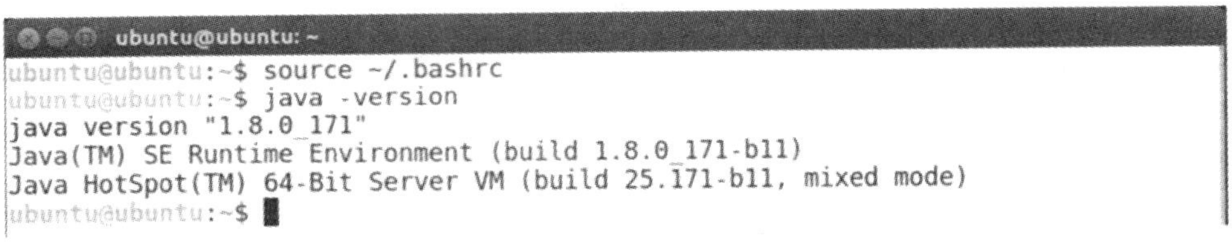

图 2-4　JDK 配置成功

（2）Spark

Spark 的配置过程分为三步：解压安装包、配置环境变量、检查安装状态。

①解压 Spark 安装包。在 Spark 安装包存放的目录（本书为"/home/ubuntu/Downloads/spark-2.3.0-bin-hadoop2.7.tgz"），鼠标右键点击【Open in Terminal】，打开终端，将 Spark 压缩包解压到"/usr/local"目录下，解压命令为：

sudo tar zxvf spark-2.3.0-bin-hadoop2.7.tgz -C /usr/local

②配置环境变量。终端中输入："**sudo gedit ~/.bashrc**"。回车运行。在.bashrc 文档最后加入字段：

```
#SPARK
export SPARK_HOME=/usr/local/spark-2.3.0-bin-hadoop2.7
export PATH=$PATH:$SPARK_HOME/bin
```

注意：SPARK_HOME 的值应与 Spark 解压后存放路径一致。

添加字段以后，保存退出，然后在终端中输入命令"**source ~/.bashrc**"使配置生效。

③检查 Spark 安装状态。在终端中输入"spark-shell"。回车运行，终端中出现如图 2-5 所示信息，说明 Spark 配置成功。

```
k address: 127.0.1.1; using 192.168.241.131 instead (on interface ens33)
2018-05-15 05:16:05 WARN  Utils:66 - Set SPARK_LOCAL_IP if you need to bind to a
nother address
2018-05-15 05:16:07 WARN  NativeCodeLoader:62 - Unable to load native-hadoop lib
rary for your platform... using builtin-java classes where applicable
Setting default log level to "WARN".
To adjust logging level use sc.setLogLevel(newLevel). For SparkR, use setLogLeve
l(newLevel).
Spark context Web UI available at http://192.168.241.131:4040
Spark context available as 'sc' (master = local[*], app id = local-1526386591536
Spark session available as 'spark'.
Welcome to
      ____              __
     / __/__  ___ _____/ /__
    _\ \/ _ \/ _ `/ __/  '_/
   /___/ .__/\_,_/_/ /_/\_\   version 2.3.0
      /_/

Using Scala version 2.11.8 (Java HotSpot(TM) 64-Bit Server VM, Java 1.8.0_171)
Type in expressions to have them evaluated.
Type :help for more information.

scala>
```

图 2-5　Spark 配置成功

注意：IDEA 中 Scala 的版本应和终端中 Scala 的版本一致。

2.2.1　spark-shell 下的实例

在 Ubuntu 中，打开终端，输入"spark-shell"，启动 spark-shell。spark-shell 启动过程中，初始化了一个 SparkContext 对象 sc。在 spark-shell 中，输入代码命令后，执行产生的结果的值与类型将显示在终端中。在 shell 中，运行第一个 Spark 实例，步骤为：

①创建一个 RDD，从本地目录传入文件，记为 rdd1。在 shell 中输入：

val rdd1 = sc.textFile("file:///usr/local/sparkwc")

注意："file:///"表示系统根目录。sparkwc 文件当前在上述路径中不存在。回车运行，结果显示为：

rdd1: org.apache.spark.rdd.RDD[String] = file:///usr/local/sparkwc MapPartitions
Rdd[1] at textFile at <console>:24

根据上述结果可知，运行结果未报错，因为此操作属于 transformation（转换操作），只记录 rdd 之间的逻辑关系。

②将 rdd1 中的文本按" \t"进行切割分词，生成 rdd2。在 shell 中输入：

```
val rdd2 = rdd1.flatMap(_.split("\t"))
```

结果显示为：

```
rdd2: org.apache.spark.rdd.RDD[String] = MapPartitionsRDD[2] at flatMap at <console>:25
```

③在"usr/local"目录下创建一个名为 sparkwc 的文件，在终端中输入：

```
sudo gedit /usr/local/sparkwc
```

④在 sparkwc 文件中添加单词，单词之间用 Tab 键分开：

```
hadoop    spark
scala     hello
hello     spark
java      python
R         spark
```

⑤将 rdd2 中的单词转换为形如（单词，1）的元组，生成 rdd3。在 shell 中输入命令：

```
val rdd3 = rdd2.map((_,1))
```

结果显示为：

```
rdd3: org.apache.spark.rdd.RDD[(String, Int)] = MapPartitionsRDD[3] at map at <console>:25
```

⑥将 rdd3 中元组按照 key 进行累加，统计每个单词出现的次数，生成 rdd4：

```
val rdd4 = rdd3.reduceByKey(_+_)
```

结果显示为：

```
rdd4: org.apache.spark.rdd.RDD[(String, Int)] = ShuffledRDD[4] at reduceByKey at <console>:25
```

⑦输出 rdd4 中结果：

```
rdd4.collect
```

结果显示为：

```
res0: Array[(String, Int)] = Array((scala,1), (R,1), (python,1), (hello,2), (java,1), (spark,3), (hadoop,1))
```

注意：暂时不退出 spark-shell，下一小节还将使用本小节实例介绍 SparkWEB 的使用。

2.2.2 SparkWEB 的使用

每个 Driver 的 SparkContext 都会启动一个 WEB 界面，默认端口为 4040，在浏览器中输入 localhost：4040，查看程序的诸多有用信息，包括：调度器 Stage、Task 列表；RDD 大小和内存使用情况统计；环境配置信息；正在运行的执行器信息。

在浏览器中输入网址：localhost：4040，回车进入 SparkWEB 监控页面，如图 2-6 所示：

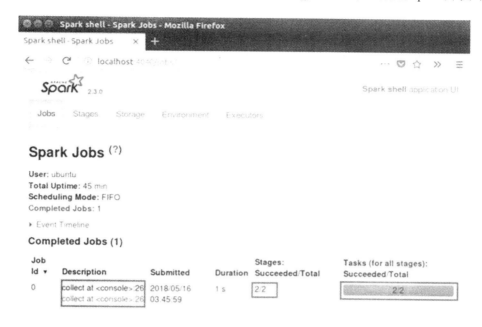

图 2-6　SparkWEB 监控页面

根据图 2-6 中信息，前一小节的 Job 已经完成，提交时间在【Submitted】栏中显示，运行时间在【Duration】栏中显示。由【Stages】栏和【Tasks】栏中内容可知，任务被拆成了 2 个 Stage 和 2 个 Task。点击菜单栏中的【Stages】，进入任务 Stages 详情页面（图 2-7），查看 2 个 Stage 的划分以及各自执行时间等信息。

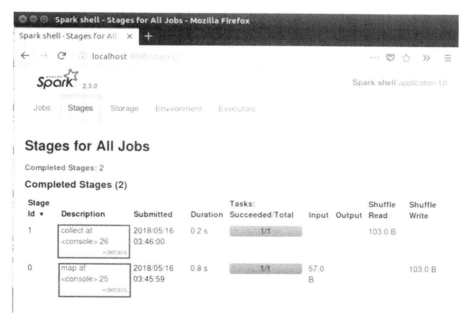

图 2-7　查看 Stage

点击图中【Description】栏中的链接，查看 Job 执行的细节，如图 2-8 所示。

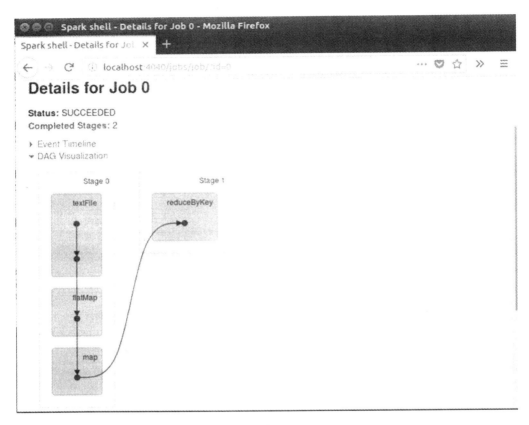

图 2-8　查看 Job Details

2.3　IDEA

为了开发 Spark 应用程序，需要安装有效的集成开发环境。IDEA 是一个通用的集成开发环境，Spark 应用通常采用 Scala 语言进行开发，而 IDEA 提供了最佳的 Scala 语言集成开发环境。本节将详细介绍 Scala 与 IDEA 的配置安装，以及使用 IDEA 创建一个 Spark 应用程序。最后，将介绍使用 IDEA 打包 Spark 应用程序，并通过 spark-submit 提交 Spark 环境运行。

安装 IDEA 仅需要下载并解压 IDEA 的压缩包。安装完成 IDEA 后需要在 IDEA 中配置 JDK、Scala 以及安装 Scala 插件。

2.3.1　安装 IDEA

前期准备：下载 Scala 和 IDEA 的安装包。具体版本号和官方下载地址如表 2-3 所示。

表 2-3　Scala 和 IDEA 信息

软件名	版本号	下载地址
Scala	Scala-2.11.8（与 Spark-shell 显示的 Scala 版本号一致）	http://downloads.lightbend.com/scala/2.11.8/scala-2.11.8.tgz
IDEA	Community 2018.1.6 for Linux	http://download.jetbrains.com/idea/idealC-2018.1.6.tar.gz

1. Scala

Scala 的配置过程分为三步：解压安装包、配置环境变量、检查安装状态。

（1）安装 Scala。在 Scala 安装包存放的目录下鼠标右键点击【Open in Terminal】，打开终端，将 Scala 压缩包解压到 /usr/local 目录下，命令为：

sudo tar zxvf scala-2.11.8.tgz -C /usr/local

（2）配置环境变量。终端中输入"**sudo gedit ~/.bashrc**"，执行命令，在 .bashrc 文档最后加入字段：

#SCALA
export SCALA_HOME=/usr/local/scala-2.11.8
export PATH=$PATH:$SCALA_HOME/bin

注意：SCALA_HOME 的路径需与 Scala 解压后存放路径一致。

添加字段以后，点击【Save】保存修改。接下来在终端中输入命令："**source ~/.bashrc**"，使配置生效。

（3）检查 Scala 安装状态。在终端中输入："scala -version"，终端中出现如图 2-9 所示的 Scala 的版本信息，则说明配置成功。

```
ubuntu@ubuntu:~$ scala -version
Scala code runner version 2.11.8 -- Copyright 2002-2016, LAMP/EPFL
ubuntu@ubuntu:~$
```

图 2-9　检查 Scala 是否配置成功

2. IDEA

安装 IDEA 主要分为 3 步：解压安装包、启动 IDEA 进行初始化配置、安装 Scala 插件以及设置 JDK 和 Scala 依赖。

（1）解压 IDEA 安装包

在 IDEA 安装包的存放目录下鼠标右键点击【Open in Terminal】，在终端中输入命令，将 IDEA 安装包解压到 /usr/local 目录下：

sudo tar zxvf idealC-2018.1.6.tar.gz -C /usr/local

（2）启动 IDEA 并进行初始化配置

在 IDEA 安装目录的 bin 目录下打开新的终端并输入：

./idea.sh

第一次启动 IDEA 时，弹窗中选择是否导入配置文件，选择默认的【Do not import settings】。接下来，在用户协议弹窗中，点击【Accept】，进入 UI 主题选择界面。点击【Skip Remaining and Set Defaults】，使用默认设置。

（3）安装 Scala 插件并设置 JDK 与 Scala SDK 的位置

①安装 Scala 插件。

第一步，点击初始界面中的【Configure】，然后点击【Plugins】，如图 2-10 所示。

图 2-10　打开 IDEA 插件管理器

第二步，在新窗口中搜索 Scala 插件，点击【Install】进行安装，如图 2-11 所示。下载完成后会自动安装，安装完成后重启 IDEA 即可使用 Scala 插件。

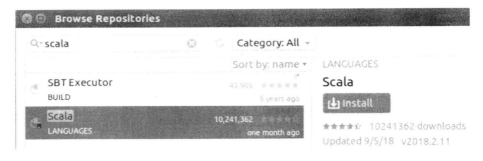

图 2-11　安装 Scala 插件

注意：Scala 插件下载长时间无响应或者搜索失败（弹窗显示下载失败）的解决方案：在官网中下载 Scala 插件（http://plugins.jetbrains.com/plugin/1347-Scala）进行本地安装。

根据 IDEA 解压以后文件夹名称中包含的版本号信息下载 Scala 插件，例如本书中使用的 IDEA 解压后文件夹名为 idea-IC-182.4505.22，版本号为 182.*。在官网搜索 Scala 插件版本如图 2-12 所示，根据【COMPATIBLE BUILDS】显示的版本支持信息，本书中 IDEA 兼容的 Scala 插件为 2018.1.7～2018.1.9 中的任意一个版本，本书中选择下载 2018.1.9 版本的 Scala 插件。

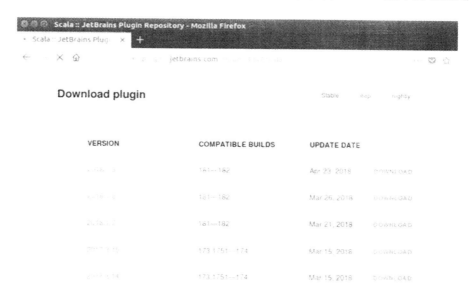

图 2-12　选择 Scala 插件版本

下载插件并进行安装的步骤为：

点击 IDEA 初始页面中的【Configure】，然后点击【Plugins】重新打开插件搜索窗口。如图 2-13 所示，点击【Install plugin from disk】按钮，找到 Scala 插件存放路径，点击【OK】，安装完成后根据提示，重启 IDEA。

图 2-13　从磁盘安装 Scala 插件

②设置全局 JDK。

第一步，在 IDEA 初始界面点击右下角的【Configure】，然后点击【Project Defaults】扩展菜单中的【Project Structure】；第二步，点击弹出窗口左侧的【Project】，然后点击【New...】，找到并选择 JDK 的安装路径（例如"/usr/local/jdk1.8.0_171"），点击【OK】完成全局 JDK 的设置，如图 2-14 所示。

③设置全局 Scala SDK。

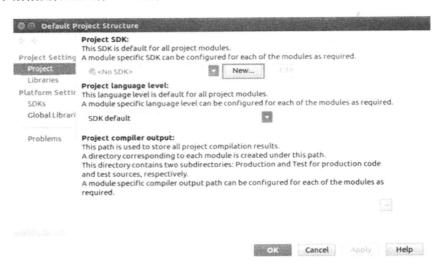

图 2-14　设置全局 JDK

第一步，选择左侧的【Global Libraries】，点击【+】，选择下拉菜单中的【Scala SDK】，如图 2-15 所示；第二步，在弹出窗口中，点击窗口中的【Browse...】，定位到 Scala 的安装位置（本书为"/usr/local/scala-2.11.8"），点击【OK】完成全局 Scala SDK 的设置。

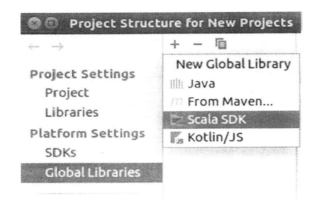

图 2-15　配置 Scala SDK

2.3.2　IDEA 的实例（Scala）

本小节将介绍如何使用 IDEA 创建一个 Scala 项目，并运行 WordCount 程序。

1. 新建项目

在初始页面上点击【Create New Project】，选择弹出窗口左侧框中的【Scala】，接下来选中右侧框中的【IDEA】，并点击【Next】。

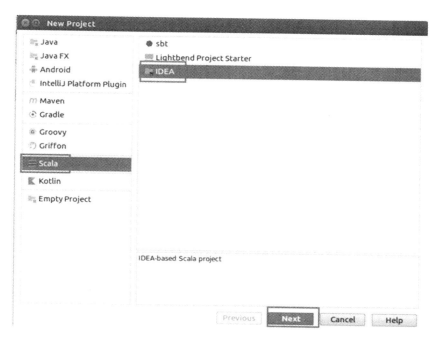

图 2-16　新建项目

2. 设置项目名、JDK 和 Scala SDK

IDEA 自动导入全局 JDK 和 Scala SDK 依赖，只需要设置项目名称，如图 2-17 所示。

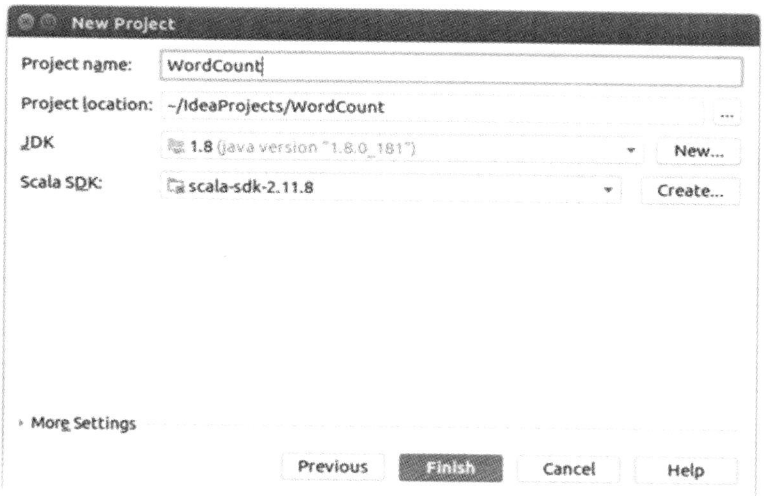

图 2-17　设置项目名称等信息

3. 导入 Spark 的 jars 文件夹

具体步骤为：

（1）点击菜单栏中的【File】，选择下拉菜单中的【Project Structure】，进入环境配置界面。

（2）选择左侧框中的【Libraries】，再点击【+】，选择下拉菜单中的【Java】，如图 2-18 所示。

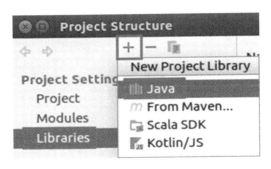

图 2-18　导入 jar 包

（3）在图 2-19 所示的路径选择窗口中，选中 Spark 安装目录下的 jars 文件夹，并点击【OK】完成 Spark 项目的 jar 依赖包导入。

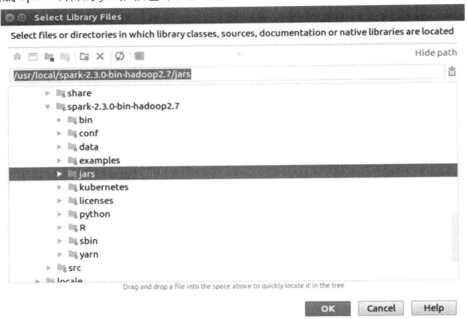

图 2-19　导入 jar 包

4. 编写代码

在 WordCount/src 文件夹下，新建一个 Scala 项目文件。右键点击 src 文件夹，在窗口中，选择【New】，然后选择【Scala Class】，出现如图 2-20 所示窗口。将【Kind】设置为【Object】，并在【Name】文本框中，输入"WordCount"作为文件名。

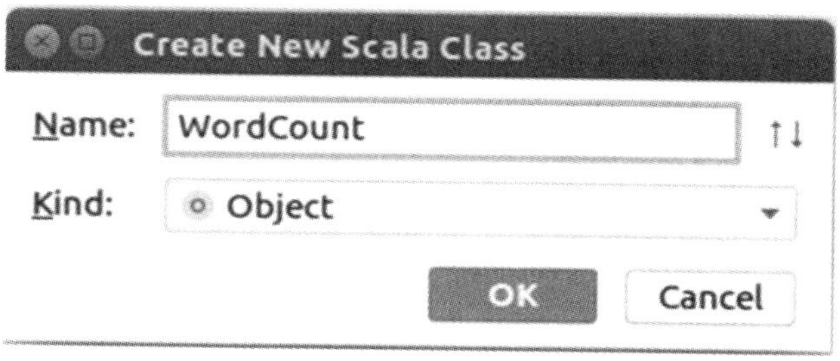

图 2-20 新建 WordCount.scala

在新建的 WordCount.scala 中输入代码 2-1。

代码 2-1

```scala
import org.apache.spark.{SparkConf,SparkContext}
object WordCount {
    def main(args: Array[String]) {
        val conf = new SparkConf().setAppName("mySpark").setMaster("local")
        val sc = new SparkContext(conf)
        val rdd = sc.textFile(args(0))
        val wordcount = rdd.flatMap(_.split("\t")).map((_,1))
        .reduceByKey(_ + _)
        for(arg <- wordcount.collect())
        print(arg + " ")
        println()
        sc.stop()
    }
}
```

注意：在代码 2-1 中，args(0)表示输入文件路径。需要在运行项目时，设置参数值。

5. 运行程序

运行程序的完整步骤包括：编译代码、调试配置、运行程序、查看结果。

（1）编译代码

点击菜单栏中的【Bulid】，然后点击【Build Project】，或者使用"Ctrl + F9"组合键对代码进行编译，编译结果会在 Event Log 中显示。

（2）调试配置

编译通过以后，单击菜单【Run】，然后点击【Edit Configuration】打开配置窗口。在新弹出的【Run/Debug Configuration】窗口中，添加一个【Application】。具体步骤为：

①点击【+】创建一个【Application】；

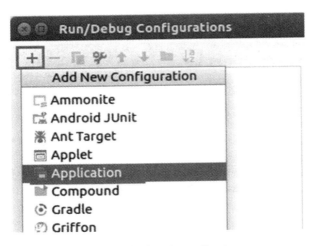

图 2-21　创建一个 Application

②在【Name】输入框中输入"Word Count"作为名称；
③设置【Main Class】的路径，点击右侧的【...】，选择项目中的"WordCount.scala"路径；
④在【Program arguments】栏中输入参数"file：///usr/local/sparkwc"（wordcount 程序要读取文件路径），并点击【OK】。如图 2-22 所示。

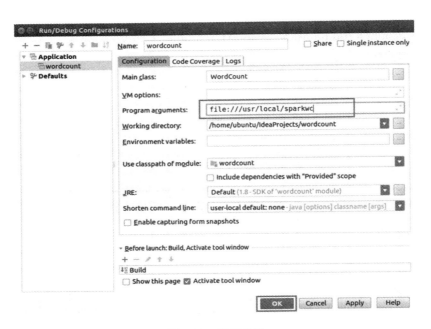

图 2-22　设置参数

（3）运行程序
在代码空白处，点击鼠标右键，选择弹出菜单中的【Run'WordCount'】。

(4)查看结果

在 IDEA 界面下方的控制台中,出现以下运行结果:

(scala,1) (spark,3) (hadoop,1) (R,1) (python,1) (hello,2) (java,1)

2.3.3　IDEA 打包运行

在上一小节创建的 WordCount 项目基础上,本小节将介绍使用 IDEA 打包项目和使用 spark-submit 提交 jar 包到 Spark 运行的流程。

1. 生成 Jar 包

(1)点击菜单栏【File】,然后点击【Project Structure】,进入项目配置界面。

(2)选择【Artifacts】,然后在界面的中间操作界面中点击【 + 】,选择【JAR】菜单中的【From modules with dependencies】,如图 2-23 所示。

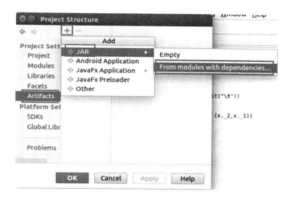

图 2-23　设置 Artifacts

(3)点击【Main Class】右侧的【...】,出现路径选择窗口,如图 2 - 24 所示。

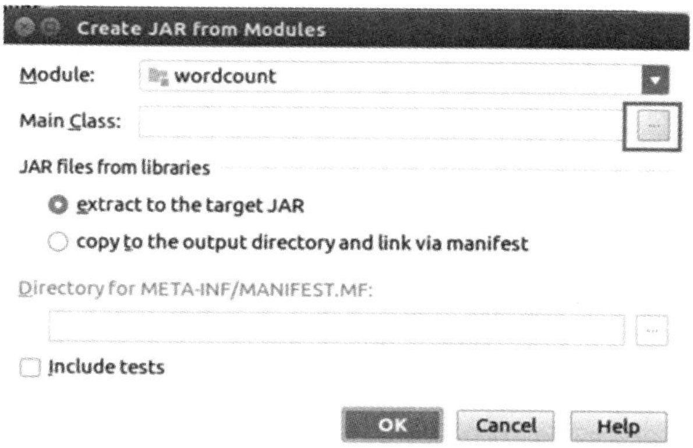

图 2-24　设置主函数入口

38   Spark 大数据编程基础(Scala 版)

(4)选择图 2-25 中的【Project】,然后在项目 WordCount 目录下,选中 src 文件夹下的 WordCount.scala 并点击【OK】。

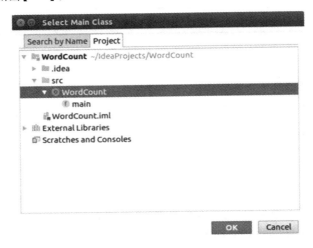

图 2-25　设置 Main Class

项目配置完成,在图 2-26 中①号框所示【Output directory】处,修改 jar 包的保存位置。删除图 2-26 中②号框内的多余 jar 包,仅保留【WordCount.jar】以及【'WordCount' Compile output】。使用全选快捷键"Ctrl + A"选中②号框内全部选项,然后使用"Ctrl + 鼠标左键"进行反选。再点击②号框上方的【-】删除其余被选中的 jar 包。

生成 jar 包之前,删除代码中"setMaster("local")"。

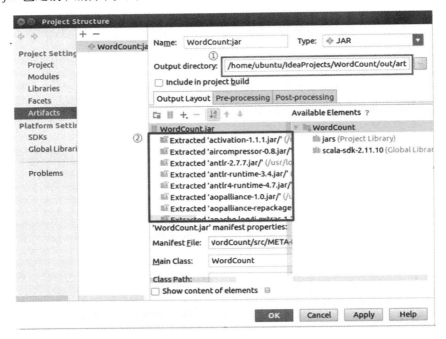

图 2-26　打包配置

(5)点击菜单栏的【Build】,然后点击【Build Artifacts】生成项目的打包文件,如图2-27所示。在弹出界面中,进一步选择【Build】。

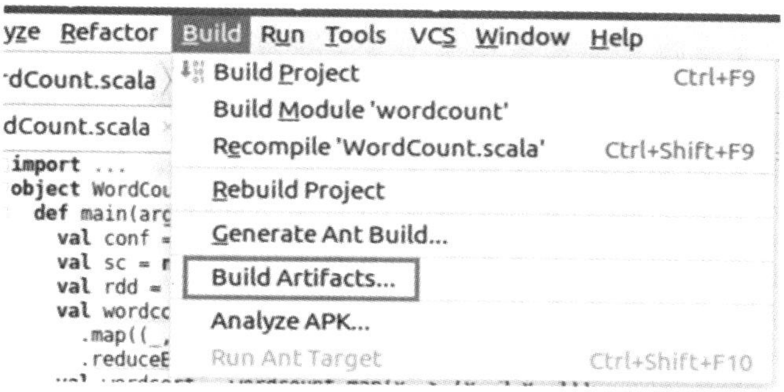

图 2-27 使用 IDEA 生成项目 jar 包①

生成的 jar 包默认位置在项目文件夹 out 目录下的 artifacts 文件夹中。本书中,路径为"/home/ubuntu/IdeaProjects/wordcount/out/artifacts/WordCount.jar"。

2. 将 jar 包复制到 Spark 的根目录下

在 jar 包所在目录下,打开终端并输入命令:

```
sudo cp WordCount.jar /usr/local/spark-2.3.0-bin-hadoop2.7
```

3. 使用 spark-submit 命令运行 jar 包

通过 spark-submit 提交运行 jar 包的命令格式为:

```
./bin/spark-submit
    --class main-class              //需要运行的程序的主类,应用程序的入口点
    --master master-url             //Master URL,下面会有具体解释
    --deploy-mode  deploy-mode      //部署模式
    ... # other options
    application-jar                 //应用程序 JAR 包
    [application-arguments]         //传递给主类的主方法的参数
```

在本小节的实例中,main-class 为 WordCount,master-url 为 local,deploy-node 和 other options 缺省,application-jar 为 WordCount.jar,[application-arguments]为单词计数文件的存放路径:file:///usr/local/sparkwc。

将本小节生成的 jar 包提交 spark-submit 运行的步骤为:

(1)在 Spark 的安装目录下(本书为"/usr/local/spark-2.3.0-bin-hadoop2.7"),打开一个终端并输入:

```
./bin/spark-submit --class WordCount --master local WordCount.jar file:///usr/local/sparkwc
```

(2)终端中显示运行结果:

(scala,1) (spark,3) (hadoop,1) (R,1) (python,1) (hello,2) (java,1)

2.4 Eclipse

本节将主要介绍使用 Eclipse 编写 Spark 应用程序。Eclipse 是一种常用的集成开发环境,也支持搭建 Scala 语言开发环境。本节将介绍 Eclipse 的配置安装,以及在 Eclipse 上创建 Spark 项目的方法。特别说明:Eclipse 目前不支持 Spark 项目打包。

安装 Eclipse 的步骤和 IDEA 类似。第一步,下载并解压 Eclipse 安装包;第二步,下载并解压 Eclipse 的 Scala 插件安装包。

2.4.1 安装 Eclipse

前期准备:下载 Eclipse 和 Scala IDE 插件压缩包。具体版本号和官方下载地址如表 2-4 所示。

表 2-4 Eclipse 和 Scala IDE 插件信息

软件名	版本号	下载地址
Eclipse	Eclipse 4.7.3a	http://ftp.yz.yamagata-u.ac.jp/pub/eclipse/technology/epp/downloads/release/oxygen/3a/eclipse-jee-oxygen-3a-linux-gtk-x86_64.tar.gz
Scala IDE 插件	4.7.0	http://download.scala-ide.org/sdk/lithium/e47/scala212/stable/update-site.zip

Eclipse 安装步骤主要为:

(1)解压 Eclispe 安装包。

在 Eclipse 安装包的存放目录下,打开终端,输入命令:

```
sudo tar zxvf eclipse-jee-oxygen-3a-linux-gtk-x86_64.tar.gz -C /usr/local
```

(2)解压缩 Scala 插件压缩包 update-site.zip 到/usr/local 目录下。解压命令为:

```
sudo unzip update-site.zip -d /usr/local
```

解压完成以后,在/usr/local 目录下,出现 base 文件夹。base 文件夹中有:features、plugins、artifacts.jar、content.jar、site.xml。

(3)将 features 文件夹中的所有文件复制到 Eclipse 安装路径对应的 features 文件夹中。在/usr/local/base 目录下,打开终端,输入命令:

```
sudo cp -R features/* /usr/local/eclipse/features
```

(4)将 plugins 文件夹中的所有文件复制到 Eclipse 安装路径的 plugins 文件夹中。输入命令:

```
sudo cp -R plugins/* /usr/local/eclipse/plugins
```

(5) 重新启动 Eclipse。出现如图 2-28 所示的弹窗，点击【OK】，完成安装。

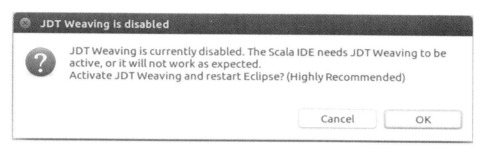

图 2-28　启用 JDT Weaving

2.4.2　Eclipse 的实例（Scala）

Eclipse 进行 Spark 应用程序开发的步骤分为三步：启动 Eclipse；建立项目，添加依赖；编写程序；编译并运行。本小节中将详细介绍具体细节。

1. 启动 Eclipse

在 Eclipse 的安装目录下（本书为"/usr/local/eclipse"），打开终端，执行命令：./eclipse。出现设置工作空间（项目存放位置）的窗口。本书选择默认路径，也可以点击【Browse...】设置工作空间的路径。设置完成以后，点击【Launch】按钮进入 Eclipse 主界面。

2. 新建项目，配置依赖

（1）依次点击菜单栏中的【File】>>【New】>>【Other】。或者直接点击菜单栏下方的快捷按钮选项【New】，打开如图 2-29 界面。

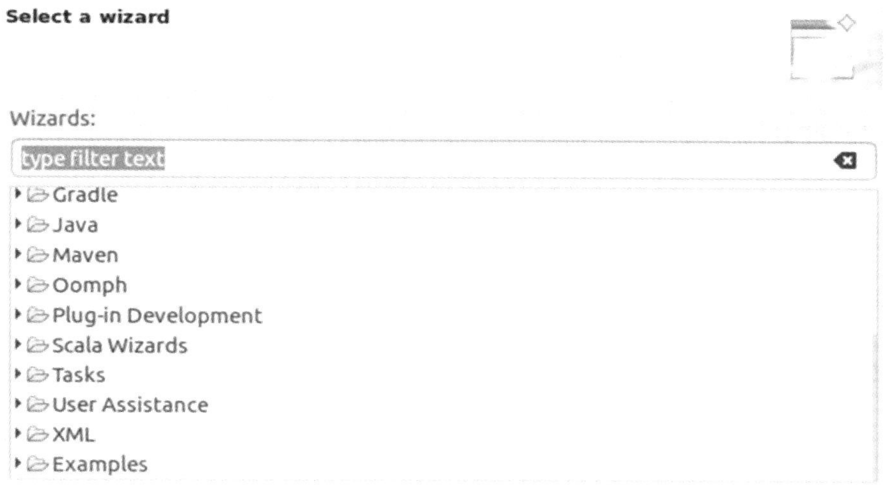

图 2-29　建立 Scala 项目①

(2)点击【Scala Wizards】，出现如图 2-30 所示选择页面。

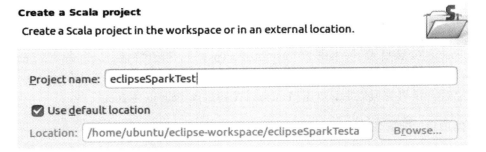

图 2-30 建立 Scala 项目②

(3)选择【Scala Project】并点击【Next】进入图 2-31 所示的项目名称、项目存放位置等设置界面。

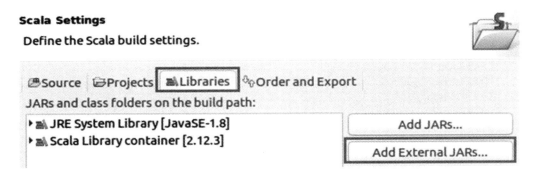

图 2-31 设置项目名称

(4)设置信息以后，点击【Next】，进入项目 jar 依赖包设置界面。选择【Libraries】，然后点击右侧的【Add External JARs…】，如图 2-32 所示。

图 2-32 添加 Spark 的 jar 包

(5)在路径选择窗口中，选择 Spark 安装目录下的 jars 文件夹，添加 jars 文件下的全部 jar 包。

注意：为了使用方便，也可以将 Spark 的所有 jar 包作为 User Library 添加到 Eclipse 中，步骤为：

1)点击 Eclipse 菜单栏中的【Window】，选择弹出选项中的【Preference】，弹出图 2-33 所示窗口；

2)依次展开窗口左侧的【Java】>>【Build Path】>>【User Libraries】，并选中【User Libraries】；

3)点击右侧的【New】，输入名称，本书使用 Spark 为 User Library 命名，如图 2-33 编号①所示；

4)点击【Add External JARs】，如图 2-33 编号②所示，定位到 Spark 安装目录下的 jar 文件夹，将 Spark 安装目录下的所有 jar 包添加进来，并点击【OK】完成导入，此时窗口中会出现定义好的 User Library，如图 2-33 编号③所示。

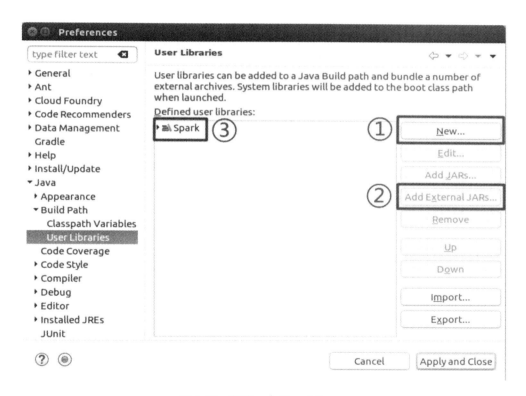

图 2-33　新建一个 User Library

Spark 的 jar 包添加至 User Library 以后，下次需要导入 Spark 的 jar 包时，仅需将该 User Library 添加至项目的 Java Build Path 中即可。以 WordCount 项目为例，步骤为：

1)右键点击项目名【WordCount】，再点击弹出选项中的【Properties】，出现如图 2-34 所示窗口；

2)点击左侧框中的【Java Build Path】,再点击右侧【Add Library】,选择【User Libraries】,在中间窗口中选中已经添加好的 User Library(Spark),并点击【OK】完成添加。

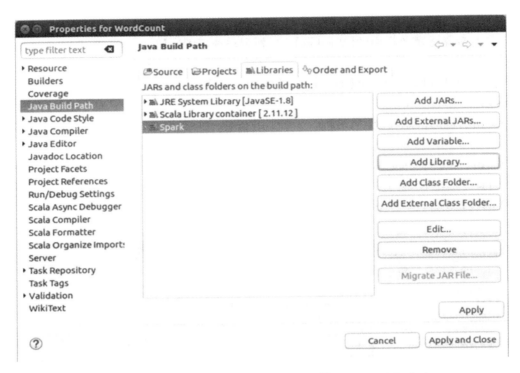

图 2-34　添加 User Libaray(Spark)到项目的 Java Build Path 中

(6)点击【Apply and Close】,完成项目的创建,此时出现如图 2-35 所示的错误。

图 2-35　版本依赖错误

该错误主要是当前安装的 Spark 对应的 Scala 版本号与 Eclipse 中的 Scala 插件对应的版本号不一致导致的。因此,修改 Scala 插件对应的版本。如图 2-36 所示,步骤为:

①在项目名"eclipseSparkTest"上点击鼠标右键,点击弹出选项中的【Properties】,在弹出窗口中修改项目的依赖。选中左侧框中的【Scala Complier】,右侧面板会出现如图 2-36 所示信息。

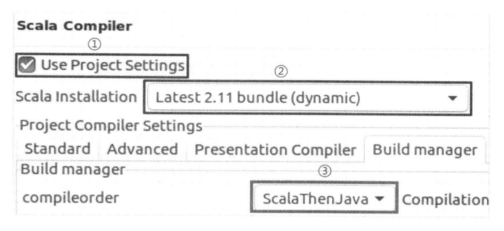

图 2-36　编译配置

②勾选【Use Project Settings】，参考图 2-36 编号①，对【Scala Installation】进行修改。本书中安装的 Spark 对应的 Scala 依赖包版本是 2.11.8，选择【Latest 2.11 bundle(dynamic)】，如图 2-36 编号②。

③将【Bulid manager】区域中的【compileorder】设置为【ScalaThenJava】，如图 2-36 编号③。

④点击右下角的【Apply and Close】，完成 Scala 依赖包版本的修改。项目的环境错误提示信息消失，说明环境配置正确。

3. 编写程序

（1）右键选中 eclipseSparkTest/src 文件夹，创建 package。方法为：依次点击【New】>>【Package】，设置包名称（本书实例中，包名为 eclipseSparkTest），最后点击【Finish】。

（2）右键包文件夹创建 Scala 文件。依次点击【New】>>【Others】>>【Scala Wizards】>>【Scala Object】。在图 2-37 所示 Scala 类的设置页面中，将类命名为 eclipseWordCount。最后点击【Finish】，完成 Scala 类的创建。

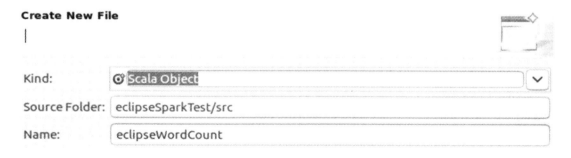

图 2-37　新建项目

（3）在 eclipseWordCount 中输入代码 2-1。

4.编译并运行

(1)点击菜单栏快捷选项框的运行按钮,如图2-38所示。完成编译。

图 2-38　运行按钮

(2)点击如图2-38所示的运行按钮右侧的箭头。在弹出的下拉框中,选择【Run Configurations…】。在弹出的配置界面设置运行程序的名称和参数。双击左侧选项框中的【Scala Application】,右侧面板会出现应用程序名称和参数的设置界面。如图2-39所示:

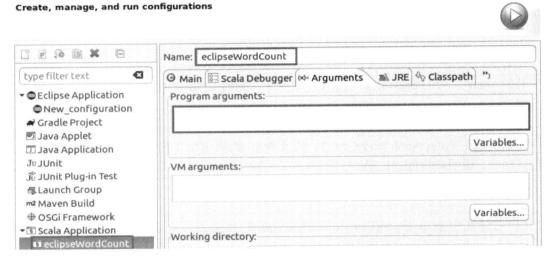

图 2-39　设置参数值

(3)如图2-39所示,在【Name】框中,设置运行程序的名称。在【Program arguments】框中,设置参数。实例代码 args(0)表示输入文件路径,填写"file:///usr/local/sparkwc"。设置完成以后,点击【Run】运行程序,在控制台出现运行结果:

(scala,1) (spark,3) (hadoop,1) (R,1) (python,1) (hello,2) (java,1)

2.5　本章小结

本章主要介绍了 Linux 环境中以 Local 模式部署 Spark 的流程;IDEA 创建并运行 Spark 应用程序的流程;IDEA 进行应用程序打包、spark-submit 提交运行 jar 包的流程、Eclipse 创建并运行 Spark 应用程序的流程。依据本章完成 Spark 实战开发环境搭建。使用该环境,快速开发 Spark 应用程序。

思考与习题

1. 在 Spark 安装目录下有一些示例程序，包括 Scala、Python、R、Java 语言的版本。以本书安装的 Spark 环境为例，Scala 语言的示例程序文件夹位于"/usr/local/spark-2.3.0-bin-hadoop2.7/examples/src/main/scala/org/apache/spark/examples"。在这个文件夹下有一个名为 SparkPi.scala 的程序，功能是计算 π 的近似值。Spark 提供了一个 shell 脚本程序专门用于运行示例，在 spark 安装根目录的 bin 文件夹下，名为 run-example。请读者用 run-example 运行 SparkPi 程序，并用 IDEA 或 Eclipse 查看该程序的源码。

运行方法：

（1）打开一个终端，输入命令：cd /usr/local/spark-2.3.0-bin-hadoop2.7/bin

（2）继续输入命令：./run-example SparkPi

（3）在运行结果中找到有"Pi is roughly"字样的一行即为结果。

2. 简述推荐用 Linux 系统搭建 Spark 开发环境的原因。

3. 说明在 spark-shell 中编程与在 IDEA 中编程有什么区别。

4. 简述 SparkWEB 可以查看哪些信息。

5. 参考 2.2.1 小节，说明为什么在 sparkwc 还未建立的情况下，val rdd1 = sc.textFile("file:///usr/local/sparkwc")不会报错。

6. 说明 Eclipse 与 IDEA 的主要区别。

第 3 章　Scala 语言基础

作为 Apache Spark 的原生开发语言，Scala 语言在大数据处理领域受到广泛关注。本章将详细介绍 Scala 语言的基础，包括变量与基本数据类型、表达式与条件式、集合操作以及函数式编程等相关知识。

3.1　Scala 简介

Spark 核心代码使用 Scala 语言开发，虽然在 Spark 中可以使用 Scala、Java、Python 语言进行分布式程序开发，但 Spark 提供的首选语言是 Scala。本节将介绍 Scala 语言的特点以及运行 Scala 代码的几种常用方式。

3.1.1　Scala 特点

Scala 语言是集面向对象编程思想与函数式编程思想于一身的通用编程语言，由 Martin Odersky 教授及其领导的瑞士洛桑联邦高等理工学院程序方法实验室团队于 2004 年对外发布。Scala 的设计吸收借鉴了许多种编程语言的思想。Scala 语言的名称来自于"可伸展的语言"，从写小脚本到建立大系统的编程任务均可胜任。Scala 运行于 Java 虚拟机（Java Virtual Machine，JVM）上，并兼容现有的 Java 程序。Scala 代码可以调用 Java 方法，访问 Java 成员变量，继承 Java 类和实现 Java 接口。在面向对象方面，Scala 是一门非常纯粹的面向对象编程语言，也就是说，在 Scala 中，每个值都是对象，每个操作都是方法调用。

Spark 的设计目的之一就是使程序编写更快更容易，这也是 Spark 选择 Scala 的原因所在。Scala 的主要优点包括：

（1）Scala 具备强大的并发性，支持函数式编程，可以更好地支持分布式系统。

（2）Scala 语法简洁，能提供优雅的 API。

（3）Scala 能够无缝集成 Java 语言，运行速度快，且能融合到 Hadoop 生态圈中。

Scala 的优势是提供了 REPL（Read-Eval-Print Loop，交互式解释器），因此，在 Spark Shell 中可进行交互式编程，即表达式计算完成就会输出结果，而不必等到整个程序运行完毕，因此可即时查看中间结果，并对程序进行修改。这样可以在较大程度上提升开发效率。

3.1.2　Scala 运行方式

Scala 代码可以在 Spark Shell 中运行，其自带 Scala 解释器。当然，Scala 代码也可以在 Scala Shell 中直接运行。在实际开发过程中，为提高开发效率，一般会借助一些 IDE 如

IDEA、Eclipse 等进行 Scala 程序开发。由于本书只对 Scala 语言的常用语法知识进行讲解，不涉及太过复杂的 Scala 程序，在 Scala Shell 里便可完成相关知识的学习。

本小节以输出 HelloWorld 为例介绍三种 Scala 代码编译执行的方式。

1. Scala 解释器中直接运行代码

登录 Linux 系统，打开命令行终端并输入 scala，进入 Scala 解释器。输入代码：

```
scala> println("Hello, world!")
Hello, world!
```

结果会直接显示在代码下面。有的情况下需要输入多行代码时，可以使用第二种方式执行。

2. Scala 解释器中运行多行代码

在 Scala 解释器中使用"paste"命令，进入 paste 模式。将代码编辑完后，按住 ctrl + D 即可退出 paste 模式，运行结果即可在下方显示。如代码 3-1 所示。

代码 3-1

```
scala> :paste
// Entering paste mode (ctrl-D to finish)

  val str=List("Hello","World")

  for(i<-0 to 1) print(str(i))

  println()

// Exiting paste mode, now interpreting.

HelloWorld
str: List[String] = List(Hello, World)
```

另外，在 Scala 解释器中输入"quit"可以退出 Scala 解释器。

3. 通过控制台进行编译及执行 scala 文件

登录 Linux 系统，打开命令行终端，选择文件创建路径，在命令行终端输入"vim Demo.scala"，即可在创建路径下自动创建 Demo.scala 文件。将代码以应用程序对象的方式写入 scala 文件。如代码 3-2 所示。

代码 3-2

```
object HelloWorld {
   /* 第一个 Scala 程序
    * 它将输出 Hello World!
    */
   def main(args: Array[String]) {
      println("Hello, World!") // 输出 Hello World!
   }
}
```

使用 scalac 命令编译 Demo.scala 文件，并使用 scala 命令执行：

```
scalac Demo.scala        //编译 Scala 文件命令
scala -classpath . HelloWorld    //执行命令
```

注意，执行命令中一定要加入"-classpath ."，否则会出现"No such file or class on classpath: HelloWorld"。命令执行后，会在屏幕上打印出"Hello，World!"。关于代码 3-2 及执行命令，需要说明的几点如表 3-1 所示。

表 3-1 代码说明

序号	说明
1	在代码 3-2 中，定义了程序的入口 main()方法。关于 main()方法的定义，Java 和 Scala 是不同的，在 Java 中使用静态方法(public static void main(String[] args))，而 Scala 中则必须使用对象方法，本例中，也就是 HelloWorld 对象中的 main()方法
2	在代码 3-2 中对象的命名 HelloWorld 可以不必和文件名称一致，这里对象名称是 HelloWorld，而文件名称是 Demo.scala。这点和 Java 是不同的，按照 Java 的命名要求，这里的文件名称就必须起名为 HelloWorld.scala，但是，在 Scala 中没有这个一致性要求。另外，执行命令中的 HelloWorld 为对象名
3	Scala 是区分大小写的。例如小写开头的 object 和大写开头的 Object 是不同的。文件名 Demo.scala 和 demo.scala 也是两个不同的文件

3.2 变量与类型

定义变量和数据类型是任何一门编程语言的入门基础。本节将详细介绍 Scala 中变量的定义与使用、命名规范、基本数据类型及其使用以及 Range 操作等相关知识。

3.2.1 变量的定义与使用

Scala 中有三种类型的变量：可变变量、不可变变量和惰性变量，如表 3-2 所示。

表 3-2　三种变量类型

变量类型	类型说明
可变变量	指的是变量被赋值后，变量值可以随着程序的运行而改变。可变变量使用关键字 var 进行定义，相当于 Java 中的变量，声明的时候需要进行初始化，初始化以后还可以再次对其赋值
不可变变量	指的是变量一旦被赋值，变量值在程序运行的过程中不会被改变，不可变变量使用关键字 val 进行定义，类似于 Java 中 final 关键字，在声明时就必须被初始化，而且初始化以后不能再赋值
惰性变量	指使用 lazy 关键字来修饰的变量，经过 lazy 关键字修饰的变量只有在真正使用时才会被赋值。而且 lazy 关键字只能修饰 val 类型的变量，而不能修饰 var 类型的变量

本小节将分别举例说明三种变量类型的具体使用以及命名规范。

1. val 变量

使用关键字 val 定义不可变变量的示例如代码 3-3 所示。

代码 3-3

```
//声明一个 val 变量，Scala 会自动类型推断
scala> val TestString="Hello World!"
TestString: String = Hello World!
```

代码 3-3 中第 1 行代码是输入的代码，敲入回车后，Scala 解释器会解析输入的代码，然后返回执行结果，第 2 行是 Scala 解释器执行后返回的结果，从中可以看到，TestString 变量的类型是 String 类型，变量的值是"Hello World!"。尽管在第 1 行代码的声明中，没有给出 TestString 是 String 类型，但是，Scala 具有"类型推断"能力，可以自动推断出变量的类型。示例如代码 3-4 所示。

代码 3-4

```
//声明一个 val 变量，明确指定变量的类型
scala> val TestString:String="Hello World!"
TestString: String = Hello World!
```

需要说明的是，String 类型全称是 java.lang.String，也就是说，Scala 的字符串是由 Java 的 String 类来实现的，因此，也可以使用 java.lang.String 来声明，如代码 3-5 所示。

代码 3-5

```
//String 全称是 java.lang.String，Scala 会默认导入 java.lang 包
scala> val TestString:java.lang.String="Hello World!"
TestString: String = Hello World!

//打印变量
scala> println(TestString)
Hello World!
```

Scala 中可以不用 java.lang.String，而只需要使用 String 声明变量的原因是在每个应用程序中，Scala 都会自动添加一些引用，这就相当于在每个程序源文件的顶端都增加了一行代码：

```
//手动导入相应的包
scala> import java.lang._
import java.lang._
```

因为 TestString 是 val 变量，因此，一旦初始化以后，就不能再次赋值，所以，执行再次赋值操作会报错。示例如代码 3-6 所示。

代码 3-6

```
//不能被重新赋值，因为它是 val 变量
 scala>TestString="Hello Scala!"
<console>:15: error: reassignment to val
       TestString="Hello Scala!"
              ^
```

2. var 变量

如果一些变量，在初始化以后还要不断修改它的值，则需要声明为 var 变量。示例如代码 3-7 和代码 3-8 所示。

把 TestString 声明为 var 变量，并且在声明的时候需要进行初始化。

代码 3-7

```
//var 声明可变变量
scala> var TestString="Hello Cruel World!"
TestString:String: = Hello Cruel World!
```

然后，可以再次对 TestString 进行赋值。

代码 3-8

```
//对 var 变量重新赋值
scala> TestString="Hello Wonderful World!"
TestString:String: = Hello Wonderful World!
```

通过代码 3-7 和代码 3-8 可以看到，Scala 中使用 var 关键字定义的变量在程序运行过程中值可以随着程序的运行而发生改变。

尽管 var 变量可以重新赋值，但是不能改变它的类型，所以不能将一个变量重新赋值为与定义类型不兼容的数据。例如，定义一个类型为 Int 的变量，并为其赋一个 String 值，会导致编译错误，如代码 3-9 所示。

代码 3-9

```
//定义一个类型为 Int 的变量 x
scala>var x=5
x:Int =5

//重新赋一个 String 值，会导致编译错误。
scala>x="Hello World"
<console>:8:error:type mismatch;
  found    : String("Hello World")
  required : Int
      x="Hello World"
        ^
```

如果定义一个类型为 Double 的 var 变量，可以再为其赋一个 Int 类型的值，因为 Int 类型可以自动转换为 Double 类型，如代码 3-10 所示。

代码 3-10

```
//定义一个类型为 Double 的变量 y
scala>var y=1.5
y:Double =1.5

//重新赋值一个 Int 数
scala>y=42
y:Double =42.0
```

3. lazy 惰性变量

Scala 中的变量可以使用 lazy 关键字来修饰，用 lazy 关键字修饰过的变量只有在真正使用时才会被赋值，示例如代码 3-11 所示。

代码 3-11

```
//普通 val 变量定义
scala>val TestString="Hello Scala"
TestString: String = Hello Scala

//经过 lazy 关键字修饰的变量在定义时不被赋值
scala> lazy val TestString="Hello Scala"
TestString:String =<lazy>

//在使用时,变量才会赋值
scala>TestString
res0: String= Hello Scala
```

代码 lazy val TestString = "Hello Scala"定义了一个 val 类型的变量,该变量在定义时没有被赋值,所以返回结果为 TestString：String = < lazy >,只有在使用时才被赋值。与普通变量不同的是,普通变量在赋值后立即会得到赋值结果。

lazy 关键字不能用于 var 类型变量主要是为了避免程序运行过程中变量未使用便被重新赋值,如代码 3-12 所示。

代码 3-12

```
//不能将 lazy 关键字用于 var 变量
scala>lazy var TestString2="Goodbye Scala"
<console>:1:error:lazy not allowed here. Only vals can be lazy
       Lazy var TestString2="Goodbye Scala"
```

4. 命名规范

Scala 中的变量命名可以使用字母、数字和一些特殊的操作字符。因此可以使用标准算术运算符(例如 * 和 +)和常量(例如 π 和 φ)取代比较长的命名,从而使代码更有表述性。表 3-3 是结合字母、数字和字符构成 Scala 合法标识符的规则。

表 3-3 Scala 合法标识符的规则

序号	合法标识符规则
1	一个字母后跟有 0 个或多个字母和数字,如 a123、aa123 等
2	一个字母后跟有 0 个或者多个字母和数字,接着是一个下画线"_",后面是一个或多个字母和数字或者是一个或多个操作符,如 a_1、a_b、a1_* 等
3	一个或多个操作符,如 +、*、-、/等。
4	一个或者多个除反引号外的任意字符,这些字符被包含在一对反引号中,如 a.b 是错误命名,而加上反引号的`a.b`是正确的
5	Scala 中有些保留字,不能用作标识符,但是反引号括起来除外,如 return 是保留字,标志为 Do. return 是非法的,但 Do.`retern`是合法的。保留字一般可以通过查询保留字表得出,往往是常用的有特定含义的单词,如 case、else 等

Scala 中的保留字如表 3-4 所示。

表 3-4 Scala 中的保留字

abstract	case	catch	class	def	do	else
Extends	false	final	finally	for	forSome	If
implicit	import	lazy	match	new	null	object
override	package	private	protected	return	sealed	super
this	throw	trait	try	true	type	val
var	while	with	yield	-	:	=
=>	<-	<:	<%	>:	#	@

在 Scala 解释器中尝试这些命名规则如代码 3-13 所示。

代码 3-13

```
//特殊字符"π"是一个合法的 Scala 标识符
scala>val π =3.14159
π : Double = 3.14159

//特殊字符"$"是一个合法的 Scala 标识符
scala> val $ ="USD currency symbol"
$:String = USD currency symbol

//"o_0"是一个合法的 Scala 标识符
scala> val o_0 ="Hmm"
o_0:String =Hmm

//值名"50cent"是不合法的，因为标识符不能以数字开头。在这里，编译器最初会把这个名字解
析为一个数字，解析到字母"c"时会出错
scala>val 50cent="$0.50"
<console>:1: error: Invalid literal number
val 50cent="$0.50"
^
//值名"a.b"是不合法的，因为点号不是操作符字符
scala> val a.b=25
<console>:11: error: not found: value a
        val a.b=25
            ^
//加上反引号重写就可以解决问题
scala> val `a.b`=4
a.b: Int = 4
```

按惯例，值和变量名应当用小写字母开头，其余单词的首字母大写。这通常称为 camel case 记法，尽管并不严格要求这样做，但建议 Scala 开发人员采用这种记法。

3.2.2 基本数据类型和操作

本小节将对 Scala 的基本数据类型进行详细的介绍，如：Char、Int、Float、Double 和 Boolean 等；同时将介绍算术运算操作、关系运算操作以及逻辑运算操作。

1. 基本数据类型

Scala 的数据类型包括：Byte、Char、Short、Int、Long、Float、Double 和 Boolean。和 Java 不同的是，除了这些数据类型首字母需要大写外，在 Scala 中，这些类型都是"类"，并且都是 scala 包的成员，比如，Int 的全名是 scala.Int。对于字符串，Scala 用 java.lang.String 类来表示字符串。Scala 中数值数据类型如表 3-5 所示。

表 3-5 Scala 中数值数据类型

类型名	描述	大小	最小值	最大值
Byte	有符号整数	1 字节	-127	128
Short	有符号整数	2 字节	-32768	32767
Int	有符号整数	4 字节	-2^{31}	$2^{31}-1$
Long	有符号整数	8 字节	-2^{63}	$2^{63}-1$
Float	有符号浮点数	4 字节	n/a	n/a
Double	有符号浮点数	8 字节	n/a	n/a

(1) Int 类型

Int 类型对应的变量是整型变量，变量对应的是整型数据。Int 类型变量的定义包括十六进制和十进制定义法，而八进制定义法从 Scala 2.10 版本开始已经取消。代码 3-14 给出了整型变量的十六进制定义法和十进制定义法。

代码 3-14

```
//十六进制定义法
scala>val x=0x29
x: Int =41

//十进制定义法
scala>val y=41
y: Int =41
```

（2）Float 类型

Float 类型表示的是浮点数。如果直接输入一个浮点数，Scala 编译器会自动进行类型推导，并自动解释成 Double 类型，所以需要在浮点数后加 F 或 f 才能定义 Float 类型的变量。Float 类型变量定义如代码 3-15 所示。

代码 3-15

```
//要定义 Float 类型浮点数，需要在浮点数后面加 F 或 f
scala>val floatNumber=3.14159F
floatNumber: Float=3.14159


//小写的 f 也可以
scala>val floatNumber=3.14159f
floatNumber: Float=3.14159
```

（3）Double 类型

Double 数据类型表示的是双精度的浮点数。Double 类型变量的定义如代码 3-16 所示。

代码 3-16

```
//Double 类型定义，直接输入浮点数，编译器会将其自动推断为 Double 类型
scala>val doubleNumber=3.14159
doubleNumber:Double=3.14159
```

双精度浮点类型的变量还可以采用指数表示法，浮点数后加 E 或 e 均可，如代码 3-17 所示。

代码 3-17

```
//浮点数指数表示法，e 也可以是 E，0.314159e1 与 0.314159*10 等同
scala>val floatNumber=0.314159e1
floatNumber: Double=3.14159
```

（4）Char 类型

Char 数据类型表示的是字符类型，用单引号' '将字符包裹起来。Char 类型变量定义如代码 3-18 所示。

代码 3-18

```
//字符定义，用' '将字符包裹
scala>var charLiteral='A'
charLiteral:Char=A
```

部分特殊字符如双引号、换行符及反斜杠等的定义需要加转义符"\"或者使用对应的 Unicode 编码，代码 3-19 给出了双引号字符的定义。

代码 3-19

```
//通过转义符\进行双引号的定义
scala>var x='\"'
x:Char = "

//通过使用 Unicode 编码进行双引号的定义
scala>var y='\u0022'
y:Char = "
```

(5) String 类型

String 数据类型表示的是字符串类型，用双引号""将字符串包裹起来。String 类型变量的定义如代码 3-20 所示。

代码 3-20

```
//字符串变量用双引号""包裹
scala>val helloWorld="Hello World"
helloWorld:String =Hello World
```

如果字符串类型中有双引号，则需要使用转义符"\"。示例如代码 3-21 所示。

代码 3-21

```
//要定义"Hello World",可以加入转义符\
scala>val helloWorld2="\"Hello World\""
helloWorld2:String ="Hello World"
```

(6) Boolean 类型

Boolean 数据类型表示的是布尔类型，包括 true 和 false。Boolean 类型变量的定义示例如代码 3-22 所示。

代码 3-22

```
//直接定义 Boolean 类型变量
scala>var x=true
x:Boolean = true

//含逻辑表达式的 Boolean 类型变量
scala>var y=2>3
y:Boolean = false
```

2. 基本数据操作

Scala 中基本数据类型的操作主要包括算术运算操作、关系运算操作和逻辑运算操作。本部分将分别介绍这三种运算操作。

(1) 算术运算操作

在 Scala 中，可以使用加(+)、减(-)、乘(*)、除(/)、取余(%)等操作符，而且，这些操作符相当于方法。以加法为例，例如，5+3 和(5).+(3)是等价的，即

a 方法 b 与 a.方法(b)

这二者是等价的。前者是后者的简写形式，这里的 + 是方法名，是 Int 类中的一个方法，如代码 3-23 所示。

代码 3-23

```
//实际上调用了(5).+(3)
scala> val sum1 = 5+3
sum1: Int = 8


//可以发现，写成方法调用的形式，和上面得到相同的结果
scala> val sum2 = (5).+(3)
sum2: Int = 8
```

在 Scala 中并没有提供 ++ 和 -- 操作符，当需要递增或递减时，可以采用如代码 3-24 所示方式表达。

代码 3-24

```
//定义整型变量 i
scala> var i = 5
i: Int = 5


//将 i 递增
scala> i += 1
scala> println(i)
6
```

Scala 语言还提供了用 +、- 符号来表示正负数，并且这两个符号可以直接在操作中使用，例如：

```
//1 + -3  编译器将-3 解释成一个负数
scala> var y=1 + -3
y: Int = -2
```

(2) 关系运算操作

Scala 的关系运算操作包括大于(>)、小于(<)、大于或等于(>=)和小于或等于(<=)，会产生 Boolean 类型的结果。示例如代码 3-25 所示。

代码 3-25

```
//>运算符
scala>var res=3>2
res: Boolean =true

//<=运算符, !为取反操作
scala>res= !(3 <= -3)
res: Boolean = true
```

（3）逻辑运算操作

逻辑运算操作包括逻辑与(&&)及逻辑或(||)，逻辑与操作为真时必须保证两个变量同时为真，而逻辑或操作为真时要求至少一个变量为真，示例如代码 3-26 所示。

代码 3-26

```
//定义 Boolean 类型变量 bool
scala>val bool=true
bool :Boolean = true

//逻辑与&&，同时为 true 时才会为 true，否则为 false
scala>bool && !bool
res0: Boolean = false

//逻辑或||，同时为 false 时才为 false，否则为 true
scala>!bool || bool
res1: Boolean = true

//逻辑或||，同时为 false 时才为 false
scala>bool || !bool
res0: Boolean = true

scala>bool || !bool
res1: Boolean = true

scala>false || false
res2: Boolean = false
```

3.2.3 Range 操作

有时需要一个数字序列,从某个起点到某个终点。比如在执行 for 循环时,i 的值从 1 循环到 5,这时就可以采用 Range 来实现。Range 可以支持创建不同数据类型的数值序列,包括 Int、Long、Float、Double、Char、BigInt 和 BigDecimal 等。

在创建 Range 时,需要给出区间的起点和终点以及步长(默认步长为 1)。创建的 Range 可以包含区间终点(to),也可以不包含区间终点(until)。本小节将通过几个示例来介绍 Range 的相关用法。

(1)创建一个从 1 到 5 的数值序列,包含区间终点 5,步长为 1。

```
scala> 1 to 5
res0: scala.collection.immutable.Range.Inclusive = Range(1, 2, 3, 4, 5)
```

也可以使用另一种方式来实现:

```
scala> 1.to(5)
res1: scala.collection.immutable.Range.Inclusive = Range(1, 2, 3, 4, 5)
```

(2)创建一个从 1 到 5 的数值序列,不包含区间终点 5,步长为 1 。

```
scala> 1 until 5
res2: scala.collection.immutable.Range = Range(1, 2, 3, 4)
```

(3)创建一个从 1 到 10 的数值序列,包含区间终点 10,步长为 2。如代码 3-27 所示。

代码 3-27

```
//Int 类型
scala> 1 to 10 by 2
res3: scala.collection.immutable.Range = Range(1, 3, 5, 7, 9)

//Long 类型
scala> 1L to 10L by 2
res4: scala.collection.immutable.NumericRange[Long] = NumericRange(1, 3, 5, 7, 9)

//BigInt 类型
scala> BigInt(1) to BigInt(10) by 2
res5: scala.collection.immutable.NumericRange[BigInt] = NumericRange(1, 3, 5, 7, 9)
```

(4)创建一个从 10 到 1 的数值序列,包含区间终点 1,步长为-2。

```
scala> 10 to 1 by -2
res6: scala.collection.immutable.Range = Range(10, 8, 6, 4, 2)
```

(5)创建一个浮点类型的数值序列,从 0.5f 到 5.9f,步长为 0.8f。如代码 3-28 所示。

代码 3-28

```
//Float 类型
scala> 0.5f to 5.9f by 0.8f
res7: scala.collection.immutable.NumericRange[Float] = NumericRange(0.5, 1.3, 2.1, 2.8999999, 3.6999998, 4.5, 5.3)

//Double 类型
scala> 0.5 to 5.9 by 0.8
res8: scala.collection.immutable.NumericRange[Double] = NumericRange(0.5, 1.3, 2.1, 2.9000000000000004, 3.7, 4.5, 5.3)

//BigDecimal 类型
scala> BigDecimal(0.5) to BigDecimal(5.9) by 0.8
res9: scala.collection.immutable.NumericRange.Inclusive[scala.math.BigDecimal] = NumericRange(0.5, 1.3, 2.1, 2.9, 3.7, 4.5, 5.3)
```

(6) 创建一个 Char 类型的数值序列，从'a'到'g'，步长为 3。

```
scala>'a' to 'g' by 3
res10: scala.collection.immutable.NumericRange[Char] = NumericRange(a,d,g)
```

3.3 程序控制结构

表达式为函数式编程提供了基础，利用表达式可以返回数据而不会修改现有的数据，如变量。如果所有代码可以组织为一组有层次的表达式，包括一个或者多个返回值的表达式，使用不可变数据就比较自然。表达式的返回值会传递到其他表达式，或者存储到值中。通过减少变量的使用，就可以减少函数和表达式的副作用。本节将详细介绍 if 条件表达式、while 循环表达式、do…while 循环表达式、for 循环表达式以及匹配表达式等知识。

3.3.1 if 条件表达式

if 语句是许多编程语言中都会用到的条件控制结构。在 Scala 中，执行 if 语句时，首先检查 if 条件是否为真，如果为真，就执行对应的语句块，如果为假，就执行下一个条件分支。

1. if 语句

语法格式：

```
if(条件判断){
    //条件判断为真时执行
}
```

建立一个 Demo.scala 文件，文件内容如代码 3-29 所示。

代码 3-29

```
object Demo {
    def main(args: Array[String]) {
        var x = 10

        if( x < 20 ){
            println("This is if statement")
        }
    }
}
```

保存文件后退出,在命令行终端输入以下命令:

```
scalac Demo.scala
scala Demo
```

运行结果:
This is if statement

2. if...else...语句

语法格式:

```
if(条件判断){
    //条件判断为真时执行
} else {
    //条件判断为假时执行
}
```

示例如代码 3-30 所示。

代码 3-30

```
object Demo {
    def main(args: Array[String]) {
        var x = 30
        if( x < 20 ){
            println("This is if statement")
        } else {
            println("This is else statement")
        }
    }
}
```

运行结果:
This is else statement

3. 多重 if...else... 的使用

和 Java 一样,if 语句可以采用各种嵌套的形式,语法格式为:

```
if(条件判断 1){
    //条件判断 1 为真时执行
} else if(条件判断 2){
    //条件判断 2 为真时执行
} else if(条件判断 3){
    //条件判断 3 为真时执行
} else {
    //条件判断 1、2、3 均为假时执行
}
```

示例如代码 3-31 所示。

代码 3-31

```
object Demo {
    def main(args: Array[String]) {
        var x = 30

        if( x == 10 ){
            println("Value of X is 10")
        } else if( x == 20 ){
            println("Value of X is 20")
        } else if( x == 30 ){
            println("Value of X is 30")
        } else{
            println("This is else statement")
        }
    }
}
```

运行结果:
Value of X is 30

4. if 语句的嵌套使用

语法格式：

```
if(条件判断 1){
    //条件判断 1 为真时执行

    if(条件判断 2){
        条件判断 2 为真时执行
    }
}
```

示例如代码 3-32 所示。

代码 3-32

```
object Demo {
    def main(args: Array[String]) {
        var x = 30
        var y = 10

        if( x == 30 ){
            if( y == 10 ){
                println("X = 30 and Y = 10")
            }
        }
    }
}
```

运行结果：
X = 30 and Y = 10

Scala 中的 if 表达式与 Java 不同的是，Scala 中的 if 表达式的值可以赋值给变量，比如：

```
val x = 6
val a = if (x>0) 1 else -1
```

代码执行结束后，a 的值为 1。

3.3.2 循环表达式

本小节将介绍 while 循环、do…while 循环以及各种形式的 for 循环，for 循环语句具有表达式的特性，在运行完成后可以有返回值，然而 while 循环虽然有返回值，但是返回值类型始终为 Unit 类型(相当于 Java 中 void 类型)。

1. while 循环

Scala 中也有和 Java 类似的 while 循环语句，不过 Scala 中弱化了 while 循环语句的作用，在程序中不推荐使用 while 循环，尽量使用 for 循环或者递归来替代 while 循环。

while 循环的语法格式为：

```
while(条件判断) {
    //条件判断为真时执行
}
```

示例如代码 3-33 所示。

代码 3-33

```
object Demo {
    def main(args: Array[String]) {
        var   i = 9
        while (i > 0) {
            i -= 3
            printf("here is %d\n",i)
        }
    }
}
```

运行结果：
here is 6
here is 3
here is 0

2. do…while 循环

do-while 语句的语法格式为：

```
do {
    //执行循环体代码
} while(根据条件，判断是否继续执行循环)
```

示例如代码 3-34 所示。

代码 3-34

```
object Demo {
    def main(args: Array[String]) {
        var    i = 9
        do{
            i -= 3;
            printf("here is %d\n",i)
        }while (i > 0)
    }
}
```

运行结果：
here is 6
here is 3
here is 0

3. for 循环

（1）基础 for 循环

Scala 中没有 Java 中的 for(初始化变量；条件判断；更新变量)循环，而有其独特的 for 循环风格。Scala 中的 for 循环语句格式为：

> for (变量 <-表达式) {
>   //循环语句块
> }

其中，"变量 <-表达式"被称为"生成器(generator)"。

示例如代码 3-35 所示。

代码 3-35

```
for (i <- 1 to 5) println("i="+i)
```

在代码 3-35 语句中，i 不需要提前进行变量声明，可以在 for 语句括号中的表达式中直接使用。语句中，" <-"表示 i 要遍历后面 1 到 5 的所有值。语句执行结束后，结果为：
i = 1
i = 2
i = 3
i = 4
i = 5

也可以改变步长,比如设置步长为2:

```
for (i <- 1 to 5 by 2) println("i="+i)
```

运行结果:
i = 1
i = 3
i = 5

(2) 有过滤条件的 for 循环

如果不希望获得所有的结果,而是希望过滤出一些满足制定条件的结果,可以使用"守卫(guard)"表达式。比如,只希望输出 1 到 5 之中的所有偶数:

```
for (i <- 1 to 5 if i%2==0) println("i="+i)
```

运行结果:
i = 2
i = 4

Scala 也支持"多个生成器"的情形,可以用分号将其隔开,比如:

```
scala> for(i<-1 to 2;j<-1 to 3) printf("%d * %d = %d\n",i,j,i*j)
```

运行结果:
1 * 1 = 1
1 * 2 = 2
1 * 3 = 3
2 * 1 = 2
2 * 2 = 4
2 * 3 = 6

也可以给每个生成器都添加一个"守卫",比如:

```
for (i <- 1 to 5 if i%2==0; j <- 1 to 3 if j!=i) println(i*j)
```

运行结果:
2
6
4
8
12

(3) 多重 for 循环

Scala 中的多重 for 循环, 其语法格式为:

```
for(变量 1 <-表达式条件判断){
    for(变量 2 <- 表达式条件判断){
        //所有条件判断都满足时才执行循环中的语句;
    }
}
```

具体示例如代码 3-36 所示。

代码 3-36

```
object Demo {
    def main(args: Array[String]) {
        for(i<-1 to 5 if (i>3)){
            for(j<-5 to 7 if (j==6)){
                println("i="+i+",j="+j)
            }
        }
    }
}
```

运行结果:
i = 4, j = 6
i = 5, j = 6

(4) for 推导式

如果需要对过滤后的结果进行进一步的处理,可以采用 yield 关键字,对过滤后的结果构建一个集合。比如:

```
scala> for (i <- 1 to 5 if i%2==0) yield i
res0 : scala.collection.immutable.IndexedSeq[Int] = Vector(2, 4)
```

这种带有 yield 关键字的 for 循环,被称为"for 推导式"。这个概念源自函数式编程,即通过 for 循环遍历一个或多个集合,对集合中的元素进行"推导",从而计算得到新的集合,用于后续的处理。

3.3.3 匹配表达式

Java 中有 switch-case 语句,但是,只能按顺序匹配简单的数据类型和表达式。相对而言,Scala 中的模式匹配的功能则要强大得多,可以应用到 switch 语句、类型检查以及"解构"等多种场合。

1. 简单匹配

Scala 的模式匹配最常用于 match 语句中。语法格式:

```
<表达式> match {
    case <模式匹配> => <表达式>
    [case…]
}
```

代码 3-37 是一个简单的整型值的匹配示例。

代码 3-37

```scala
object Demo {
    def main(args: Array[String]) {
        println(matchTest(3))
    }

    def matchTest(x: Int): String = x match {
        case 1 => "one"
        case 2 => "two"
        case _ => "many"
    }
}
```

运行结果:
many

另外,在模式匹配的 case 语句中,还可以使用变量,如代码 3-38 所示。

代码 3-38

```
object Demo {
    def main(args: Array[String]) {
        println(matchTest(5))
    }

    def matchTest(x: Int): String = x match {
        case 1 => "one"
        case 2 => "two"
        case 3 => "three"
        case unexpected => unexpected + " is Not Allowed"
    }
}
```

运行结果：

5 is Not Allowed

代码 3-38 说明，当 x = 5 时，值 5 会被传递给 unexpected 变量。

同时，在模式匹配的 case 语句中可以使用不同的数据类型，如代码 3-39 所示。

代码 3-39

```
object Demo {
    def main(args: Array[String]) {
        println(matchTest("two"))
        println(matchTest("test"))
        println(matchTest(1))
    }

    def matchTest(x: Any): Any = x match {
        case 1 => "one"
        case "two" => 2
        case y: Int => "scala.Int"
        case _ => "many"
    }
}
```

运行结果：

2
many
One

可以在模式匹配中添加一些必要的处理逻辑,如代码 3-40 所示。

代码 **3-40**

```scala
for (elem <- List(1,2,3,4)){
    elem match {
        case _ if (elem %2 == 0) => println(elem + " is even.")
        case _ => println(elem + " is odd.")
    }
}
```

运行结果:

1 is odd.
2 is even.
3 is odd.
4 is even.

2. case 类匹配

case 类是一种特殊的类,其经过优化以被用于模式匹配。示例如代码 3-41 所示。

代码 **3-41**

```scala
object Demo {
    def main(args: Array[String]) {
        val alice = new Person("Alice", 25)
        val bob = new Person("Bob", 32)
        val charlie = new Person("Charlie", 32)

        for (person <- List(alice, bob, charlie)) {
            person match {
                case Person("Alice", 25) => println("Hi Alice!")
                case Person("Bob", 32) => println("Hi Bob!")
                case Person(name, age) => println(
                    "Age: " + age + " year, name: " + name + "?")
            }
        }
    }
    case class Person(name: String, age: Int)
}
```

运行结果:

Hi Alice!
Hi Bob!
Age:32 year, name:Charlie?

3.4 集合

Scala 中集合分为两种：一种是可变的集合，另一种是不可变的集合。可变集合可以被更新或修改，添加、删除、修改元素将作用于原集合。而不可变集合一旦被创建，便不能被改变，添加、删除、更新操作返回的是新的集合，原有集合保持不变。本节将介绍 Scala 中常用的集合类型如数组、列表、集、映射、选项、迭代器及元组并给出对应集合的常用函数的使用方法。

3.4.1 数组

数组为有序的相同类型的元素的集合，在 Scala 中数组是最常用、最重要的数据结构。Scala 中的数组分为定长数组和变长数组，定长数组在定义时长度被确定，在运行时数组长度不会发生变化，而变长数组内存空间长度会随着程序运行的需要而动态扩容。本小节对定长数组和变长数组的使用、遍历方式、多维数组等进行介绍。

1. 定长数组（Array）

定长数组指的是数组长度在定义时被确定，数组占有的内存空间在程序运行时不会被改变，定长数组的定义格式为（以 String 类型为例）：

```
var z:Array[String] = new Array[String](3)
```

或者是

```
var z = new Array[String](3)
```

这两种方式均定义了一个长度为 3 的字符串数组。字符串等非数值对象类型在数组定义时若没有赋值，将会被初始化为 null，而数值型数组在数组定义时未显性赋值，则被初始化为 0。

可以给数组各元素自行赋值，比如：

```
z(0) = "Zara"; z(1) = "Nuha"; z(2) = "Ayan"
```

或者也可以在一开始定义数组时便进行赋值，比如：

```
var z = Array("Zara", "Nuha", "Ayan")
```

这种定义方式没有直接通过显式地 new 创建，而是调用了其 apply 方法进行数组创建操作。

2. 变长数组（ArrayBuffer）

变长数组在程序运行过程中，其数组长度可以随程序运行的需要而增加。最常用的变长数组为 ArrayBuffer，它在包 scala.collection.mutable 中，在使用时需要显式地引入，具体示例如代码 3-42 所示。

代码 3-42

```scala
import scala.collection.mutable.ArrayBuffer
object Demo {
    def main(args: Array[String]) {
        //定义动态数组 z
        val z=ArrayBuffer[String]()

        //向数组中添加元素
        z+="Zara"
        println(z.length)

        //一次添加多个元素
        z+=("Nuha", "Ayan")
        println(z.length)

        //在数组索引为1的位置插入元素"Amy"
        z.insert(1,"Amy")
        println(z(1))

        //删除索引为 2 的"Nuha",输出新的索引为 2 的元素
        z.remove(2,1)//从索引 2 开始删除 1 个元素
        println(z(2))
    }
}
```

运行结果:
1
3
Amy
Ayan

3. 数组遍历

集合遍历使用 for 循环,数组遍历也不例外。数组的遍历有两种方式——索引遍历和直接数组遍历。具体示例如代码 3-43 所示。

代码 3-43

```scala
object Demo {
    def main(args: Array[String]) {
        var myList = Array(1.9, 2.9, 3.4, 3.5)

        // 直接数组遍历输出所有元素
        for ( x <- myList ) {
            println( x )
        }

        // 所有元素求和
        var total = 0.0;

        //索引遍历所有元素，进行累加操作
        for ( i <- 0 to (myList.length - 1)) {
            total += myList(i)
        }

        println("Total is " + total)

        // 索引遍历所有元素，寻找数组最大值
        var max = myList(0)
        for ( i <- 1 to (myList.length - 1) ) {
            if (myList(i) > max) max = myList(i)
        }

        println("Max is " + max);
    }
}
```

运行结果：
1.9
2.9
3.4
3.5
Total is 11.7
Max is 3.5

无论是定长数组还是变长数组，在遍历时均可以生成新的数组。生成新数组时，原来的数组内容保持不变。具体示例如代码 3-44 所示。

代码 3-44

```
import Array._
object Demo {
    def main(args: Array[String]) {
        var myList1 = Array(1.9, 2.9, 3.4, 3.5)

        //生成新的数组 myList2
        var myList2 = for(x<-myList1)yield x+1

        // 输出所有数组元素
        for ( x <- myList2) {
            println( x )
        }
    }
}
```

运行结果:
2.9
3.9
4.4
4.5

另外，可以通过 Range 生成数组，并对其进行循环遍历，具体示例如代码 3-45 所示。

代码 3-45

```
import Array._
object Demo {
    def main(args: Array[String]) {

        //使用 Range 生成数组
        var myList1 = range(10, 20, 2)
        var myList2 = range(10,20)

        // 打印所有数组元素
        for ( x <- myList1 ) {
            print( " " + x )
        }
        println()

        for ( x <- myList2 ) {
```

```
            print( " " + x )
        }
    }
}
```

运行结果：
10 12 14 16 18
10 11 12 13 14 15 16 17 18 19

4. 多维数组

定义一个三行三列的整型二维数组：

```
var myMatrix = Array.ofDim[Int](3,3)
```

与一维数组相同，也可以对二维数组进行赋值及循环遍历，具体示例如代码 3-46 所示。

代码 3-46

```
import Array._
object Demo {
    def main(args: Array[String]) {
        //定义三行三列的整型二维数组
        var myMatrix = ofDim[Int](3,3)

        //给各元素赋值
        for (i <- 0 to 2) {
            for ( j <- 0 to 2) {
                myMatrix(i)(j) = j
            }
        }

        // 打印二维数组
        for (i <- 0 to 2) {
            for ( j <- 0 to 2) {
                print(" " + myMatrix(i)(j))
            }
            println()
        }
    }
}
```

运行结果：
0 1 2
0 1 2
0 1 2

3.4.2 列表

同数组一样，List 也是 Scala 语言中应用十分广泛的集合类型数据结构。Scala 列表与数组非常相似，列表中的所有元素都具有相同的类型，但是有一个重要的区别。列表是不可变的，这意味着列表的元素不能被赋值更改。

1. 创建列表

列表的创建如代码 3-47 所示。

代码 3-47

```
//字符串类型 List
scala>val fruit: List[String] = List("apples", "oranges", "pears")
fruit: List[String] = List(apples, oranges, pears)

//前一个语句与下面语句等同
scala>val fruit: List[String] = List.apply("apples", "oranges", "pears")
fruit: List[String] = List(apples, oranges, pears)

//数值类型 List
scala>val nums: List[Int] = List(1, 2, 3, 4)
nums: List[Int] = List(1, 2, 3, 4)

//多重 List，List 的子元素为 List
scala>val multiDList=List(List(1,2,3),List(4,5,6),List(7,8,9))
multiDList=:List[List[Int]]=List(List(1,2,3),List(4,5,6),List(7,8,9))

//遍历 List
scala>for(i<-multiDList)println(i)
List(1,2,3)
List(4,5,6)
List(7,8,9)
```

所有的列表都可以用两个基本的构建块来定义，并且用::进行连接，尾部为 Nil，代表空列表。另外，代码 3-47 中的列表也可以使用如代码 3-48 所示方式定义。

代码 3-48

```
//字符串类型 List
scala>val fruit = "apples" :: ("oranges" :: ("pears" :: Nil))
fruit: List[String] = List(apples, oranges, pears)

//数值类型 List
scala>val nums = 1 :: (2 :: (3 :: (4 :: Nil)))
nums: List[Int] = List(1, 2, 3, 4)

// 定义空列表
scala>val empty = Nil
empty: scala.collection.immutable.Nil.type = List()

//多重 List，List 的子元素为 List
scala> :paste
// Entering paste mode (ctrl-D to finish)
    val multiDList = (1 :: (2 :: (3 :: Nil))) ::
        (4 :: (5 :: (6 :: Nil))) ::
        (7 :: (8 :: (9 :: Nil))) :: Nil
// Exiting paste mode, now interpreting.
multiDList: List[List[Int]] = List(List(1, 2, 3), List(4, 5, 6), List(7, 8, 9))
```

可以使用 list.fill()方法创建一个包含相同元素的多个副本的列表，如代码 3-49 所示。

代码 3-49

```
object Demo {
    def main(args: Array[String]) {

        // 重复元素 apples ,3 次
        val fruit = List.fill(3)("apples")
        println( "fruit : " + fruit    )

        //重复元素 2 ,10 次
        val num = List.fill(10)(2)
        println( "num : " + num)
    }
}
```

运行结果：
fruit：List(apples，apples，apples)
num：List(2, 2, 2, 2, 2, 2, 2, 2, 2, 2)

2. 基本操作

List 的基本操作如表 3-6 所示。

表 3-6　List 的基本操作

方法	作用
head	该方法返回列表的第一个元素
tail	该方法返回包含除第一个元素之外的所有元素的列表
isEmpty	如果列表为空，则该方法返回 true，否则为 false

具体示例如代码 3-50 所示。

代码 3-50

```
object Demo {
    def main(args: Array[String]) {
        val fruit = "apples" :: ("oranges" :: ("pears" :: Nil))
        val nums = Nil

        //输出 List 的第一个元素
        println( "Head of fruit : " + fruit.head )

        //输出 List 的除第一个元素之外的所有元素
        println( "Tail of fruit : " + fruit.tail )

        //判断 List 是否为空
        println( "Check if fruit is empty : " + fruit.isEmpty )
        println( "Check if nums is empty : " + nums.isEmpty )
    }
}
```

运行结果：
Head of fruit : apples
Tail of fruit : List(oranges , pears)
Check if fruit is empty : false
Check if nums is empty : true

3. 连接列表

可以用::操作符或 List.:::()方法或 List.concat()方法，添加两个或更多的列表。具体示例如代码 3-51 所示。

代码 3-51

```scala
object Demo {
    def main(args: Array[String]) {

        //创建 List
        val fruit1 = "apples" :: ("oranges" :: ("pears" :: Nil))
        val fruit2 = "mangoes" :: ("banana" :: Nil)

        // 使用 ::: 操作符连接两个或者多个列表
        var fruit = fruit1 ::: fruit2
        println( "fruit1 ::: fruit2 : " + fruit )

        // 使用集合.:::()方法连接两个列表
        fruit = fruit1.:::(fruit2)
        println( "fruit1.:::(fruit2) : " + fruit )

        // 通过两个或多个列表作为参数。
        fruit = List.concat(fruit1, fruit2)
        println( "List.concat(fruit1, fruit2) : " + fruit)
    }
}
```

运行结果：
fruit1::: fruit2:List(apples, oranges, pears, mangoes, banana)
fruit1.:::(fruit2):List(mangoes, banana, apples, oranges, pears)
List.concat(fruit1, fruit2):List(apples, oranges, pears, mangoes, banana)

3.4.3 集

集是不重复元素的集合。列表中的元素是按照插入的先后顺序来组织的，但是，集中的元素并不会记录元素的插入顺序，而是以"哈希"方法对元素的值进行组织，所以，它能快速地找到某个元素。

1. 创建集 Set

集包括可变集和不可变集，缺省情况下创建的是不可变集，通常使用不可变集。用默认方式创建一个不可变集，具体示例如代码 3-52 所示。

代码 3-52

```
//创建集 mySet
scala> var mySet = Set("Hadoop","Spark")
mySet: scala.collection.immutable.Set[String] = Set(Hadoop, Spark)

//向 mySet 中增加新的元素
scala> mySet += "Scala"
scala> println(mySet.contains("Scala"))
true
```

声明的集为不可变集，如果使用 val mySet += "Scala"执行时会报错，所以需要声明为 var。如果要声明一个可变集，则需要引入 scala.collection.mutable.Set 包，具体示例如代码3-53 所示。

代码 3-53

```
//导入可变集包
scala> import scala.collection.mutable.Set
import scala.collection.mutable.Set

//定义一个集合，这里使用的是 mutable
scala> val myMutableSet = Set("Database","BigData")
myMutableSet: scala.collection.mutable.Set[String] = Set(BigData, Database)

//向集中添加一个元素。
scala> myMutableSet += "Cloud Computing"
res0: myMutableSet.type = Set(BigData, Cloud Computing, Database)

//输出结果
scala> println(myMutableSet)
Set(BigData, Cloud Computing, Database)
```

同前面的列表数组不同的是，Set 在插入元素时并不保证元素的顺序，默认情况下，Set 的实现方式是 HashSet，集合的元素通过 HashCode 值进行组织。在上面代码中，myMutableSet 声明为 val 变量（不是 var 变量），由于是可变集，因此，可以正确执行 myMutableSet += "Cloud Computing"，不会报错。值得注意的是，虽然可变集和不可变集都有添加或删除元素的操作，但是，二者有较大的区别。对不可变集进行操作，会产生一个新的集，原来的集并不会发生变化。而对可变集进行操作，改变的是该集本身。

2. 集的基本操作

集的基本操作也包括 head、tail 和 isEmpty，具体示例如代码 3-54 所示。

代码 3-54

```scala
object Demo {
    def main(args: Array[String]) {

        //创建 Set
        val fruit = Set("apples", "oranges", "pears")
        val nums: Set[Int] = Set()

        //输出 Set 的第一个元素
        println( "Head of fruit : " + fruit.head )

        //输出 Set 的除第一个元素之外的所有元素
        println( "Tail of fruit : " + fruit.tail )

        //判断 Set 是否为空
        println( "Check if fruit is empty : " + fruit.isEmpty )
        println( "Check if nums is empty : " + nums.isEmpty )
    }
}
```

运行结果：

Head of fruit：apples

Tail of fruit：Set(oranges , pears)

Check if fruit is empty：false

Check if nums is empty：true

同时可以使用 Set.min 方法找到最小值和 Set.max 方法找出集合中可用元素的最大值。具体示例如代码 3-55 所示。

代码 3-55

```scala
object Demo {
    def main(args: Array[String]) {

        //创建 Set
        val num = Set(5,6,9,20,30,45)

        //在集合中查找最大值与最小值
        println( "Min element in Set(5,6,9,20,30,45) : " + num.min )
        println( "Max element in Set(5,6,9,20,30,45) : " + num.max )
    }
}
```

运行结果：
Min element in Set(5,6,9,20,30,45):5
Max element in Set(5,6,9,20,30,45):45

此外，可以使用 Set.& 方法或 Set.intersect 方法来查找两个集合之间的公共值。具体示例如代码 3-56 所示。

代码 3-56

```
object Demo {
    def main(args: Array[String]) {

        //创建 Set
        val num = Set(5,6,9,20,30,45)

        //在集合中查找最大值与最小值
        println( "Min element in Set(5,6,9,20,30,45) : " + num.min )
        println( "Max element in Set(5,6,9,20,30,45) : " + num.max )
    }
}
```

运行结果：
num1.&(num2):Set(20, 9)
num1.intersect(num2):Set(20, 9)

3. 连接集 Set

可以使用 ++ 运算符或 Set.++()方法来连接两个或多个集合，但在添加集时，将删除重复元素。

连接两个集合的示例如代码 3-57 所示。

代码 3-57

```
object Demo {
    def main(args: Array[String]) {

        //创建 Set
        val fruit1 = Set("apples", "oranges", "pears")
        val fruit2 = Set("mangoes", "banana","apples")

        // 使用++ 操作符连接两个或多个集合
        var fruit = fruit1 ++ fruit2
        println( "fruit1 ++ fruit2 : " + fruit )

        // 使用 ++ 作为方法连接两个集合
```

```
        fruit = fruit1.++(fruit2)
        println( "fruit1.++(fruit2) : " + fruit )
    }
}
```

运行结果：

fruit1 ++ fruit2：Set(banana, apples, mangoes, pears, oranges)
fruit1.++ (fruit2)：Set(banana, apples, mangoes, pears, oranges)

3.4.4 映射

Scala 映射是键/值对的集合。任何值都可以根据其键来检索。键在映射中是唯一的，但是值不一定是唯一的。映射也被称为哈希表。映射有两种——不变的和可变的。可变和不可变对象之间的区别是，当对象是不可变时，对象本身就不能被改变。默认情况下，Scala 使用不可变映射。如果想要使用可变映射，就必须导入 scala.collection.mutable.Map 包。

1. 创建映射

下面创建一个不可变映射：

```
scala> val colors = Map("red" -> "#FF0000", "azure" -> "#F0FFFF", "peru" -> "#CD853F")
colors: scala.collection.immutable.Map[String,String] = Map(red -> #FF0000, azure -> #F0FFFF, peru -> #CD853F)
```

如果要获取映射中的值，可以通过键来获取，比如：

```
scala> println(colors("red"))
#FF0000
```

通过"red"这个键，可以获得值#FF0000。因为定义的是不可变映射，所以无法更新映射中的元素，也无法增加新的元素。如果要更新映射的元素，就需要定义一个可变的映射，如代码 3-58 所示。

代码 3-58

```
//导入 Map 包
scala> import scala.collection.mutable.Map
import scala.collection.mutable.Map

//定义可变映射
scala> val colors2 = Map("red" -> "#FF0000", "azure" -> "#F0FFFF", "peru" -> "#CD853F")
colors2: scala.collection.mutable.Map[String,String] = Map(azure -> #F0FFFF, red -> #FF0000, peru -> #CD853F)
```

```
//更改映射键值对
scala> colors2("red") = "#9C661F"

//添加映射键值对
scala> colors2("green") ="#00FF00"

//输出映射键值对
scala> for ((k,v) <- colors2) printf("( %s , %s)\n",k,v)
( green , #00FF00)
( azure , #F0FFFF)
( red , #9C661F)
( peru , #CD853F)
```

如果要将一个键值对添加到映射，可以使用运算符 + ，如代码 3-59 所示。

代码 3-59

```
//定义一个空映射
scala> var A:Map[Char,Int] = Map()
A: Map[Char,Int] = Map()

//通过运算符+向映射中添加元素
scala> A += ('I' -> 1)
scala> A += ('J' -> 5)
scala> A += ('K' -> 10)
scala> A += ('L' -> 100)

//输出映射的键值对
scala> for ((k,v) <- A) printf("( %s , %d)\n",k,v)
(I,1)
(J,5)
(K,10)
(L,100)
```

2. 映射基本操作

映射的基本操作主要包括 keys、values 和 isEmpty，具体如表 3-7 所示。

表 3-7 映射的基本操作

方法	作用
keys	该方法返回一个包含映射中的每个键的迭代
values	该方法返回一个包含映射中每个值的迭代
isEmpty	如果列表为空，则该方法返回 true，否则为 false

具体示例如代码 3-60 所示。

代码 3-60

```
object Demo {
    def main(args: Array[String]) {

        //创建映射
        val colors = Map("red" -> "#FF0000", "azure" -> "#F0FFFF", "peru" -> "#CD853F")
        val nums: Map[Int, Int] = Map()

        //输出映射中的键
        println( "Keys in colors : " + colors.keys )

        //输出映射中的值
        println( "Values in colors : " + colors.values )

        //判断映射是否为空
        println( "Check if colors is empty : " + colors.isEmpty )
        println( "Check if nums is empty : " + nums.isEmpty )
    }
}
```

运行结果：
Keys in colors : Set(red, azure, peru)
Values in colors : MapLike(#FF0000, #F0FFFF, #CD853F)
Check if colors is empty : false
Check if nums is empty : true

同时，可以使用 Map.contains 方法来检测一个映射中是否存在一个给定的关键字。具体示例如代码 3-61 所示。

代码 3-61

```scala
object Demo {
    def main(args: Array[String]) {

        //创建映射
        val colors = Map("red" -> "#FF0000", "azure" -> "#F0FFFF", "peru" -> "#CD853F")

        //判断映射中是否包含键"red"
        if( colors.contains( "red" )) {
            println("Red key exists with value :"   + colors("red"))
        } else {
            println("Red key does not exist")
        }

        //判断映射中是否包含键"maroon"
        if( colors.contains( "maroon" )) {
            println("Maroon key exists with value :"   + colors("maroon"))
        } else {
            println("Maroon key does not exist")
        }
    }
}
```

运行结果：
Red key exists with value:#FF0000
Maroon key does not exist

3. 循环遍历映射

循环遍历映射的基本格式是：

for ((k, v) <-映射) 语句块

具体示例如代码 3-62 所示。

代码 3-62

```scala
object Demo {
    def main(args: Array[String]) {

        //创建映射
        val colors = Map("red" -> "#FF0000", "azure" -> "#F0FFFF","peru" -> "#CD853F")

        //使用 for 循环输出键值对
        for ((k,v) <- colors) printf("Color is : %s and the code is: %s\n",k,v)

        //使用 foreach 输出键值对
        colors.keys.foreach{ i =>
            print( "Key = " + i )
            println(" Value = " + colors(i) )
        }

    }
}
```

运行结果：

Color is : red and the code is : #FF0000
Color is : azure and the code is : #F0FFFF
Color is : peru and the code is : #CD853F
Key = red Value = #FF0000
Key = azure Value = #F0FFFF
Key = peru Value = #CD853F

或者，也可以只遍历映射中的 key 或者 value。比如把所有键打印出来：

```scala
for (k<-colors.keys) println(k)
```

运行结果：

red
azure
peru

再比如把所有值打印出来：

```scala
for (v<-colors.values) println(v)
```

运行结果：

#FF0000
#F0FFFF
#CD853F

3.4.5 Option

在 Scala 程序中经常使用 Option 类型，可以将其与 Java 中的空值进行比较，后者表示没有任何值。

假设有一个方法，它根据主键从数据库中检索记录。

```
def findCity(key: Int): Option[City]
```

如果发现记录，则该方法将返回一些[City]，但如果未找到记录，则不返回。如代码 3-63 所示。

代码 3-63

```scala
object Demo {
    def main(args: Array[String]) {

        //创建映射
        val capitals = Map("France" -> "Paris", "Japan" -> "Tokyo")

        //查找记录
        println("capitals.get( \"France\" ) : " +   capitals.get( "France" ))
        println("capitals.get( \"India\" ) : " +   capitals.get( "India" ))
    }
}
```

运行结果：

capitals.get("France"): Some(Paris)

capitals.get("India"): None

可选值分离的最常见方法是通过模式匹配。具体示例如代码 3-64 所示。

代码 3-64

```scala
object Demo {
    def main(args: Array[String]) {

        //创建映射
        val capitals = Map("France" -> "Paris", "Japan" -> "Tokyo")

        //查找记录的具体值
        println("show(capitals.get( \"Japan\")) : " + show(capitals.get( "Japan")) )
        println("show(capitals.get( \"India\")) : " + show(capitals.get( "India")) )
    }
```

```
//定义可选值分离函数
def show(x: Option[String]) = x match {
    case Some(s) => s
    case None => "?"
}
}
```

运行结果：
show(capitals.get("Japan")):Tokyo
show(capitals.get("India")):?

如果在没有值的情况下给定值或者访问默认值时，可以使用 getOrElse()方法。示例如代码 3-65，使用 getOrElse()方法在没有值的情况下访问值或默认值。

代码 3-65

```
object Demo {
    def main(args: Array[String]) {

        //定义 Option
        val a:Option[Int] = Some(5)
        val b:Option[Int] = None

        //设置没有值时默认为 0
        println("a.getOrElse(0): " + a.getOrElse(0) )

        //设置没有值时默认为 10
        println("b.getOrElse(10): " + b.getOrElse(10) )
    }
}
```

运行结果：
a.getOrElse(0):5
b.getOrElse(10):10

可以使用 isEmpty()方法检查选项是否为空。示例如代码 3-66 所示，使用 isEmpty()方法检查选项是否为空。

代码 3-66

```
object Demo {
    def main(args: Array[String]) {

        //定义 Option
        val a:Option[Int] = Some(5)
        val b:Option[Int] = None

        //判断 Option 是否为空
        println("a.isEmpty: " + a.isEmpty )
        println("b.isEmpty: " + b.isEmpty )
    }
}
```

运行结果：
a.isEmpty：false
b.isEmpty：true

3.4.6 迭代器与元组

本小节将介绍迭代器的一些基本操作和使用方法以及可以包含不同类型元素的元组的使用。

1. 迭代器(Iterator)

在 Scala 中，迭代器(Iterator)不是一个集合，但是，提供了访问集合的一种方法。当构建一个集合需要较大的开销时(比如把一个文件的所有行都读取到内存)，迭代器就可以发挥较好的作用。迭代器包含两个基本操作：next 和 hasNext。

next 可以返回迭代器的下一个元素，hasNext 用于检测是否还有下一个元素。这两个基本操作可以顺利地遍历迭代器中的所有元素。通常使用 while 循环或者 for 循环实现对迭代器的遍历。

(1) while 循环

具体示例如代码 3-67 所示。

代码 3-67

```
object Demo {
    def main(args: Array[String]) {

        //创建迭代器
        val iter = Iterator("Hadoop","Spark","Scala")

        //循环输出迭代器指向对象中的所有元素
        while (iter.hasNext) {
            println(iter.next())
        }
    }
}
```

运行结果：
Hadoop
Spark
Scala

执行结束后，迭代器会移动到末尾，将不能再使用，如果继续执行 println(iter.next) 就会报错。另外，使用 iter.next 和 iter.next() 均可，但是，hasNext 后面不能加括号。

（2）for 循环

具体示例如代码 3-68 所示。

代码 3-68

```
object Demo {
    def main(args: Array[String]) {

        //创建迭代器
        val iter = Iterator("Hadoop","Spark","Scala")

        //循环输出迭代器指向对象中的所有元素
        while (iter.hasNext) {
            println(iter.next())
        }
    }
}
```

运行结果：
Hadoop
Spark
Scala

所以两种迭代方式可以得到相同的结果。

2. 元组(tuple)

元组是不同类型的值的聚集。元组和列表不同，列表中各个元素必须是相同类型，而元组可以包含不同类型的元素。示例如代码 3-69 所示。

代码 3-69

```
scala> (1,2)    //不声明，直接创建元组
res0 :(Int, Int) = (1,2)

scala> 1->2     //同(1,2)
res1:(Int, Int) = (1,2)

scala> (1,"Alice","Math",95.5)// 不声明，直接创建不同类型元素的元组
res2: (Int, String, String, Double) = (1,Alice,Math,95.5)
```

元组中可以包含不同类型的元素。另外关于元组还有两点需要说明。其一，元组实例化以后，和 Array 数组不同，Array 数组的索引从 0 开始，而元组的索引从 1 开始。其二，调用元组 tuple 元素的方法_1、_2、_3 来分别调用每一个元素。

代码 3-70 是通过 println 函数输出元组 tuple 的每一个元素的具体示例。

代码 3-70

```
object Demo {
    def main(args: Array[String]) {

        //创建元组
        val tuple = ("BigData",2019,45.0)

        //输出元组中元素
        println(tuple._1)
        println(tuple._2)
        println(tuple._3)
    }
}
```

运行结果：
BigData
2019
45.0

3.5 函数式编程

Scala 是一门多范式编程语言,混合了面向对象编程和函数式编程的风格。在过去,面向对象编程一直是主流,但是,随着大数据时代的到来,函数式编程开始迅速崛起,因为,函数式编程可以较好满足分布式并行编程的需求(函数式编程一个重要特性就是值不可变性,这对于编写可扩展的并发程序而言可以带来巨大好处,因为它避免了对公共的可变状态进行同步访问控制的复杂问题)。本节将介绍有关 Scala 函数的基础知识。

3.5.1 函数

一个标准的函数定义需要以下几部分:第一,使用 def 关键字进行函数声明;第二,需要定义函数名、函数参数以及返回值类型;第三,需要函数体。本小节将介绍函数字面量、函数类型和函数值以及如何定义一个函数。

1. 函数字面量

函数字面量可以体现函数式编程的核心理念。字面量包括整数字面量、浮点数字面量、布尔型字面量、字符字面量、字符串字面量、符号字面量、函数字面量和元组字面量。

```
val i = 123       //123 是整数字面量
val i = 3.14      //3.14 是浮点数字面量
val i = true      //true 是布尔型字面量
val i = 'A'       //'A'是字符字面量
val i = "Hello"   //"Hello"是字符串字面量
```

在非函数式编程语言里,函数的定义包含"函数类型"和"值"两种层面的内容。但是,在函数式编程中,函数是"头等公民",可以像任何其他数据类型一样被传递和操作,所以,函数的使用方式和其他数据类型的使用方式完全一致。可以像定义变量那样去定义一个函数,由此导致的结果是,函数也会和其他变量一样,开始有"值"。就像变量的"类型"和"值"是分开的两个概念一样,函数式编程中,函数的"类型"和"值"也成为两个分开的概念,函数的"值",就是"函数字面量"。

2. 函数类型和值

在 Scala 中,一个标准的函数定义:

```
def 函数名(参数:参数类型):返回值类型 {
    函数体
}
```

比如:

```
def gcd(x:Int,y:Int):Int={
    if(x%y==0) y
    else gcd(x,x%y)
}
```

def 关键字用于声明一个函数，gcd 为函数名称，函数名称与变量名的定义类似，可以是任意的合法字符串，(x:Int,y:Int)为函数参数，函数参数后面的:Int 用于指定函数的返回值类型，等号后面是函数体，函数体如果是多行语句，则需要将其放在大括号中，如果只有一条语句，则可以省略括号。

```
//函数体中只有一行语句时，可以省略{}
scala>def gcd(x:Int,y:Int):Int= if(x%y==0) y else gcd(x,x%y)
gcd:(x:Int,y:Int)Int
```

函数中最后一条执行语句为函数的返回值，函数返回值可以加 return 关键词，也可以将其省略。比如：

```
//return 关键字也可以不省略
scala>def gcd(x:Int,y:Int):Int= {
        if(x%y==0) return y;
        else return gcd(x,x%y);
     }
gcd:(x:Int,y:Int)Int
```

Scala 具有类型推导功能，会根据最终的返回值推导函数的返回值类型，因此在实际应用中也常常会省略函数的返回值。

```
//省略函数返回值，Scala 会通过类型推导来确定函数的返回值类型
scala>def sum(x:Int,y:Int)=x+y
sum:(x:Int,y:Int)Int
```

但类型推导有两个限制：

（1）如果需要 return 关键字指定返回值，则必须显式地指定函数返回值的类型，如代码 3-71 所示。

代码 3-71

```
scala>def sum(x:Int,y:Int)=return x+y
<console>:7: error: method sum has return statement;needs result type
  def sum(x:Int,y:Int)=return x+y
```

（2）如果函数中存在递归调用且使用 return 关键字，则必须显式地指定函数返回值的类型，如代码 3-72 所示。

代码 3-72

```
scala>def gcd(x:Int,y:Int)= {
         if(x%y==0)    return y
         else return gcd(x,x%y)
    }
<console>:12:error:recursive method gcd needs result type
     gcd(x,x%y)
```

代码 3-72 定义这个函数的"类型"：

$$(Int, Int) \Rightarrow Int$$

得到了函数的"类型"之后，只要把函数定义中的类型声明部分去除，剩下的就是函数的"值"，比如：

```
(value) => {value +1} //只有一条语句时，大括号可以省略
```

采用" => "而不是" = "，这是 Scala 的语法要求。

再按照定义变量的方式，采用 Scala 语法来定义一个函数。

```
//Int 类型声明也可以省略，因为 Scala 具有自动推断类型的功能
val num: Int = 5
```

也可以按照定义变量的方式定义 Scala 中的函数：

```
val counter: Int => Int = { (value) => value + 1 }
```

在 Scala 中，函数已经是"头等公民"，单独剥离出了"值"的概念，一个函数"值"就是函数字面量。这样，只要在某个需要声明函数的地方声明一个函数类型，在调用的时候传一个对应的函数字面量即可，和使用普通变量一模一样。

3.5.2 占位符语法

占位符语法是函数字面量的一种缩写形式。可以使用下画线作为一个或多个参数的占位符，只要每个参数在函数字面量内仅出现一次。占位符语法在处理数据结构和集合时大有帮助。一些核心的排序、过滤和其他数据结构方法都会使用占位符语法来减少调用这些方法所需的额外代码。

具体示例如代码 3-73 所示。

代码 3-73

```
//定义列表 numList
scala> val numList = List(-3, -5, 1, 6, 9)
numList: List[Int] = List(-3, -5, 1, 6, 9)

//不使用占位符作列表过滤操作
scala> numList.filter(x => x > 0 )
res1: List[Int] = List(1, 6, 9)

//使用占位符做列表过滤操作
scala> numList.filter(_ > 0)
res2: List[Int] = List(1, 6, 9)
```

从运行结果可以看出，x=>x>0 与 _>0 两个函数字面量是等价的。当采用下画线的表示方法时，对于列表 numList 中的每个元素，都会依次传入用来替换下画线，比如，首先传入-3，然后判断-3>0 是否成立，如果成立，就把该值放入结果集合，如果不成立，则舍弃，接着再传入-5，然后判断-5>0 是否成立，依此类推。

另外，占位符的顺序对于执行结果也有影响。代码 3-74 通过一个示例来说明占位符的顺序对结果的影响。

代码 3-74

```
scala>def combination(x:Int,y:Int,f:(Int,Int)=>Int)=f(x,y)
combination:(x:Int,y:Int,f:(Int,Int)=>Int)Int

scala>combination(23,12,_*_)
res3:Int = 276
```

代码 3-74 的函数是一个匿名函数，在之后章节会进行具体介绍。这里使用的两个占位符会按位置替换输入的参数（分别是 x 和 y）。如果在这里使用一个占位符，将会导致错误，因为占位符数必须与输入参数个数一致。以三个占位符为例，示例如代码 3-75 所示。

代码 3-75

```
scala>def tripleOp(a:Int,b:Int,c:Int,f:(Int,Int,Int)=>Int) =f(a,b,c)
tripleOp:(a:Int,b:Int,c:Int,f:(Int,Int,Int)=>Int) Int

scala>tripleOp(23,92,14,_*_+_)
res4: Int = 2130
```

tripleOp 函数有 4 个参数：3 个 Int 值和 1 个函数，这个函数可以把这 3 个 Int 值规约为 1 个 Int。具体的函数体比参数表还要短，把这个函数应用到输入值。

这个示例函数 tripleOp 仅适用于整型值。如果它是通用的并支持类型参数，可能会更有用。使用两个类型参数重新定义 tripleOp 函数，一个表示通用的输入类型，另一个表示返回值类型。这可以提供灵活性，可以使用任何类型的输入或者选择的匿名函数（只要这个匿名函数有 3 个输入）来调用 tripleOp 函数，如代码 3-76 所示。

代码 3-76

```
scala>def tripleOp[A,B](a:A,b:A,c:A,f:(A,A,A)=>B)=f(a,b,c)
tripleOp:[A,B](a:A,b:A,c:A,f(A,A,A)=>B)B

scala>tripleOp[Int,Int](23,92,14,_*_+_)
res5: Int =2130

scala>tripleOp[Int,Double](23,92,14,1.0*_ /_ /_)
res6: Double =0.017857142857142856

scala>tripleOp[Int,Boolean](23,92,14,_>_+_)
res7: Boolean = false
```

3.5.3 递归函数

递归在纯函数编程中起着重要的作用，Scala 支持递归函数。递归意味着一个函数可以重复调用自己。

1. 递归

在函数式编程中，递归比在命令式编程中更为重要。递归是实现"循环"的唯一方法，因为它无法改变循环变量。阶乘的计算就是递归的一个较好的例子，它通过递归计算传递数字的阶乘。具体示例如代码 3-77 所示。

代码 3-77

```
object Demo {
    def main(args: Array[String]) {
        for (i <- 1 to 10)
            println( "Factorial of " + i + ": = " + factorial(i) )
    }

    def factorial(n: BigInt): BigInt = {
        if (n <= 1)
            1
        else
            n * factorial(n - 1)
    }
}
```

运行结果：

Factorial of 1：=1
Factorial of 2：=2
Factorial of 3：=6
Factorial of 4：=24
Factorial of 5：=120
Factorial of 6：=720
Factorial of 7：=5040
Factorial of 8：=40320
Factorial of 9：=362880
Factorial of 10：=3628800

递归是表达函数的最常用方式，然而，递归也有两个缺点：一是反复调用函数带来的开销；二是存在栈溢出的风险。

2. 尾递归

有一种特殊的递归被称为尾递归。在尾递归中，函数可以调用自身，并且该调用是函数的最后一个（"尾部"）操作。尾递归是能把函数优化为循环的重要的一种递归。循环可以消除潜在的栈溢出风险，同时也因为消除了函数调用开销而提升了效率。尾递归函数中所有递归形式的调用都出现在函数的末尾，当编译器检测到一个函数调用是尾递归时，会覆盖当前的活动记录而不是在栈中去创建一个新的。代码 3-78 是尾递归的一个示例。

代码 3-78

```
object Demo {
    def main(args: Array[String]) {
        //求 5 的阶乘
        println(factorial(5,1))

        //尾递归求阶乘
        @annotation.tailrec //告诉编译器要尾递归
        def factorial(n:Int,m:Int):Int={
            if(n<=0) m
            else factorial(n-1,m*n)
        }
    }
}
```

运行结果：
120

3.5.4 嵌套函数

函数是命名的参数化表达式块，而表达式块是可以嵌套的，所以函数本身也是可以嵌套的。有些情况下，需要在一个函数中重复某个逻辑，但是把它作为一个外部方法使用又没有太大意义。而 Scala 允许定义函数内的函数，函数内定义的函数称为内部函数，这个内部函数只能在该函数中使用。一个阶乘计算器的实现示例如代码 3-79 所示。

代码 3-79

```scala
object Demo {
    def main(args: Array[String]) {
        println( factorial(3) )
    }

    //计算阶乘
    def factorial(i: Int): Int = {
        def fact(i: Int, accumulator: Int): Int = {
            if (i <= 1)
                accumulator
            else
                fact(i - 1, i * accumulator)
        }

        //调用内部函数
        fact(i, 1)
    }
}
```

运行结果：
6

factorial(Int)是外部函数，fact(Int，Int)是嵌套函数。嵌套函数中的逻辑只定义了一次，不过在外部函数中使用了三次，这就可以减少重复的逻辑，简化整个函数。嵌套函数与外部函数可以同名，由于它们的参数不同（外部函数只有一个整型参数），所以不会发生冲突。Scala 函数按函数名以及其参数类型列表来区分。不过，即使函数名和参数类型相同，它们也不会冲突，因为嵌套函数优先于外部函数。

3.5.5 高阶函数

高阶函数可以使用其他函数作为参数,或者使用函数作为输出结果。本小节将介绍高阶函数的定义、匿名函数以及闭包等相关知识。

1. 高阶函数定义

Scala 允许定义高阶函数。这些函数将其他函数作为参数,或者其结果是一个函数。具体示例如代码 3-80 所示,apply()函数接受另一个函数 f 和一个值 v,并将函数 f 应用于 v。

代码 3-80

```
object Demo {
    def main(args: Array[String]) {
        println( apply( layout, 10) )
    }

    def apply(f: Int => String, v: Int) = f(v)

    def layout[A](x: A) = "[" + x.toString() + "]"
}
```

运行结果:
[10]

代码 3-80 中 layout 函数作为参数传到 apply 函数中,对应函数中的 f。数字 10 则传给整型参数 v。相当于执行了 layout(10)。高阶函数除了能够将函数作为函数参数,还可以将函数作为返回值,例如:

```
scala> def layout(factor:Int):Double=>Double={
    (x:Double)=>factor*x
    }
layout:(factor:Int)Double => Double
```

代码 def layout(factor: Int): Double => Double 定义了一个函数,该函数输入参数类型为 Int 类型,返回值为函数类型 Double => Double,返回的函数类型输入参数为 Double,返回值类型为 Double,代码(x: Double) => factor * x 为该函数的返回值。同一般的类型一样,Scala 也可以进行函数类型推导。

2. 匿名函数与 Lambda 表达式

在 Scala 语言中,不需要给函数命名的函数称为匿名函数。匿名函数的语法构成包含括号、命名参数列表、右箭头及函数体。例如,定义一个匿名函数(x: Int) => x + 1;此匿名函数将它的值加上 1;在 Scala 中,匿名函数作为函数字面量可以赋值给变量。

(x: Int) => x + 1

这种匿名函数的定义形式，经常称为"Lambda 表达式"。"Lambda 表达式"的形式：

（参数） => 表达式//如果参数只有一个，参数的圆括号可以省略

匿名函数用法的具体示例如代码 3-81 所示。

代码 3-81

```
//把匿名函数定义为一个值，赋值给 myNumFunc 变量
scala> val myNumFunc: Int=>Int = (num: Int) => num * 2
myNumFunc: Int => Int = <function1>

//调用 myNumFunc 函数，给出参数值 3，得到乘法结果是 6
scala> println(myNumFunc(3))
6
```

实际上，Scala 具有类型推断机制，可以自动推断变量类型。所以可以省略函数的类型声明，也就是去掉"Int => Int"。但是不能同时省略参数的类型声明，比如：

val myNumFunc = (num) => num* 2

否则会报错。因为类型声明全部省略以后，解释器也无法推断出类型，所以需要提供类型声明。省略 num 的类型声明，但是给出 myNumFunc 的类型声明，在 Scala 解释器中的执行过程：

```
scala> val myNumFunc: Int=>Int = (num) => num * 2
myNumFunc: Int => Int = <function1>
```

代码顺利运行通过，不会报错，是因为给出了 myNumFunc 的类型为"Int => Int"以后，解释器可以推断出 num 类型为 Int 类型。

3. 闭包

在 Scala 中，任何带有自由（未绑定到特定对象）变量的函数字面量，需要先明确自由变量的值，只有在关闭这个自由变量开放项的前提下，函数才会运行，计算出结果，称此函数为闭包。闭包是一个函数，一种比较特殊的函数。闭包是由函数和运行时的数据决定的。事实上，闭包可以理解为函数和上下文，示例如代码 3-82 所示。

代码 3-82

```
scala>var i=15
i: Int=15

//定义一个函数字面量f,函数中使用了前面定义的变量i
scala>var f=(x:Int)=>x+i
f: Int=>Int=<function1>

//执行函数
scala>f(10)
res0: Int=25

//变量重新赋值
scala>i=20
i: Int=20

//执行函数
scala>f(10)
res1: Int=30
```

代码 var f=(x:Int)=>x+i 定义了一个函数字面量，函数中使用了自由变量 i，变量 i 在程序的运行过程中会发生变化，在函数执行时如调用 f(10) 时会根据运行时变量 i 的值的不同，得到不同的运行结果。自由变量 i 在运行过程中会不断地发生变化，处于一种开放状态，而当函数执行时，自由变量 i 的值已经被确定下来，此时可以认为在运行时它暂时处于封闭状态，这种存在从开放到封闭过程的函数被称为闭包。函数字面量 var f=(x:Int)=>x+i 中便是函数(f)+上下文(自由变量i)的结合。

3.5.6 高阶函数的使用

通过上一小节，已经清楚了高阶函数的定义及使用方法，本小节将介绍集合中常见高阶函数的使用。

1. map 操作

map 操作是针对集合的典型变换操作，它将某个函数应用到集合中的每个元素，并产生一个结果集合。代码 3-83 分别介绍 Array 类型和 List 类型的 map 函数使用示例。

代码 3-83

```
//Array 类型的 map 函数使用
scala> Array("Hadoop", "Hive", "HDFS").map(_*2)//字符串加倍
res0: Array[String] = Array(HadoopHadoop, HiveHive, HDFSHDFS)

//List 类型的 map 函数使用
scala> val list = List("Hadoop"->1, "Hive"->2, "HDFS"->2)
list: List[(String,Int)] = List((Hadoop,1), (Hive,2), (HDFS,2))

//省略值函数的输入参数类型
scala> list.map(x=>x._1)
res1: List[String] = List(Hadoop, Hive, HDFS)

//参数 x 在=>中只出现一次，进一步简化
scala> list.map(_._1)
res2: List[String] = List(Hadoop, Hive, HDFS)

//Map 类型的 map 函数使用
scala>Map("Hadoop"->1, "Hive"->2, "HDFS"->3).map(_._1)
res3: scala.collection.immutable.Iterable[String] = List(Hadoop, Hive, HDFS)

scala>Map("Hadoop"->1, "Hive"->2, "HDFS"->2).map(_._2)
res4: scala.collection.immutable.Iterable[Int] = List(1,2,3)
```

2. flatMap 操作

flatMap 是 map 的一种扩展。在 flatMap 中，会传入一个函数，该函数对每个输入都会返回一个集合（而不是一个元素），然后，flatMap 把生成的多个集合"拍扁"成为一个集合。具体示例如代码 3-84 所示。

代码 3-84

```
scala> val books = List("Hadoop","Hive","HDFS")
books: List[String] = List(Hadoop, Hive, HDFS)

scala> books.flatMap (s => s.toList)
res0: List[Char] = List(H, a, d,o, o, p, H, i, v, e, H, D, F, S)
```

flatMap 执行时，会把 books 中的每个元素都调用 toList，生成 List［Char］，最终，多个 Char 的集合被"拍扁"成一个集合。

3. filter 操作

在实际编程中，经常会用到一种操作，遍历一个集合并从中获取满足指定条件的元素组成一个新的集合。Scala 中可以通过 filter 操作来实现。示例如代码 3-85 所示。

代码 3-85

```
scala> val listInt=List(1,4,6,8,6,9,12)
listInt:List[Int]=List(1,4,6,8,6,9,12)

//返回所有偶数元素构成的集合
scala>listInt.filter(x=>x%2==0)
res0:List[Int]=List(4,6,8,12)

//简化的写法
scala>listInt.filter(_%2==0)
res1:List[Int]=List(4,6,8,12)
```

Array 等类型的集合中 filter 方法使用也类似，不再一一赘述。

4. reduce 操作

在 Scala 中，可以使用 reduce 这种二元操作对集合中的元素进行归约。reduce 包含 reduceLeft 和 reduceRight 两种操作，前者从集合的头部开始操作，后者从集合的尾部开始操作。具体示例如代码 3-86 所示。

代码 3-86

```
scala> val list = List(1,2,3,4,5)
list: List[Int] = List(1, 2, 3, 4, 5)

scala> list.reduceLeft((x:Int,y:Int)=>{println(x,y);x+y})
(1,2)
(3,3)
(6,4)
(10,5)
res0: Int = 15

scala> list.reduceRight((x:Int,y:Int)=>{println(x,y);x+y})
(4,5)
(3,9)
(2,12)
(1,14)
res1: Int = 15
```

reduceLeft 和 reduceRight 都是针对两两元素进行操作。代码 3-86 是加法操作，无法体现出结果的区别，可以用减法操作，reduceLeft 和 reduceRight 就会得到不同的结果，如代码 3-87 所示。

代码 3-87

```
scala> val list = List(1,2,3,4,5)
list: List[Int] = List(1, 2, 3, 4, 5)

scala> list.reduceLeft((x:Int,y:Int)=>{println(x,y);x-y})
(1,2)
(-1,3)
(-4,4)
(-8,5)
res2: Int = -13

scala> list.reduceRight((x:Int,y:Int)=>{println(x,y);x-y})
(4,5)
(3,-1)
(2,4)
(1,-2)
res3: Int = 3
```

实际上，可以直接使用 reduce，而不用 reduceLeft 和 reduceRight，这时，默认采用的是 reduceLeft。

5. fold 操作

fold（折叠）操作和 reduce（归约）操作比较类似。fold 操作需要从一个初始值开始，并以该值作为上下文，处理集合中的每个元素。具体示例如代码 3-88 所示。

代码 3-88

```
scala> val list = List(1,2,4,3,5)
list: List[Int] = List(1, 2, 4, 3, 5)

scala> list.fold(10)(_*_)
res0: Int = 1200
```

fold 函数实现了对 list 中所有元素的累乘操作。fold 函数需要两个参数，一个参数是初始种子值，代码 3-89 中是 10，另一个参数是用于计算结果的累计函数，代码 3-89 中是累乘。执行 list.fold(10)(*)时，首先把初始值拿去和 list 中的第一个值 1 做乘法操作，得到累乘值 10，然后再拿这个累乘值 10 去和 list 中的第 2 个值 2 做乘法操作，得到累乘值 20，依此类推，一直得到最终的累乘结果 1200。

fold 有两个变体：foldLeft()和 foldRight()，其中，foldLeft()，第一个参数为累计值，集合遍

历的方向是从左到右。foldRight()，第二个参数为累计值，集合遍历的方向是从右到左。对于 fold()自身而言，遍历的顺序是未定义的，不过，一般都是从左到右遍历。示例如代码 3-89 所示。

代码 3-89

```
scala> list.foldLeft(0)((x:Int,y:Int)=>{println(x,y);x+y})
(0,1)
(1,2)
(3,4)
(7,3)
(10,5)
res1: Int = 15

scala> list.foldRight(0)((x:Int,y:Int)=>{println(x,y);x+y})
(5,0)
(3,5)
(4,8)
(2,12)
(1,14)
res2: Int = 3
```

3.6 本章小结

本章介绍了 Scala 语言基础。首先介绍了在 Scala shell 中如何运行 Scala 代码，Scala 中变量的定义与使用、命名规范、基本数据类型及其使用以及 Range 操作。其次，介绍了 Scala 中基本程序控制结构的使用，主要包括 if 条件表达式、while 循环表达式、do…while 循环表达式、for 循环表达式以及匹配表达式。然后，介绍了 Scala 中常用的集合类型如数组、列表、集、映射、选项、迭代器及元组以及其常用函数的使用方法。最后，介绍了函数式编程基础，包括函数的定义与使用，占位符语法，并对递归函数、嵌套函数以及高阶函数的使用进行了介绍。

思考与习题

1. res 变量是 val 还是 var？
2. 在 Scala REPL 中键"3."，显示结果包括哪几部分？
3. val a = 10，怎样将 a 转为 double 类型、String 类型？
4. 使用循环表达式输出九九乘法表。
5. 创建一个 List：

val lst1 = List(1, 7, 9, 8, 0, 3, 5, 4, 6, 2)

(1) 将 lst1 中每个元素乘以 20 后生成一个新的集合。

(2) 将 lst1 中的奇数取出来生成一个新的集合。

(3) 定义一个计算 n 阶乘的函数 $f(n) = 1 * 2 * \ldots * n$，然后计算 lst1 中所有元素阶乘的和。

6. 什么是闭包？

7. Scala 函数中把方法体的最后一行作为返回值，需不需要显示调用 return？

8. map 和 flatMap 有什么区别？请举例说明。

9. 编写一个高阶函数，求出连续整数的关于 2 的幂次和。

10. 给定下列数据，数组中的每个元素都由一个城市名称和温度组成，求每个城市的平均温度：

val data1 = Array(("Changsha", 35.1), ("Beijing", 27.7), ("Shanghai", 32.8), ("Shenyang", 24.6))
val data2 = Array(("Changsha", 36.3), ("Beijing", 30.4), ("Shanghai", 33.5))
val data3 = Array(("Changsha", 34.5), ("Beijing", 31.1), ("Shanghai", 32.0), ("Shenyang", 22.7))

第 4 章　Scala 面向对象编程

Scala 是一门面向对象编程语言，Scala 中的一切变量都是对象，一切操作都是方法调用。本章将对 Scala 中类的定义、对象的创建、构造函数的定义与使用、继承、类成员的访问、抽象类与匿名类以及 scala 中的特质(trait)和包等内容进行介绍。

4.1　类与对象

类和对象是面向对象编程的核心内容。本节将详细介绍如何定义类，包括普通类、伴生类、抽象类和匿名类，如何创建对象，包括单例对象、应用程序对象和伴生对象，以及类成员的访问等相关内容。

4.1.1　定义类

类是面向对象程序设计实现信息封装的基础。类是一个模板，它描述一类对象的行为和状态。类的实例称为对象。

Scala 定义类最简单的形式和 Java 比较相似，也是通过 class 关键字来定义。如定义一个 Student 类如代码 4-1 所示。

代码 4-1

```
class Student{
        //声明成员变量，这里成员变量必须初始化
        private var age = 18      //私有成员变量，初始化为 18
        val name="Scala"          //定义属性 name
        def increase(): Unit = { age+= 1} //方法默认是公有的
        def current(): Int = {age}
}
```

在代码 4-1 中，把 age 成员变量设置为 private，使其成为私有成员变量，外界无法访问，只有在类内部可以访问该成员变量。如果成员变量前面什么修饰符都没有，则默认是 public，外部可以访问该成员变量。而对于类，并不需要声明为 public，因为 Scala 文件中包含的多个类之间，都是彼此可见的。

方法的定义是通过 def 关键字实现的。代码 4-1 中，"def increase(): Unit = { age + =1 }"中，increase()是方法，没有参数，冒号后面的 Unit 是表示返回值的类型；如果不返回任何值，

就用 Unit 表示，相当于 Java 中的 void 类型。方法的返回值，不需要靠 return 语句，方法里面的最后一个表达式的值就是方法的返回值，比如，current()方法里面只有一条语句"age"，age 的值就是该方法的返回值。

increase()方法中，返回值类型 Unit 后面的等号和大括号后面，包含了该方法要执行的具体操作语句。如果大括号里面只有一行语句，那么也可以直接去掉大括号，例如：

```
def increase(): Unit = age +1
```

或者，还可以去掉返回值类型和等号，只保留大括号，例如：

```
def increase() {age += 1}
```

4.1.2 创建对象

对象是类的一个实例，有状态和行为两种。例如，一位学生是一个对象，它的状态有：姓名、性别、班级；行为有：学习、玩耍等。

使用 new 关键字新建一个 Student 类的对象，并调用其中的方法，如代码 4-2 所示。

代码 4-2

```
//创建 Student 类的对象
scala> val student= new Student

//通过 Student 类的对象调用 Student 类的方法
scala> student.increase() //也可以不用圆括号，写成 student.increase

//直接输出调用 Student 类方法的结果
scala> println(student.current)
19
```

从代码 4-2 可以看出，Scala 在调用无参方法时，可以省略方法名后面的圆括号。创建一个 TestStudent_01.scala 文件，文件内容如代码 4-3 所示。

代码 4-3

```
class Student{
    private var age = 18
    val name="Scala"
    def increase(): Unit = { age+= 1}
    def current(): Int = {age}
}

object TestStudent_01 {
    def main(args: Array[String]) {
        val student= new Student
```

```
        student.increase()
        println(student.current)
    }
}
```

然后，使用 scalac 命令编译这个代码文件，并使用 scala 命令执行。

```
scalac TestStudent_01.scala              //编译命令
scala -classpath . TestStudent_01        //执行命令
```

运行结果：
19

4.1.3 类成员的访问

创建 Student 类对象后考虑如何读取以及设置类中成员变量的值。在 Java 中，这是通过 getter 和 setter 方法实现的。在 Scala 中也提供了 getter 和 setter 方法的实现方式，但是并没有定义成 Java 中的 getFieldName 和 setFieldName，而是定义成 FieldName 和 FieldName_(FieldName 为成员变量名称)，这可以理解为 FieldName 就是 getFieldName 方法，FieldName_ 就是 setFieldName 方法，和 Java 中的用法一样。

Java 中 getter 和 setter 方法的定义如代码 4-4 所示。

代码 4-4

```
public class Student{
    private int age;
    public int getAge(){return age;} //getter 方法
    public void setAge(int age){this.age=age;} //setter 方法
}
```

Scala 中属性的定义，属性中带有 getter 和 setter 方法，如代码 4-5 所示。

代码 4-5

```
class Student{
    private var privateAge= 0           //私有成员变量
    def age = privateAge                //获得成员变量的值
    def age_=(newAge: Int){             //设置成员变量的值
        if (newAge>18)
            privateAge = newAge         //只有提供的新值大于 18，才允许修改
    }
}
```

Scala 中对每个成员变量都提供了 getter 和 setter 方法,在代码中不用显性定义,但在 Scala 编译字节码中实际生成了 getter 和 setter 方法,即 age 和 age_的定义,只要在实例化对象中调用这两个方法,就能读取和设定成员变量值。因为将 privateAge 声明为 private,所以 getter 和 setter 方法也是私有的。

4.1.4 构造函数

构造函数是一种特殊的方法。主要用来在创建对象时初始化对象,即为对象成员变量赋初始值,总与 new 运算符一起使用在创建对象的语句中。一个类可以有多个构造函数,可根据其参数个数的不同或参数类型的不同来区分它们。

1. 辅助构造函数

辅助构造函数的名称为 this,每个辅助构造函数都必须调用一个此前已经定义的辅助构造函数或主构造函数。示例如代码 4-6 所示。

代码 4-6

```scala
class Student {
    private var age= 18    //age 用来存储学生的年纪
    private var name = ""    //表示学生的名字
    private var classNum = 1   //ClassNum 用来表示学生的班级

    def this(name: String){   //第一个辅助构造函数
        this()    //调用主构造函数 this
        this.name = name //给 name 赋值
    }

    def this (name: String, classNum: Int){   //第二个辅助构造函数
        this(name)   //调用前一个辅助构造函数
        this.className = classNum
    }

    def increase(step: Int): Unit = { age += step }    //增加年龄
    def current(): Int = {age}
    def info(): Unit = {
        printf("Name:%s and classNum is %d\n",name,classNum)
    }
}
```

定义一个带有辅助构造函数的类,对代码 4-6 的 Student 类定义进行修改,如代码 4-7 所示。

代码 4-7

```scala
object TestStudent_02{

    def main(args:Array[String]){
        val myStudent1 = new Student     //主构造函数

        //第一个辅助构造函数，学生名字设置为 ZhangSan
        val myStudent2 = new Student("ZhangSan")

        //第二个辅助构造函数，学生名字设置为 LiSi，班级为 75 班
        val myStudent3 = new Student("LiSi",75)

        myStudent1.info      //显示学生信息
        myStudent1.increase(1)        //设置步长
        printf("Current age is: %d\n",myStudent1.current) //显示学生年纪

        myStudent2.info      //显示学生信息
        myStudent2.increase(2)        //设置步长
        printf("Current age is: %d\n",myStudent2.current) //显示学生年纪

        myStudent3.info      //显示学生信息
        myStudent3.increase(3)        //设置步长
        printf("Current age is: %d\n",myStudent3.current) //显示学生年纪
    }
}
```

将代码 4-7 放入 TestStudent_02.scala 文件。使用 scalac 命令编译文件，并用 scala 命令执行。

```
scalac TestStudent_02.scala              //编译命令
scala -classpath . TestStudent_02        //执行命令
```

运行结果为：
Name: and classNum is 1
Current Value is : 19
Name: ZhangSan and classNum is 1
Current Value is : 20
Name: LiSi and classNum is 75
Current Value is : 21

2. 主构造函数

Scala 的每个类都有主构造函数，但是，Scala 的主构造函数和 Java 有着明显的不同，Scala 的主构造函数看上去已经和类定义完全融合在一起了，它在类名称后面罗列出构造函数所需的所有参数，这些参数被编译成成员变量，成员变量的值就是创建对象时传入参数的值；主构造函数的参数加上 val 或 var 关键字时自动升级为成员变量，其值被初始化成构造函数传入的参数。主构造函数在类中除了方法以外，会执行类定义中的所有语句。

对于代码 4-7 给学生设置 name 和 classNum 的例子，是使用辅助构造函数来对 name 和 classNum 的值进行设置，现在采用主构造函数来设置 name 和 classNum 的值，如代码 4-8 所示。

代码 4-8

```scala
class Student(val name: String, val classNum: Int) {    //参数列表放在类名后面
    private var age = 18    //age 用来存储学生年纪的起始值
    def increase(step: Int): Unit = {age += step}
    def current(): Int = {age}
    def info(): Unit = {printf("Name:%s and classNum is %d\n",name,classNum)}
}

object TestStudent_03{
    def main(args:Array[String]){
        val myStudent = new Student("ZhangSan",67)
        myStudent.info    //显示学生信息
        myStudent.increase(1)    //设置步长
        printf("Current age is: %d\n",myStudent.current) //显示学生年纪
    }
}
```

将代码 4-8 放入 TestStudent_03.scala 文件。使用 scalac 命令编译文件，并用 scala 命令执行。

scalac TestStudent_03.scala	//编译命令
scala -classpath . TestStudent_03	//执行命令

运行结果：

Name：ZhangSan and classNum is 67
Current age is：19

4.1.5 常见对象类型

Scala 中常见的对象类型包括单例对象、应用程序对象以及伴生对象。本小节将分别对三种对象类型进行详细介绍。

1. 单例对象

和 Java 不一样的是，Scala 中没有静态类、静态方法和静态成员变量，因此 Scala 中使用 object 关键字来实现。这个 object 对象类似于 Java 的静态类，它的成员和它的方法默认都是静态的。单例是一个类，它只能有一个实例，即对象。由于不能实例化单例对象，所以不能将参数传递给主构造函数。object 对象定义了某个类的单个示例，如代码 4-9 所示。

代码 4-9

```
//通过 object 关键字定义单例对象 TestStudents_01
scala>object TestStudents_01{
        private var studentNum=0
        //定义 newStuNum 方法，将学号加 1，返回新的学号 studentNum
        def newStuNum={
            studentNum+=1
            studentNum
        }
    }
defined object Students

//直接通过单例对象名称访问其成员方法
scala> TestStudents_01.newStuNum
res0: Int = 1

//单例对象中的成员变量状态随程序执行而改变
scala>TestStudents_01.newStuNum
res1: Int = 2
```

实际上 Scala 单例对象是通过 Java 语言的单例模式和静态类成员来实现的。

2. 应用程序对象

在 Java 语言中，只有定义了 public static void main(String[] args)方法，该类才可以成为程序执行的入口。在 Scala 语言中同样使用 main 函数作为程序的执行入口，只不过 main 函数必须定义在单例对象中。在单例对象中定义了 main 方法，该单例对象便称为应用程序对象。示例如代码 4-10 所示。

代码 4-10

```
object TestStudents_02{
    private var studentNum=0
    //定义 newStuNum 方法，将学号加 1，返回新的学号 studentNum
    def newStuNum={
        studentNum+=1
        studentNum
    }

    //通过 main 方法作为程序的入口
    def main(args:Array[String]){
        println("New num is "+Students.newStuNum)
    }
}
```

将代码 4-10 放入 TestStudents_02.scala 中。使用 scalac 命令编译文件，并用 scala 命令执行。

```
scalac TestStudents_02.scala              //编译命令
scala -classpath . TestStudents_02        //执行命令
```

运行结果：
New num is 1

3. 伴生对象

在 Java 中，经常需要用到同时包含实例方法和静态方法的类，在 Scala 中可以通过伴生对象来实现。当单例对象与某个类具有相同的名称时，它被称为这个类的"伴生对象"，而这个类被称为这个单例对象的伴生类。伴生类和它的伴生对象必须存在于同一个文件中，而且可以相互访问私有成员（成员变量和方法）。通过代码 4-11 演示伴生对象的使用方法。

代码 4-11

```
//定义类 Students
class Students{
    val id = Students.newStuId()  //调用了伴生对象中的方法
    private var number =0
    def aClass(number: Int) { this.number= number}
}

//定义类 Students 的伴生对象 object Students
object Students {
    private var StuId = 0      //学号
```

```
def newStuId() = {
    StuId +=1
    StuId
}

def main(args: Array[String]){
    //直接调用伴生对象 Students 的方法 newStuId
    println(Students.newStuId)
    //再次调用 newStuId 方法,学号 StuId 再加 1
    println(Students.newStuId)
}
}
```

定义类 class Students,类 class Students 拥有自己的属性 id,number(id 直接调用伴生对象的 newStuId 方法赋值),类 class Students 拥有自己的方法 aClass;同时定义类 class Students 的伴生对象 object Students,伴生对象 object Students 拥有自己的属性学号 StuId,及新增一个学号的方法 newStuId,返回新学号。伴生对象相当于 Java 中的静态类,无须实例化,可以直接调用伴生对象的方法。

将代码 4-11 放入 Students.scala 中。使用 scalac 命令编译文件,并用 scala 命令执行。

scalac Students.scala	//编译命令
scala -classpath . Students	//执行命令

运行结果:
1
2

4.1.6 抽象类与匿名类

与 Java 相似,Scala 中 abstract 声明的类是抽象类,抽象类不可以被实例化,抽象类中的方法、字段和类型都可以是抽象的;同时,可以通过包含带有定义或重写的代码块的方式创建一个匿名类。本小节将对抽象类和匿名类的定义和使用进行介绍。

1. 抽象类

抽象类是一种不能被实例化的类,抽象类中存在抽象成员变量或成员方法,这些成员变量或成员方法在子类中被具体化。在 Scala 中,通过 abstract 关键字定义抽象类。Scala 语言中的抽象类不仅可以有抽象成员变量(没有初始赋值的变量),还可以有抽象方法(没有具体的方法执行体)。Scala 中一般类的成员变量在定义时必须初始化。示例如代码 4-12 所示。

代码 4-12

```
//普通类成员变量在定义时必须显式初始化
scala> class Phone{
        var phoneBrand: String=_
    }
defined class Phone


//不显式初始化成员变量会报错，提示 Phone 类应该被声明为 abstract
scala> class Phone{
        var phoneBrand: String
    }
<console>:11: error: class Phone needs to be abstract, since variable phoneBrand is not defined
(Note that variables need to be initialized to be defined)
        class Phone{
              ^
```

在代码 4-12 中，当普通类的成员变量不显式地对其进行初始化时会报错，并提示类应该被声明为 abstract，这说明 Scala 语言中抽象类可以有抽象成员变量（也叫抽象字段），如代码 4-13 所示。

代码 4-13

```
//成员变量如果不显式初始化，则将类声明为抽象类，通过 abstract 关键字来定义
scala> abstract class Phone{
        var phoneBrand: String
    }
defined class Phone
```

Scala 中的抽象类中除了抽象方法还可以定义相应的具体方法及具体的成员变量，如代码 4-14 所示。

代码 4-14

```
scala> abstract class Phone{
        var phoneBrand: String //抽象类中的抽象成员变量
        var price:Int=0 //抽象类中的具体成员变量
        def info() //抽象类中的抽象方法
        def greeting() =println("Welcome to use phone!") //抽象类中的具体方法
    }
defined class Phone
```

抽象类的定义需要注意以下几点：
第一，定义一个抽象类，需要使用关键字 abstract；
第二，定义一个抽象类的抽象方法，不需要关键字 abstract，只需省去其方法体；
第三，抽象类中定义的成员变量，只要没有给出初始化值，就表示其是一个抽象成员变

量，但是，抽象成员变量必须要声明类型，例如，val phoneBrand：String，就把 phoneBrand 声明为字符串类型，这种情况下，不能省略类型，否则编译会报错。

2. 匿名类

匿名类，顾名思义就是没有名字的类。当某个类在代码中仅使用一次时，可以考虑使用匿名类，示例如代码 4-15 所示。

代码 4-15

```
//定义抽象类
scala> abstract class Phone(var phoneBrand:String,var price:Int){
         def info:Unit
      }
defined class Phone


//使用抽象类，创建匿名类对象
scala> val p=new Phone("HuaWei",5000){
         //重写抽象类中的抽象方法
         override def info:Unit=println(s"Phone($phoneBrand,$price)")
      }
p: Phone = $anon$1@225e09f0

scala> p.info
Phone(HuaWei,5000)
```

代码 4-15 中匿名类创建对象的方式也可以表示为：

```
class NamedClass( phoneBrand:String,price:Int) extends Phone( phoneBrand,price){
    override def info:Unit=println(s"Phone($phoneBrand,$price)") }
val p=new NamedClass("HuaWei",5000)
```

命名类 NamedClass 一旦被定义就可以反复使用，而匿名类只使用一次，代码更简洁。

4.2 继承与多态

继承是面向对象编程语言实现代码复用的关键特性，是从特殊到一般的过程。在原有类的基础上定义一个新的类，原有类称为父类，新的类称为子类。实现继承后，子类可以拥有父类的属性和方法，也可以在子类中添加新的类成员或重写父类中的方法。多态是在继承的基础上实现的一种语言特性，它指的是允许不同类的对象对同一消息做出响应，即同一消息可以根据发送对象的不同而采用多种不同的行为方式。本节将对 Scala 语言中的继承和多态进行介绍。

4.2.1 类的继承

Scala 语言同 Java 语言一样,也是通过 extends 关键字来实现类间的继承,但是 Scala 中的继承与 Java 有着显著的不同:
(1)重写一个非抽象方法必须使用 override 修饰符;
(2)只有主构造函数可以调用父类的主构造函数;
(3)在子类中重写父类的抽象方法时,不需要使用 override 关键字;
(4)可以重写父类中的成员变量。
Scala 和 Java 一样,不允许类从多个父类继承。

1. 抽象类的继承

首先创建一个抽象类,让这个抽象类被其他类继承。示例如代码 4-16 所示。

代码 4-16

```
abstract class Phone{     //是抽象类,不能直接被示例化
    val phoneBrand: String   //成员变量没有初始化值,就是一个抽象成员变量
    def info()   //抽象方法,不需要使用 abstract 关键字
    def greeting() {   //具体方法
        println("Welcome to use phone!")
    }
}
```

当子类继承抽象类时,需要在子类中对父类中的抽象成员变量进行初始化,否则子类也必须声明为抽象类。如代码 4-17 所示。

代码 4-17

```
/*父类中包含抽象成员变量时,子类如果为普通类则必须将该成员变量初始化,否则子类也应声明为抽象类*/
scala> class XiaoMi extends Phone
<console>:12: error: class XiaoMi needs to be abstract, since:
it has 2 unimplemented members.
/** As seen from class XiaoMi, the missing signatures are as follows.
 *  For convenience, these are usable as stub implementations.
 */
  def info(): Unit = ???
  val phoneBrand: String = ???

       class XiaoMi extends Phone
             ^
```

//在子类中对父类中的抽象成员变量及抽象方法进行初始化，使用 override 关键字
```
scala> class Apple extends Phone{
         override val phoneBrand:String="Apple"
         override def info:Unit=println("Welcome to use iphone!")
       }
defined class Apple
```

//也可以省略 override 关键字
```
scala> class Apple extends Phone{
         val phoneBrand:String="Apple"
         def info:Unit=println("Welcome to use iphone!");
       }
defined class Apple
```

通过代码 4-17 可以看到，如果 Phone 类中存在抽象成员变量 phoneBrand，子类 Apple 如果没有对该成员变量进行初始化的话，系统会报错并提示应该将该类也定义为抽象类，如果不需要子类为抽象类，则需要对该成员变量进行初始化，值得注意的是子类对父类抽象成员变量进行重写可以加 override 关键字，也可以省略。

2. 扩展类的继承

抽象类不能直接被实例化，代码 4-18 定义了扩展类，其扩展了 Phone 类，或者说继承自 Phone 类。

代码 4-18

```
class Apple extends Phone{

    //重写父类成员变量，可以使用 override 关键字。
    override val phoneBrand = "Apple"

    //重写父类的抽象方法时，不需要使用 override 关键字，不过，如果加上 override 编译也不报错
    def info() {
        printf("This is a/an %s phone. It is expensive", phoneBrand)
    }

    //重写父类的非抽象方法，必须使用 override 关键字
    override def greeting() {
        println("Welcome to use Apple Phone!")
    }
```

```
}

class HuaWei extends Phone {

    //重写父类成员变量，需要使用 override 关键字，否则编译会报错
    override val phoneBrand = "HuaWei"

    //重写父类的抽象方法时，不需要使用 override 关键字，不过，如果加上 override 编译也不会报错
    def info() {
        printf("This is a/an %s phone. It is useful.", phoneBrand)
    }

    //重写父类的非抽象方法，必须使用 override 关键字
    override def greeting() {
        println("Welcome to use HuaWei Phone!")
    }
}
```

由代码 4-18 可知，子类重写父类的非抽象成员变量和非抽象方法必须使用 override 关键字，否则会报错；而子类重写父类的抽象成员变量及抽象方法可以不使用 override 关键字。把代码 4-16 和代码 4-18 放入一个完整的代码文件 MyPhone.scala 中，如代码 4-19 所示。

代码 4-19

```
abstract class Phone{
    val phoneBrand: String
    def info()
    def greeting() {
        println("Welcome to use phone!")
    }
}

class Apple extends Phone{
    override val phoneBrand = "Apple"

    def info() {
        printf("This is a/an %s phone. It is expensive.\n", phoneBrand)
    }

    override def greeting() {
```

```
        println("Welcome to use Apple Phone!")
    }
}

class HuaWei extends Phone {
    override val phoneBrand = "HuaWei"

    def info() {
        printf("This is a/an %s phone. It is useful.\n", phoneBrand)
    }

    override def greeting() {
        println("Welcome to use HuaWei Phone!")
    }
}

object MyPhone {
    def main(args: Array[String]){
        val myPhone1 = new Apple()
        val myPhone2 = new HuaWei ()
        myPhone1.greeting()
        myPhone1.info()
        myPhone2.greeting()
        myPhone2.info()
    }
}
```

使用 scalac 命令编译文件,并用 scala 命令执行。

```
scalac MyPhone.scala              //编译命令
scala -classpath . MyPhone        //执行命令
```

运行结果:
Welcome to use Apple Phone!
This is a/an Apple phone. It is expensive.
Welcome to use HuaWei Phone!
This is a/an HuaWei phone. It is useful.

4.2.2 构造函数执行顺序

在 Java 语言中,若两个类存在继承关系,创建子类的对象时会先调用父类的构造函数,然后再调用子类的构造函数来完成对象的创建。在 Scala 语言中,创建子类对象时的构造函数执行顺序也是如此。示例如代码4-20所示。

代码4-20

```scala
//定义 Phone 类，带主构造函数
class Phone(var phoneBrand:String,var price:Int){
    //类中执行语句会在调用主构造函数时执行
    println("执行 Phone 类的主构造函数")
}

//定义 Apple 类，继承自 Phone 类，同样也带主构造函数
class Apple(phoneBrand:String,price:Int)extends Phone(phoneBrand,price){
    //类中执行语句会在调用主构造函数时执行
    println("执行 Apple 类的主构造函数")
}

object TestPhone_01{
    def main(args:Array[String]){
        //创建子类对象时，先调用父类的主构造函数，然后调用子类的主构造函数
        new Apple("iphone",5400)
    }
}
```

将代码4-20放入TestPhone_01.scala文件。使用scalac命令编译文件，并用scala命令执行。

```
scalac TestPhone_01.scala              //编译命令
scala -classpath . TestPhone_01        //执行命令
```

运行结果：
执行 Phone 类的主构造函数
执行 Apple 类的主构造函数

执行结果说明，在使用代码 new Apple("iphone",5400)创建对象时，首先会调用Phone类的主构造函数，然后再调用Apple类的主构造函数。

4.2.3 方法重写

方法重写指的是当子类继承父类时，从父类继承过来的方法不能满足自身的需要，子类希望有自己的实现，这时需要对父类的方法进行重写（override），方法重写是实现多态和动态绑定的关键。Scala 语言中的方法重写与 Java 语言中的方法重写一样，也是通过 override 关键字对父类中的方法进行重写，从而实现子类自身处理逻辑。示例如代码4-21所示。

代码 4-21

```scala
class Phone(var phoneBrand:String,var price:Int){
    //对父类 Any 中的 toString 方法进行重写
    override def toString=s"Phone($phoneBrand,$price)"
}

class Apple(phoneBrand:String,price:Int,var place:String)extends Phone(phoneBrand,price){
    //对父类 Phone 中的 toString 方法进行重写
    override def toString=s"Apple($phoneBrand,$price,$place)"
}

Object TestPhone_02{
    def main(args:Array[String]){
        //调用 Apple 类自身的 toString 方法返回结果
        println(new Apple("iphone",5400,"Shenzhen"))
    }
}
```

将代码 4-21 放入 TestPhone_02.scala 文件。使用 scalac 命令编译文件，并用 scala 命令执行。

```
scalac TestPhone_02.scala              //编译命令
scala -classpath . TestPhone_02        //执行命令
```

运行结果：
Apple(iphone, 5400, shenzhen)

如果不重写父类的 toString 方法，则返回的结果是类名加 hashcode 值，例如：

```
scala> class Phone(var phoneBrand:String,var price:Int)
defined class Phone

scala> new Phone("HuaWei",4500)
res1: Phone = Phone@55881f40
```

通过父类方法的重写可以改变子类中的代码行为，例如：

```
scala> class Phone(var phoneBrand:String,var price:Int){
         override def toString=s"Phone($phoneBrand,$price)"
       }
defined class Phone

scala> new Phone("HuaWei",4500)
res2: Phone = Phone(HuaWei,4500)
```

4.2.4 多态

多态也称动态绑定或延迟绑定，指在执行期间而非编译期间确定所引用对象的实际类型，根据其实际类型调用其相应的方法，也就是说子类的引用可以赋给父类，程序在运行时根据实际类型调用相应的方法。多态主要作用就是消除类型之间的耦合关系。多态存在的三个必要条件是：要有继承；要有重写；父类引用指向子类对象。示例如代码 4-22 所示。

代码 4-22

```scala
Object TestPhone_03{

    //定义父类 Phone
    class Phone(var phoneBrand:String,var price:Int){
        def buy():Unit=println("buy() method in Phone") //buy 方法，无参数
        //compare 方法，参数为 Phone 类型
        def compare(p:Phone):Unit=println("compare() method in Phone")
    }

    //定义子类 Apple
    class Apple( phoneBrand:String,price:Int) extends Phone(phoneBrand,price){
        private var AphoneNo:Int=0
        //重写父类 compare 方法
        override def compare(p:Phone):Unit={
            println("compare() method in Apple")
            println(this.phoneBrand+" is compared with "+p.phoneBrand)
        }
    }

    //定义子类 HuaWei
    class HuaWei(phoneBrand:String,price:Int) extends Phone(phoneBrand,price){
        private var HphoneNo:Int=0
        //重写父类 buy 方法
        override def buy():Unit=println("buy() method in HuaWei")
        //重写父类 compare 方法
        override def compare(p:Phone):Unit={
            println("compare() method in HuaWei")
            println(this.phoneBrand+" is compared with "+p.phoneBrand)
        }
    }

    //运行入口
```

```scala
    def main(args: Array[String]){

        val p1:Phone=new HuaWei("huawei",4500)
        val p2:Phone=new Apple("iphone",6400)

        /*p1 实际上引用的是 HuaWei 类型的对象，HuaWei 类对父类中 buy 方法进行了重写，
因此它调用的是重写后的方法*/
        p1.buy()

        //compare 方法参数类型为 Phone，调用的是 HuaWei 类重写后的 compare 方法
        p1.compare(p2)
        println("---------------------------")

        /*p2 引用的是 Apple 类型的对象，Apple 类未对父类中的 buy 方法进行重写,因此它调用
的是继承自父类的 buy 方法*/
        p2.buy()

        //p2.compare(p1)传入的实际类型是 HuaWei，调用的是 Apple 类重写后的 compare 方法
        p2.compare(p1)
    }
}
```

将代码 4-22 放入 TestPhone_03.scala 文件。使用 scalac 命令编译文件，并用 scala 命令执行。

scalac TestPhone_03.scala	//编译命令
scala -classpath . TestPhone_03	//执行命令

运行结果：
buy() method in HuaWei
compare() method in HuaWei
huawei is compared with iphone
----
buy() method in Phone
compare() method in Apple
Iphone is compared withHuawei

4.3 特质(trait)

Java 中 interface 关键字定义了接口，允许一个类实现任意数量的接口。在 Scala 中没有接口的概念，而是提供了"特质(trait)"，它不仅实现了接口的功能，还具备了一些其他特性。

Scala 的特质，是代码重用的基本单元，可以同时拥有抽象方法和具体方法。在 Scala 中，每个类只能继承自一个父类，但却可以混入任意多个特质，从而重用特质中的方法和成员变量，实现多重继承。

4.3.1 特质的使用

Scala 的特质可以完全像 Java 接口一样工作，不需要将抽象方法声明为 abstract，特质中未被实现的方法默认就是抽象方法；类可以通过 extends 关键字继承特质，如果需要的特质不止一个，可通过 with 关键字添加更多的特质；重写特质的抽象方法时，不需要 override 关键字。

1. 特质的定义

特质的定义和类的定义非常相似，相当于 Java 中的接口。有区别的是，特质定义使用关键字 trait。示例如代码 4-23 所示。

代码 4-23

```
//定义一个特质 PhoneId
trait PhoneId{
    var id: Int
    def currentId(): Int        //定义一个抽象方法
}
```

代码 4-23 中定义的特质里面包含一个抽象字段 id 和抽象方法 currentId。特质中没有被实现的方法就是抽象方法，不需要使用 abstract 关键字。

2. 把特质混入类中

特质定义好以后，就可以把特质混入类中，混入第一个特质必须使用 extends 关键字。示例如代码 4-24 所示。

代码 4-24

```
class ApplePhoneId extends PhoneId{    //使用 extends 关键字
    override var id = 10000     //Apple 手机编号从 10000 开始
    def currentId(): Int = {id += 1; id}    //返回手机编号
}

class HuaWeiPhoneId extends PhoneId{    //使用 extends 关键字
    override var id = 20000     //HuaWei 手机编号从 20000 开始
    def currentId(): Int = {id += 1; id}    //返回手机编号
}
```

把代码 4-23 和代码 4-24 放入一个完整的代码文件 TraitPhone_01.scala，如代码 4-25 所示。

代码 4-25

```
trait PhoneId{
    var id: Int
    def currentId(): Int        //定义了一个抽象方法
}

class ApplePhoneId extends PhoneId{    //使用 extends 关键字
    override var id = 10000    //Apple 手机编号从 10000 开始
    def currentId(): Int = {id += 1; id}    //返回手机编号
}

class HuaWeiPhoneId extends PhoneId{ //使用 extends 关键字
    override var id = 20000    //HuaWei 手机编号从 20000 开始
    def currentId(): Int = {id += 1; id}    //返回手机编号
}

object TraitPhone_01 {
    def main(args: Array[String]){
        val myPhone1 = new ApplePhoneId()
        val myPhone2 = new HuaWeiPhoneId ()
        printf("My first PhoneId is %d.\n",myPhone1.currentId)
        printf("My second PhoneId is %d.\n",myPhone2.currentId)
    }
}
```

使用 scalac 命令编译文件，并用 scala 命令执行。

```
scalac TraitPhone_01.scala            //编译命令
scala -classpath . TraitPhone_01      //执行命令
```

运行结果：
My first PhoneId is 10001.
My second PhoneId is 20001.

代码 4-25 中，特质只包含了抽象字段和抽象方法，相当于实现了类似 Java 接口的功能。特质也可以包含具体实现，即特质中的字段和方法不一定要是抽象的。例如：

```
trait PhoneGreeting{
    def greeting(msg: String) {println(msg)}
}
```

PhoneGreeting 中的 gretting 方法会把欢迎信息打印出来。

3. 混入多个特质

可以把两个特质即 PhoneId 和 PhoneGreeting，都混入到类中，此时需要用到 with 关键字。创建 TraitPhone_02.scala 文件，文件内容如代码 4-26 所示。

代码 4-26

```scala
trait PhoneId{
    var id: Int
    def currentId(): Int        //定义了一个抽象方法
}

trait PhoneGreeting{
    def greeting(msg: String) { println(msg) }
}

object TraitPhone_02{
    //使用 extends 关键字混入第 1 个特质，后面可以反复使用 with 关键字混入更多特质
    class ApplePhoneId extends PhoneId with PhoneGreeting{
        override var id = 10000     //Apple 手机编号从 10000 开始
        def currentId(): Int = {id += 1; id}   //返回手机编号
    }

    //使用 extends 关键字混入第 1 个特质，后面可以反复使用 with 关键字混入更多特质
    class HuaWeiPhoneId extends PhoneId with PhoneGreeting{
        override var id = 20000     //HuaWei 手机编号从 10000 开始
        def currentId(): Int = {id += 1; id}   //返回手机编号
    }

    def main(args: Array[String]){
        val myPhone1 = new ApplePhoneId()
        val myPhone2 = new HuaWeiPhoneId ()
        myPhone1.greeting("Welcome my first phone.")
        printf("My first PhoneId is %d.\n",myPhone1.currentId)
        myPhone2.greeting("Welcome my second phone.")
        printf("My second PhoneId is %d.\n",myPhone2.currentId)
    }
}
```

使用 scalac 命令编译这个代码文件，并用 scala 命令执行。

scalac TraitPhone_02.scala	//编译命令
scala -classpath . TraitPhone_02	//执行命令

运行结果:
Welcome my first phone.
My first PhoneId is 10001.
Welcome my second phone.
My second PhoneId is 20001.

4.3.2 特质与类

特质与类有许多相似的地方，特别是抽象类，但是特质不能有使用主构造函数定义的成员变量，本小节将对类与特质进行详细介绍。

1. 特质与类的相似点

特质 trait 可以像普通类一样定义成员变量和成员方法，而无论其成员变量与成员方法是具体的还是抽象的，特质 trait 在抽象程度上更接近于抽象类，如代码 4-27 所示。

代码 4-27

```
scala> trait Phone{
        println("Phone")
        def phone1(msg:String):Unit
        def phone2(msg:String):Unit=println(msg)
     }
defined trait Phone

scala> abstract class Phone{
        println("Phone")
        def phone1(msg:String):Unit
        def phone2(msg:String):Unit=println(msg)
     }
defined class Phone
```

代码 4-27 中定义一个 trait Phone 和一个抽象类 Phone，除定义形式不同外，它们都存在执行语句、抽象方法和具体方法。在使用语法上也有相似之处，普通的类都可以使用 extends 关键字扩展类或混入 trait，如代码 4-28 所示。

代码 4-28

```
//Phone 为 trait
scala> trait Phone{
        println("Phone")
        def phone1(msg:String):Unit
        def phone2(msg:String):Unit=println(msg)
     }
```

```
defined trait Phone

//使用 extends 关键字混入 Phone
scala> class Apple extends Phone{
       def phone1(msg:String):Unit=println("phone1:"+msg)
       }
defined class Apple

scala> val p=new Apple
Phone
p: Apple = Apple@718ad3a6

scala> p.phone1("Apple extends Phone trait")
phone1:Apple extends Phone trait
```

代码 4-28 给出的 Phone 是 trait，Apple 使用 extends 关键字混入 Phone，然后实现混入 trait 中的抽象方法。对于抽象类，普通类同样使用 extends 关键字实现对该抽象类的继承，如代码 4-29 所示。

代码 4-29

```
//将 Phone 定义为抽象类
scala> abstract class Phone{
       println("Phone");
       def phone1(msg:String):Unit;
       def phone2(msg:String):Unit=println(msg);
       }
defined class Phone

//通过 extends 关键字扩展类 Phone,实现继承
scala> class Apple extends Phone{
       def phone1(msg:String):Unit=println("phone1:"+msg)
       }
defined class Apple

scala> val p=new Apple
Phone
p: Apple = Apple@7d6019d5

scala> p.phone1("Apple extends abstract class Phone")
phone1:Apple extends abstract class Phone
```

代码 4-29 说明，除了将 Phone 声明为抽象类之外，内部的语法使用部分与将 Phone 定义为

trait 时的代码是相似的。同时，在定义 trait 时可以使用 extends 关键字继承类，如代码4-30 所示。

代码 4-30

```
//定义一个普通类
scala> class A{
        val msg:String="msg"
        }
defined class A

//trait B 继承自类 A
scala> trait B extends A{
        def print()=println(msg)
        }
defined trait B

scala> new B{}.print()
msg
```

2. 特质与类的不同点

trait 与类之间还存在许多不同之处。

首先无论是普通类还是抽象类都可以在类定义时使用主构造函数定义类的成员变量，但 trait 不能，如代码4-31 所示。

代码 4-31

```
scala> abstract class Phone(val msg:String)
defined class Phone

scala> trait Phone(val msg:String)
<console>:1: error: traits or objects may not have parameters
trait Phone(val msg:String)
            ^
```

代码 4-31 说明，trait 不能有使用主构造函数定义的成员变量，这是 trait 与类间的一个重要区别。

其次，Scala 语言中的类不能继承多个类，但可以混入多个 trait，如代码4-32 所示。

代码 4-32

```
scala> trait A
defined trait A

scala> trait B
```

defined trait B

//类可以混入多个 trait
scala> class C extends A with B
defined class C

4.3.3 多重继承

Scala 语言中可以通过使用 trait 实现多重继承，不过在实际使用时常常会遇到菱形继承的问题，这个问题描述的是 B1 和 B2 继承自 A，C 继承自 B1 和 B2，如果 A 有一个方法被 B1 和 B2 重载，而 C 不对其重载，那么 C 应该实现谁的方法呢？例如代码 4-33。

代码 4-33

```
scala> trait A{
        def print:Unit
      }
defined trait A

scala> trait B1 extends A{
        var B1="trait B1";
        override def print=println(B1);
      }
defined trait B1

scala> trait B2 extends A{
        var B2="trait B2";
        override def print=println(B2);
      }
defined trait B2

scala> class C extends B1 with B2
defined class C

scala> val c=new C
c: C = C@6c2f8ecb

//使用的是 trait B2 中的 print 方法
scala> c.print
trait B2
```

代码 4-33 存在菱形继承问题，即 trait B1，trait B2 中分别混入了 trait A，然后类 C 又混入了 B1、B2，这导致类 C 中会存在两个 print 方法。为解决方法调用时的冲突问题，Scala 会对类进行线性化，在存在多重继承时会使用最右深度优先遍历查找的方法，例如 class C extends B1 with B2 混入了 trait B1 和 B2，在调用 print 方法时会采用最右深度优先遍历算法查找，在代码 4-33 中为 B2 中的 print 方法，而 B1 中的 print 方法没有被执行。

代码 4-34

```
scala> trait A{
        val a="Trait A";
        def print(msg:String)=println(msg+":"+a);
    }
defined trait A


scala> trait B1 extends A{
        val b1="Trait B1";
        override def print(msg:String)=super.print(msg+":"+b1);
    }
defined trait B1

scala> trait B2 extends A{
        val b2="Trait B2";
        override def print(msg:String)=super.print(msg+":"+b2);
    }
defined trait B2

scala> class C extends B1 with B2
defined class C

scala> new C().print("print method in")
print method in:Trait B2:Trait B1:Trait A
```

在代码 4-34 中，在 trait A 中定义了方法 def print(msg：String) = println(msg)，然后再 trait B1、trait B2 中对方法进行重写，只不过在方法实现中使用 super 关键字进行父类的方法调用，如 super.print(msg+"："+b1) 和 super.print(msg+"："+b2)。这种 super 关键字的使用方式也是一种惰性求值，super 关键字调用的方法不会马上执行，而是在真正被调用时执行，它的执行原理同样按照最右深度优先遍历算法进行，先将 B2、B1、A 中的成员变量按序组装得到：Trait B2：Trait B1：Trait A，然后再调用 print("print method in"：Trait B2：Trait B1：Trait A) 得到最终结果，这种方式是解决多重继承菱形问题的最常用方法。

4.4 导入和包

面向对象语言中使用包来进行大型工程代码组织，在 Scala 语言中也是如此。Scala 包与其他面向对象语言的包有着诸多相似之处，但 Scala 包提供了更灵活的访问控制、定义与使用方式。本节将对这部分内容进行详细介绍。

4.4.1 包

本小节将介绍如何定义包以及如何定义一个包对象。

1. 包定义

Scala 中的包，用于管理大型程序的命名空间。将程序分解为若干比较小的模块，在模块的内部工作时，只需和模块内部的开发交互，在模块的外部工作时，才需要和其他模块的开发交互。包的定义在 Scala 中通常保持更好的一致性。

包定义分为两种：串联式和嵌套式。

（1）串联式

串联式形式比较简单，只需用"."来连接文件的层次，比如：

```
package   cn.spark.packagetest
```

在该定义下，首先创建的是 cn 文件夹，在该文件夹下创建子文件夹 spark，再在 spark 文件夹下自动创建 packagetest 文件夹。

（2）嵌套式

嵌套式定义一个包，会显式地定义文件的层次结构，如用 package 定义包 cn.spark.packagetest，在包 cn.spark.packagetest 里定义测试的包 package tests，用于单元测试；在包 cn.spark.packagetest 里定义 package impls，用于功能的实现。因此，测试与实现位于不同的包中，结果清晰。

代码 4-35

```
package cn{

    package spark{

        package packagetest{

            abstract class Phone{
                def use:Unit
            }

            //用于单元测试
            package tests{
```

```
                    class Suite
                }

            //用于功能实现
            package impls{
                class Apple extends Phone{
                    def use=println("welcome to use iphone")
                }
            }
        }
    }
}
```

在代码 4-35 中，显示地写出了包的层次结构。在包 cn 下定义包 spark，在包 spark 下再定义包 packagetest，最后在 packagetest 包下定义了包 tests 来存储单元测试相关的代码文件，定义包 impls 来存储功能实现的代码文件。

2. 包对象

每一个包都可以有一个包对象，包对象主要用于对常量和工具函数（当一个代码块被多处使用，可将其封装为工具函数）的封装，使用时直接通过包名引用。在 Scala 中使用关键字 package object 定义一个包对象 phone，在包对象中定义属于包的变量和方法，这样在 package phone 包中，package phone 包里面的类可以直接引用包对象中定义的变量。如代码 4-36 所示。

代码 4-36

```
//定义一个包对象 phone
package object phone{
    //定义属于包对象 phone 的属性 defaultName
    val defaultName="XiaoMi"
}

package phone{
    class phone{
        //package phone 包里面的类可直接引用 defaultName
        var name=defaultName
    }
}
```

4.4.2 import 高级特性

Scala 语言中的 import 关键字除了拥有将类或对象引入到当前作用域的功能之外，还有一些在实际中应用非常广泛的其他语法特性，如引入重命名、类隐藏等功能。

1. 隐式引入

如果不引入任何包，Scala 会默认引入 java.lang._ 和 scala.Predef. 对象中的所有类和方法，在 Scala 命令行中可以输入 "import" 命令查看默认的引入，例如：

```
scala> :import
1) import scala.Predef._           (162 terms,78 are implicit)
```

Scala 会自动引入 import scala.Predef._，即将定义在 Predef 对象中的所有类、成员变量和方法引入到当前作用域。也有可能由于版本的问题，输出为空，但默认已经导入。由于 Scala 默认会自动引入，所以也称为隐式引入。

2. 引入重命名

Scala 中允许对引入的类或方法进行重命名，例如需要在程序中同时使用 java.util.HashMap 及 scala.collection.mutable.HashMap 时，可以利用引入重命名消除命名冲突的问题。示例如代码 4-37 所示。

代码 4-37

```scala
//将 java.util.HashMap 重命名为 JavaHashMap
import java.util.{ HashMap =>JavaHashMap }
import scala.collection.mutable.HashMap

object RenameUsage {
    def main(args: Array[String]): Unit ={
        val javaHashMap =new JavaHashMap[String, String]()
        javaHashMap.put("Spark", "excellent")
        javaHashMap.put("MapReduce", "good")

        for(key <- javaHashMap.keySet().toArray){
            println(key+":"+javaHashMap.get(key))
        }
        val scalaHashMap=new HashMap[String,String]
        scalaHashMap.put ("Spark", "excellent")
        scalaHashMap.put ("MapReduce", "good")
        scalaHashMap.foreach(e=>{
            val (k,v)=e
            println(k+":"+v)
        })
    }
}
```

在 RenameUsage.scala 文件中写入代码 4-37。使用 scalac 命令编译文件，并用 scala 命令执行。

scalac RenameUsage.scala	//编译命令
scala -classpath . RenameUsage	//执行命令

运行结果：
Spark：excellent
MapReduce：good
MapReduce：good
Spark：excellent

代码中同时引入了 java.util.HashMap 和 scala.collection.mutable.HashMap，如果不采用引入重命名会产生名称冲突，通过 java.util.{ HashMap => JavaHashMap } 将 java.util.HashMap 里重命名为 JavaHashMap 从而达到消除冲突的目的，在使用时直接使用 new JavaHashMap[String，String]()创建 java.util.HashMap 对象，使用 new HashMap[String，String]创建 scala.collection.mutable.HashMap 对象。

3. 类隐藏

在 Scala 程序中，如果不希望引入某个包中的若干个类，例如代码中需要使用类 scala.collection.mutable.HashMap 和 java.util 包中除 HashMap 外的所有类，即希望避免使用 Java.util.HashMap 及它所带来的命名冲突问题。Scala 提供了类隐机制来解决这一问题，具体示例如代码 4-38 所示。

代码 4-38

```scala
//通过 HashMap=>_,类便被隐藏起来
import java.util.{ HashMap=>_,_ }
import scala.collection.mutable.HashMap

object ClassHiddenUsage{
    def main(args:Array[String]): Unit={
        //HashMap 更无歧义地指向 scala.collection.mutable.HashMap
        val scalaHashMap =new HashMap[String,String]
        scalaHashMap.put("Spark","excellent" )
        scalaHashMap.put("MapReduce","good")

        scalaHashMap.foreach(e =>{
            val (k,v)=e
            println(k+":"+v)
        })
    }
}
```

在 ClassHiddenUsage.scala 文件中写入代码 4-38。使用 scalac 命令编译文件，并用 scala 命令执行。

| scalac ClassHiddenUsage.scala | //编译命令 |
| scala -classpath . ClassHiddenUsage | //执行命令 |

运行结果：
MapReduce：good
Spark：excellent

import java.util.{ HashMap => _ , _ } 的意思是引入 java.util 包中所有类的同时将 HashMap 隐藏。这样 java.util.HashMap 便不会出现在当前作用域，从而避免了 scala.collection.mutable.HashMap 产生命名冲突，代码中使用的 HashMap 便无歧义地指向 scala.collection.mutable.HashMap。

4.5 本章小结

本章介绍了 Scala 面向对象编程。

首先介绍了如何定义类，包括伴生类、抽象类、匿名类，如何创建对象，包括单例对象、应用程序对象，类成员的访问以及构造函数的定义与使用、类的继承、构造函数的执行顺序、方法重写、多态、特质的使用以及包的使用。

其次，介绍了类的继承。继承是面向对象最显著的一个特性，指的是从原有类中派生出新的类，原有类称为父类，新的类称为子类。实现继承后，子类能吸收父类的属性和行为，并能扩展新的能力。多态是在继承的基础上实现的一种语言特性，它指的是允许不同类的对象对同一消息做出响应，即同一消息可以根据发送对象不同而采用多种不同的行为方式。（发送消息就是函数调用）。

再次介绍了特质。在 Scala 中没有接口的概念，而是提供了"特质(trait)"，它不仅实现了接口的功能，还具备了一些其他特性。Scala 的特质，是代码重用的基本单元，可以同时拥有抽象方法和具体方法。Scala 中，一个类只能继承自一个父类，却可以实现多个特质，从而重用特质中的方法和成员变量，实现了多重继承。

最后，介绍了包及导入。面向对象语言中使用包来进行大型工程代码组织，在 Scala 语言中也是如此，Scala 包与其他面向对象语言的包有着诸多相似之处，但 Scala 包提供了更灵活的访问控制、定义与使用方式。

思考与习题

1. 构造函数有什么作用？
2. 编写一个 BankAccount 类，加入 deposit 和 withdraw 方法和一个只读的 balance 属性。
3. 扩展如下的 Employee 类，新类 Programmer 对每次缴税 tax 和奖金 bonus 收取 20 元手续费。

```
class Employee(initialSalary: Double){
    private var salary = initialSalary
    def tax(amount: Double) = { salary -= amount; salary }
    def bonus(amount: Double) = { salary += amount; salary }
}
```

4. 设计一个 Point 类，其 x, y, z 坐标可以通过构造器提供。提供一个子类 Dimension，其构造器接受一个标签值和 x, y, z 坐标，比如：

$$\text{new Dimension("Cube", 100, 100, 100)}$$

5. 对于抽象方法以及具体方法的方法重写有何区别？
6. 定义抽象类时需要注意什么？
7. 什么是多态？多态存在需要什么条件？
8. 特质的作用是什么？
9. 特质与类的相同点和不同点分别是什么？
10. Scala 中的 import 关键字有什么功能？

第 5 章 RDD 编程

弹性分布式数据集(resilient distributed dataset, RDD)是 Spark 对数据的核心抽象。通过这种统一的编程抽象,用户可以数据共享,并以一致的方式应对不同的大数据处理场景,提高 Spark 编程的效率和通用性。本章首先介绍 RDD 基础、RDD 依赖关系的说明以及 RDD 的创建方法,然后介绍 RDD 的各种 API 操作,包括 Transformation 操作,Action 操作,读写数据的格式以及 RDD 的缓存和容错机制,最后结合两个综合实例来加深对 RDD 编程的理解。

5.1 RDD 基础

RDD 是 Spark 的重要组成部分,通过学习 RDD,有利于理解分布式计算的实质以及 Spark 计算框架的实现。RDD 是只读的记录分区的集合,能横跨集群的所有节点进行并行计算,是一种基于工作集的应用抽象。这个数据集的全部或者部分可以缓存在内存中,在多次计算间重用,所谓弹性就是指在内存不够时可以与磁盘进行交换。RDD 可以让用户将数据存储到磁盘和内存中,并能控制数据的分区,且提供了丰富的 API 操作对整个集群进行数据挖掘。逻辑上认为 RDD 是一个不可变的分布式对象集合,而集合中的每个元素可以是用户自定义的任意数据结构。RDD 通过其依赖关系形成 Spark 的调度顺序,然后通过 RDD 的操作形成整个 Spark 程序。

5.1.1 RDD 的基本特征

Spark 一切操作都是基于 RDD, RDD 就是 Spark 输入的数据。RDD 有五个特征,其中分区、函数、依赖是三个基本特征,优先位置和分区策略是两个可选特征。

(1)分区(partitions)

将 RDD 划分成多个分区(partitions)分布到集群的节点上,分区的多少涉及对 RDD 进行并行计算的粒度,每一个分区的数据能够进行并行计算,RDD 的并行度默认从父 RDD 传给子 RDD。RDD 本质上是逻辑分区记录的集合,在集群中一个 RDD 可以包含多个分布在不同节点上的分区,每个分区是一个 dataset 片段。

在对 RDD 操作中,用户可以使用 partitions.size 方法获取该 RDD 划分的分区数目,也可以通过手动设置分区数目,方法一是在 RDD 调用 textFile 或者 parallelize 和 makeRDD 方法时手动指定分区个数即可。如果不指定分区数量,当 RDD 从集合创建时,则默认分区数量为该程序所分配到资源的 CPU 核数。若是从 HDFS 文件创建,默认为文件的 Block 数。方法二是在通过转换操作得到新的 RDD 时,直接调用 repartition 方法强制改变 RDD 的分区数量即可。语法格式为:

①sc.textFile(path, partitionNum)

②sc.parallelize(seq,partitionNum)
③sc.makeRDD(seq,partitionNum)
④sc.repartition(partitionNum)

（2）函数（compute）

每一个分区都有一个计算函数，Spark RDD 的计算是以分区为基本单位的，每个 RDD 都会实现 compute 函数以达到这个目的。compute 函数会对迭代器进行复合，不需要保存每次计算的结果。

（3）依赖（dependency）

依赖具体分为宽依赖和窄依赖。由于 RDD 每次转换都会生成新的 RDD，窄依赖的 RDD 之间就会形成类似于流水线（pipeline）一样的前后依赖关系，以流水线的方式计算所有父分区，不会造成网络之间的数据混合。但宽依赖不类似于流水线，它会涉及数据混合，首先计算好所有父分区数据，然后在节点之间进行 Shuffle（数据混洗）。另外需要说明的是源 RDD 没有依赖。

（4）分区策略（可选）

描述分区模式和数据存放的位置，键-值对（key-value）的 RDD 根据哈希值进行分区，类似于 MapReduce 中的 Partitioner 接口，根据 key 来决定分配位置。

（5）优先位置（可选）

优先位置列表存储每个 Partitioner 的优先位置，对于一个 HDFS 文件而言，这个列表就是每个 Partition 所在的块的位置。依据大数据中数据不动代码动的原则，Spark 本身在进行任务调度的时候会尽可能地将任务分配到其所要处理数据块的存储位置。

5.1.2 依赖关系

Spark 将依赖关系分为窄依赖（narrow dependency）和宽依赖（wide dependency）。窄依赖和宽依赖的作用主要体现在两方面：一是实现了 RDD 良好的容错性能；二是在调度中构建 DAG（有向无环图）作为不同 Stage 的划分。窄依赖优于宽依赖主要基于两个原因：

首先，从数据混洗的角度考虑，窄依赖的 RDD 可以通过相同的键进行联合分区，整个操作都可以在同一个集群节点上以流水线（pipeline）形式执行。例如，执行了 map 操作后，紧接着执行 filter，不会造成网络之间的数据混洗。相反，宽依赖的 RDD 会涉及数据混洗，需要所有的父分区均为可用，可能还需要进行跨节点传递数据。

其次，从数据恢复的角度考虑，窄依赖的数据恢复更有效，只需要重新计算丢失的父分区，而且可以并行地在不同节点上重新计算。而宽依赖涉及 RDD 各级的多个父分区，可能导致计算冗余。

1. 窄依赖

窄依赖是指父 RDD 的每个分区最多只对应子 RDD 的一个分区，而子 RDD 的每一个分区可以依赖多个父 RDD 的分区（与数据规模无关，O(1)）。例如 map，filter 等操作。

对于窄依赖的实现如代码 5-1 所示。

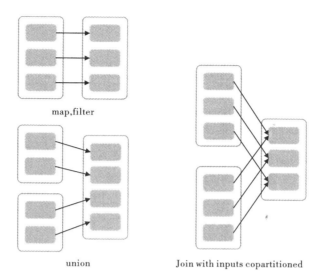

图 5-1 窄依赖关系

代码 5-1

```
abstract class NarrowDependency[T](_rdd:RDD[T]) extends Dependency[T] {
    //返回子 RDD 的 partitionId 所依赖的所有的 parent RDD 的 Partition(s)
    def getParents(partitionId:Int):Seq[Int]
    override def rdd: RDD[T] = _rdd
}
```

在 Spark 的源代码中，把窄依赖分为两类：

第一类是一对一的依赖关系，如图 5-1 所示的 map、filter 和 join with inputs co-partitioned。一对一依赖的源代码如代码 5-2 所示。

代码 5-2

```
class OneToOneDependency[T](rdd:RDD[T]) extends NarrowDependency[T](rdd){
    override def getParents(partitionId:Int) = List(partitionId)
}
```

可以看到，子 RDD 在调用 getParents 方法时，查询的是相同 partitionId 的内容，也就是说子 RDD 仅仅依赖父 RDD 中相同 partitionId 的 Partition。

第二类是范围的依赖关系（RangeDependency），它仅仅被 org.apache.spark.rdd.UnionRDD 使用。UnionRDD 是将多个 RDD 拼接合成一个 RDD，即每个 parent RDD 的 Partition 的相对顺序不变，只不过每个父 RDD 的分区在 UnionRDD 中的分区的起始位置不同。如图 5-1 所示的 union。对于范围依赖的源代码如代码 5-3 所示。

代码 5-3

```
override def getParents(partitionId:Int):List[Int] = {
    if (partitionId >= outStart && partitionId < outStart + length) {
        //outStart 是在 UnionRDD 中的起始位置
        //length 是 parent RDD 中 Partition 的数量
        List(partitionId – outStart + inStart)
        //inStart 是这个 Partition 在 parent RDD 中 Partition 的起始位置
    }
    else{       Nil     }
}
```

可以看到，在 RangeDependency 中是将父 RDD 中的 Partition 根据 partitionId 的顺序依次插入到子 RDD 中。

2. 宽依赖

宽依赖是指多个子 RDD 分区依赖一个父 RDD 分区，即父 RDD 的每个分区都有可能被子 RDD 的多个分区所使用（与数据规模有关，O(n)）。例如 groupByKey 等操作，如图 5-2 所示。

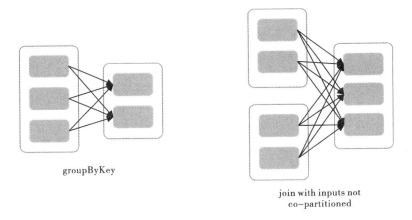

图 5-2　宽依赖关系

对于宽依赖的实现只有 ShuffleDependency，需要 Shuffle 过程，具体实现如代码 5-4 所示。

代码 5-4

```
class ShuffleDependency[K, V, C](
    @transient _add: RDD[ _ <: Product2[K, V]],
    val partitioner: Partitioner,
    val serializer: Option[Serializer] = None,
    val keyOrdering: Option[Ordering[K]] = None,
```

```
    val aggregator: Option[Aggregator[K, V, C]] = None,
    val mapSideCombine: Boolean = false)
extends Dependency[Product2[K, V]]{
    override def rdd = _rdd.asInstanceOf[RDD[Product2[K, V]]]
    //获取新 shuffleId
    val shuffleId: Int = _rdd.context,newShuffleId()
    //向 ShuffleManager 注册 Shuffle 的信息
    val shuffleHandle: ShuffleHandle = _rdd.context.env.shuffleManager.registerShuffle(
    shuffleId, _rdd.partitions.size, this)
    _rdd.sparkContext.cleaner.foreach(_.registerShuffleForCleanup(this))
}
```

3. 依赖关系说明

Spark 中 RDD 的高效性与 DAG 图有着很大的关系，在 DAG 图的调度中需要对计算过程进行划分 stage，而划分的依据就是 RDD 之间的依赖关系。如图 5-3 所示，总是将存在窄依赖关系的 RDD 划分在同一个 stage，因为相对于宽依赖，窄依赖对优化更有利，原因有两点：

（1）宽依赖需要在运行过程中将同一个父 RDD 的分区传入到不同的子 RDD 分区中，中间可能涉及多个节点之间的数据传输；而窄依赖的每个父 RDD 的分区只会传入到一个子 RDD 分区中，通常可以在一个节点内完成转换。

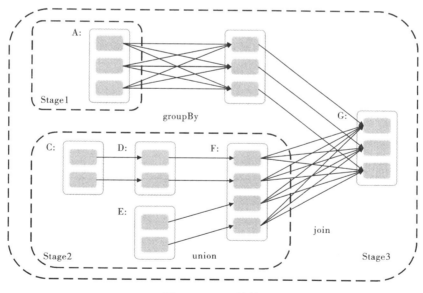

图 5-3 RDD 依赖

（2）当 RDD 的某个分区数据丢失时，由于窄依赖中父 RDD 的一个分区只对应子 RDD 的一个分区，所以在进行数据重算的时候只需要重算丢失 RDD 分区所对应的父 RDD 分区，重算效率 100%；而宽依赖中父 RDD 的一个分区可能对应子 RDD 的多个分区，在数据重算的时候可能会出现冗余计算。

如图 5-4(a)所示，当 b1 出现数据丢失时，只需要重新计算 a1 和 a2 分区，并且不会出现冗余计算。而在图 5-4(b)中，当 b1 出现数据丢失，需要重新计算 a1 和 a2 分区，但是 a2 分区中部分数据对应 b2 分区，所以在重新计算 a1,a2 分区时出现了冗余计算(a2 中对应 b2 的数据)。

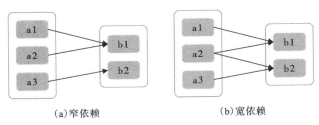

图 5-4　宽窄依赖对比

5.2　创建 RDD

RDD 编程步骤包括：①从 RDD 读入内、外部数据源进行创建。②RDD 经过一系列的转换操作(Transformation，如 map 和 filter)后，每一次会产生新的 RDD，供下一个转换操作使用。③对需要被重用的 RDD 手动执行 persist 或者 cache 操作。④最后一个 RDD 经过行动操作(Action，如 collect 和 count)来触发一次并行计算，Spark 会对记录下来的 RDD 转换过程进行优化后再执行计算，并输出到外部数据源。

创建 RDD 除了可以直接从父 RDD 转换外，Spark 还提供了两种创建 RDD 的方式：

①并行化一个程序中已经存在的集合(例如：数组)；

②引用一个外部文件存储系统中的数据集，包括本地的文件系统，所有 Hadoop 支持的数据集，比如 HDFS、Cassandra、HBase、Tachyon 等。

5.2.1　从已有集合创建 RDD

1. 使用 parallelize 方法创建 RDD

parallelize 方法的定义为：

```
parallelize[T](seq:Seq[T],numSlices:Int = defaultParallelizelism):RDD[T]
```

其中第一个参数为一个已存在的对象集合，第二个参数为设定的分区数(第二个参数可选)，返回指定对象类型的 RDD，具体实现如代码 5-5 所示。

代码 5-5

```
scala> val data = Array(1,2,3,4,5)
data: Array[Int] = Array(1, 2, 3, 4, 5)
scala> val distData = sc.parallelize(data)
distData:   org.apache.spark.rdd.RDD[Int]   =   ParallelCollectionRDD[12]   at   parallelize   at
<console>:26
scala> distData.partitions.size
```

```
res25: Int = 1
scala> val disData2 = sc.parallelize(data,4)
disData2:  org.apache.spark.rdd.RDD[Int]  =  ParallelCollectionRDD[13]  at  parallelize  at
<console>:26
scala> disData2.partitions.size
res30: Int = 4
```

2. 使用 makeRDD 创建 RDD

makeRDD 方法的定义为：

```
makeRDD[T](seq:Seq[T],numSlices:Int = defaultParallelizelism):RDD[T]
```

其中第一个参数为一个已存在的对象集合，第二个参数为设定的分区数（第二个参数可选），返回指定对象类型的 RDD，具体实现如代码 5-6 所示。

代码 5-6

```
scala> val data1 = sc.makeRDD(Array("changsha","is a beautiful city","yes"))
data1:  org.apache.spark.rdd.RDD[String]  =  ParallelCollectionRDD[17]  at  makeRDD  at
<console>:24
scala> data1.collect
res31: Array[String] = Array(changsha, is a beautiful city, yes)
```

一旦创建完成，分布式集合就可以被并行操作，例如调用 reduce((a,b) => a + b)将这个数组中的元素相加。并行集合中的一个参数是切片数（slices），表示一个数据集的切片的份数。Spark 会在集群的每一个分片上运行一个任务，集群中的每个 CPU 通常需要 2～4 个分区，可以通过 parallelize 和 makeRDD 中的第二个参数手动设置。

5.2.2 从外部存储创建 RDD

RDD 可以通过 SparkContext 的 textFile 方法创建，方法定义为：

```
textFile(path: String, minPartitions: Int = defaultMinPartirions):RDD[String]
```

textFile 函数参数分析：

（1）path：String，path 用来指定 RDD 外部数据源路径信息的 URI（Uniform Resource Identifier，统一资源标识符）地址（本地文件路径，或者 hdfs：//、sdn：//、kfs：//……），并且以"行"的集合形式读取。

（2）minPartitions：Int = defaultMinPartirions，minPartitions 参数用来指定生成的 RDD 的分区（partition）数，需要注意的是 RDD 的 partition 个数其实是在逻辑上将数据集进行划分，RDD 各分区的实质是记录着数据源的各个文件块（block）在 HDFS 位置的信息集合，并不是数据源本身的集合，因此 RDD partition 数目也受 HDFS 的 split size 影响，HDFS 默认文件块（block）大小为 128 MB，这就意味着当数据源文件小于 128 MB 时，RDD 分区数并不会按照 minPartitions 进行指定分区，而只有一个分区。

另外需要注意的一点是 RDD 的每个 Partition 对应着一个 task（执行任务），如果 partition 的数量多，实例的资源也多，那并发就多；如果 partition 数量少，资源多，它也不会有很多并发。如果 partition 的数量多，但是资源少，那么并发也不大，它会算完一批再继续下一批，所以根据集群资源合理地设置分区数，有利于提高并行度、充分利用资源。

有关 Spark 的 textFile 方法读取文件的注意事项有两点：

①如果需要从本地文件系统读取文件作为外部数据源，则文件必须确保集群上的所有工作节点可访问，可以将文件复制到所有工作节点或使用集群上的共享文件系统。

②Spark 所有的基于文件的读取方法，包括 textFile 支持读取某个目录下多个指定文件，支持部分的压缩文件和通配符。具体实现如代码 5-7 所示。

代码 5-7

```
//读取该目录下所有文件
val text1 = sc.textFile("/my/directory/*")
//采用通配符匹配同一类型的文件进行读取
val text2 = sc.textFile("/my/directory/*.txt")
//也可以读取压缩文件
val text3 = sc.textFile("/my/directory/*.gz")
//同时读取来自不同路径的多个文件
val text4 = sc.textFile("/my/directory/test1.txt" , "/my/directory/test2.txt")
```

该 textFile 方法还采用可选的第二个参数来控制文件的分区数。默认情况下，Spark 为文件的每个块创建一个分区（HDFS 中默认为 128MB），但也可以通过传递更大的值来请求更高数量的分区，具体实现如代码 5-8 所示。请注意：不能有比块少的分区。

代码 5-8

```
scala> val data = sc.textFile("/usr/spark/spark-2.3.0-bin-hadoop2.7/README.md",3)
data:org.apache.spark.rdd.RDD[String]=/usr/spark/spark-2.3.0-bin-hadoop2.7/README.md
MapPartitionsRDD[7] at textFile at <console>:24
```

5.3 RDD 操作

Spark 在运行中通过算子对 RDD 进行操作，算子是 RDD 中定义的函数。一般而言，RDD 中操作和算子这两个概念不作区分。

RDD 有两种操作算子：Transformation（转换）操作和 Action（行动）操作。Transformation 都具有 Lazy 特性，不立即计算 RDD 的结果，仅记录转换操作应用到哪些 RDD 上，Transformation 仅仅在执行 Action 时才进行计算（起作用），在 Action 之前不发生动作，即在 Transformation 操作中不进行计算，直到要生成结果时，从后往前回溯父 RDD 有没有计算，以及父 RDD 的父 RDD 有没有计算，这就是 Transformation 的 Lazy 特性。这样的特性可以避免很多不必要的中间临时数据，这比较符合分布式并行计算的需求；另一个层面是调度层面，最后一步要计算时，可以看到前面的所有步骤，看见的步骤越多，进行优化的机会就越多，所以 Spark 是基于 Lazy 特性进行操作、基于 Lineage 来构建整个调度系统的，最终形成了 DAG 图。

5.3.1 Transformation 操作

Transformation(转换)操作是从已经存在的数据集上创建一个新的数据集,是数据集的逻辑操作,但不会触发一次真正的计算。目前常用的 Transformation 算子操作如表 5-1 所示。

表 5-1 RDD 支持的 Transformation 操作

Transformation 操作	含义
map(func)	数据集中的每个元素经过 func 函数转换后形成一个新的分布式数据集
filter(func)	过滤函数,选取数据集中让函数 func 返回值为 true 的元素,形成一个新的数据集
flatMap(func)	类似 map 方法,但每一个输入项可以被映射为 0 个或者多个的输出项。所以 func 函数返回的是 Seq 而不是一个单独项
union(otherDataset)	返回一个由原数据集和参数数据集联合(求并集)而成的新的数据集
distinct([numPartitions])	返回一个数据集去重后得到的新的数据集
repartition(numPartitions)	在 RDD 上随机重洗数据,从而创造出更多或者更少的分区并达到它们之间的平衡
subtract(otherDataset)	返回原数据集中存在的数据,而参数数据集中不存在数据组成的一个新的数据集
groupByKey([numTasks])	当在一个由键值对(K, V)组成的数据集上调用时,按照 key 进行分组,返回一个(K, Iterable<V>)键值对的数据集
reduceByKey(func, [numTasks])	当在一个键值对(K, V)数据集上调用,按照 key 将数据分组,使用给定的 func 聚合 values 值,返回一个键值对(K, V)数据集
sortByKey([ascending], [numTasks])	返回一个以 key 排序(升序或者降序)的(K, V)键值对组成的数据集,其中布尔代数 ascending 参数决定升序还是降序
join(otherDataset, [numTasks])	根据 key 连接两个数据集,将类型为(K, V1)和(K, V2)的数据集合并成一个(K, (V1, V2))类型的数据集

Transformation 操作中再将数据类型维度细分为 Value 数据类型和 Key-Value 对数据类型的 Transformation 算子。

1. Value 型 Transformation 算子

Value 型数据的算子封装在 RDD 类中可以直接使用。

(1) map(func)

map 算子对 RDD 的转换如图 5-5 所示,图中 RDD 中的每个方框是 RDD 的一个分区,RDD_1 的分区经过用户自定义函数 func: T -> U 映射为 RDD_2 中新的分区,具体实现如代码 5-9 所示。

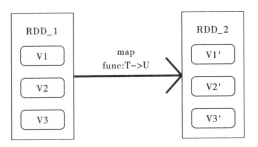

图 5-5　map 算子对 RDD 转换

代码 5-9

```
scala> val rdd=sc.parallelize(Array(1,2,3))
scala> val rdd1 = rdd.map(x=>x.to(3)).collect
rdd1: Array[scala.collection.immutable.Range.Inclusive]=Array(Range(1, 2, 3), Range(2, 3), Range(3))
```

（2）flatMap(func)

flatMap 算子对 RDD 的转换如图 5-6 所示，RDD_1 的每个分区的元素经过用户自定义函数 func：T –> U 转换为新的元素，并放入一个集合中，映射在 RDD_2 中的分区中，具体实现如代码 5-10 所示。

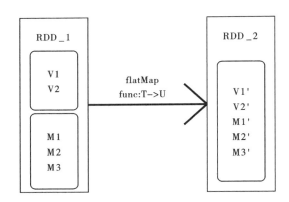

图 5-6　flatMap 算子对 RDD 转换

代码 5-10

```
scala> val rdd=sc.parallelize(Array(1,2,3))
scala> val rdd2 = rdd.flatMap(x=>x.to(3)).collect
rdd2: Array[Int] = Array(1, 2, 3, 2, 3, 3)
```

（3）filter(func)

filter 算子对 RDD 的转换如图 5-7 所示，RDD_1 分区的元素经过用户自定义函数 func：T –>U 筛选出 func 返回值为 true 的元素形成一个新的数据集。具体实现如代码 5-11 所示。

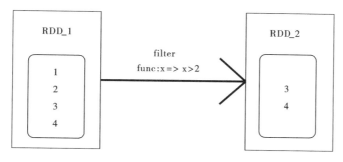

图 5-7　filter 算子对 RDD 转换

代码 5-11

```
scala> val rdd=sc.parallelize(Array(1,2,3,4))
scala> val line1 = rdd.filter(x=>x>2).foreach(println)
3
4
```

（4）union(otherDataset)

union 算子对 RDD 的转换如图 5-8 所示。含有 V1、V2、…、M2 的 RDD 与含有 V3、V6、…、M6 的 RDD 合并所有元素形成一个 RDD，V1、V2、V3、V3、V6 形成一个分区，其他元素同理进行合并。

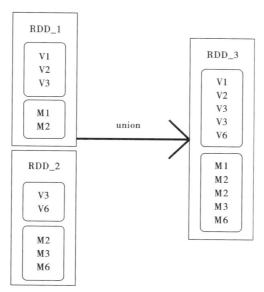

图 5-8　union 算子对 RDD 转换

创建两个 RDD，用其中一个 RDD 调用 union 方法，参数为另一个 RDD，得到两个数据集的并集并作为结果返回，如代码 5-12 所示。

代码 5-12

```
scala> val rdd_a = sc.parallelize(Array("apple","orange","pineapple","pineapple"))
rdd_a: org.apache.spark.rdd.RDD[String] = ParallelCollectionRDD[10] at parallelize at <console>:24
scala> val rdd_b = sc.parallelize(Array("apple","orange","grape"))
rdd_b: org.apache.spark.rdd.RDD[String] = ParallelCollectionRDD[11] at parallelize at <console>:24
scala> val rdd_union = rdd_a.union(rdd_b).foreach(println)
apple
orange
pineapple
pineapple
apple
orange
grape
```

（5）distinct([numPartitions])

distinct 算子对 RDD 的转换如图 5-9 所示。旨在将 RDD_1 中数据去重，剩下的元素组成一个新的 RDD_2。

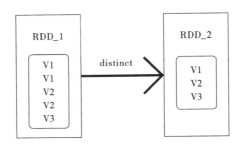

图 5-9　distinct 算子对 RDD 转换

用 rdd_a 调用 distinct 方法将 rdd_a 数据集中重复的元素去除得到新的数据集作为结果返回，如代码 5-13 所示。

代码 5-13

```
scala> val rdd_distinct = rdd_a.distinct().foreach(println)
orange
pineapple
apple
```

（6）repartition(numPartitions)

这个操作将重洗所有的数据。用 rdd_a 调用 partitions.size 方法得到 rdd_a 的分区数，再将其调用 repartition 方法强行改变分区数，则得到的结果便是改变后的分区数，如代码 5-14

所示。

代码 5-14

```
scala> rdd_a.partitions.size
res4: Int = 1
scala> val rdd_re = rdd_a.repartition(4)
rdd_re: org.apache.spark.rdd.RDD[String] = MapPartitionsRDD[29] at repartition at <console>:25
scala> rdd_re.partitions.size
res7: Int = 4
```

（7）subtract(otherDataset)

subtract 算子对 RDD 的转换如图 5-10 所示，subtract 相当于进行集合的差操作，RDD_1 去除 RDD_1 和 RDD_2 交集中的所有元素组成一个新的 RDD 为 RDD_3。

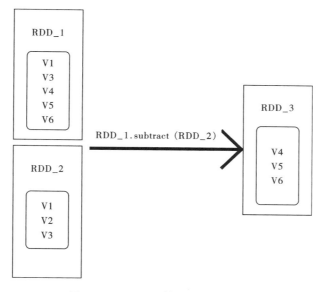

图 5-10　subtract 算子对 RDD 转换

用 rdd_b 调用 subtract 方法，参数数据集为 rdd_a，得到的结果是 rdd_b 中含有的元素，而 rdd_a 中不含有的元素组成的新的数据集并返回，如代码 5-15 所示。

代码 5-15

```
scala> val rdd_sub = rdd_b.subtract(rdd_a).foreach(println)
grape
```

2. 键值对转换操作

Key-Value 对数据类型的算子封装在 PairRDDFunctions 类中，用户需要引用 import.org.apache.spark.SparkContext._ 才能使用。

(1) groupByKey([numTasks])

当在一个由键值对(K,V)组成的数据集上调用时,按照 key 进行分组,返回一个(K, Iterable<V>)键值对的数据集。

如果是为了按照 key 值聚合数据(如进行求和,求平均值等操作)而进行分组,使用 reduceByKey 或者 combineByKey 方法会产生更好的性能。默认情况下,输出的并行程度取决于父 RDD 的分区数目。可以通过传递一个可选的 numTasks 参数设置不同的并行任务数。

图 5-11 描述了 RDD 进行 groupByKey 时的内部 RDD 转换的实现逻辑图。

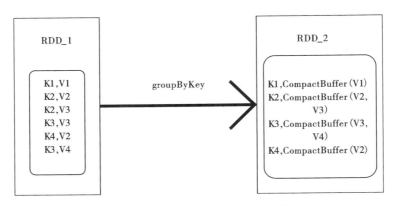

图 5-11 groupByKey 算子对 RDD 转换

新建 RDD 后,对该 RDD 中的 key 值进行分组,key 值相同的元素归为一组,例如元素(2, 6)和(2,2)key 值相同,故归为一组,如代码 5-16 所示。

代码 5-16

```
scala> val rdd3 = sc.parallelize(Array((1,3),(2,6),(2,2),(3,6)))
rdd3: org.apache.spark.rdd.RDD[(Int, Int)] = ParallelCollectionRDD[42] at parallelize at <console>:24
scala> val rdd_gbk = rdd3.groupByKey().foreach(println)
(1,CompactBuffer(3))
(3,CompactBuffer(6))
(2,CompactBuffer(6, 2))
```

(2) reduceByKey(func, [numTasks])

当在一个键值对(K,V)数据集上调用时,按照 key 将数据分组,使用给定的 func 聚合 values 值,返回一个键值对(K,V)数据集,其中 func 函数的类型必须是(V,V) => V。类似于 groupByKey,Reduce 并行任务数也可以通过可选的第二个参数进行配置。图 5-12 描述了 RDD 进行 reduceByKey 时的内部 RDD 转换的实现逻辑图。

对于元素为键值对的数据集,定义 func 为两数相加,调用 reduceByKey 方法将 key 值相等的 values 值相加形成新的键值对,最后组成新的数据集并返回,如代码 5-17 所示。

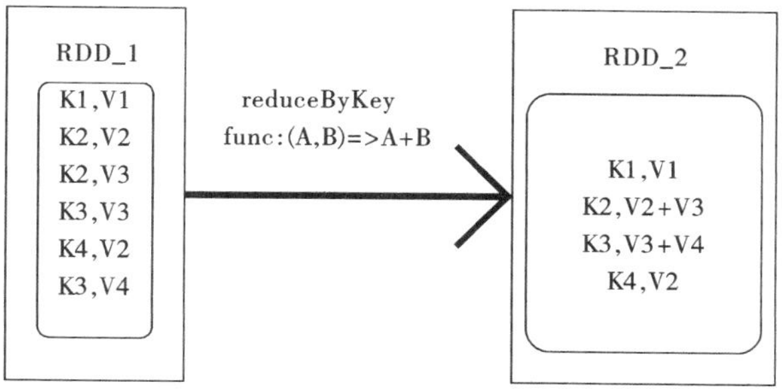

图 5-12　reduceByKey 算子对 RDD 转换

代码 5-17

```
scala> val rdd1 = sc.parallelize(Array((1,2),(2,3),(2,6),(3,8),(3,10)))
rdd1: org.apache.spark.rdd.RDD[(Int, Int)] = ParallelCollectionRDD[0] at parallelize at <console>:24
scala> val rdd2 = rdd1.reduceByKey((x,y)=>x+y).foreach(println)
(1,2)
(3,18)
(2,9)
```

（3）sortByKey([ascending], [numTasks])

返回一个以 key 值排序（升序或者降序）的(K, V)键值对组成的数据集，其中布尔代数 ascending 参数决定升序还是降序，若为 true 则升序，若为 false 则降序，默认为升序，而 numTasks 为并行任务数目。调用 sortByKey 方法，将数据集中的每个键值对元素按照 key 值升序排序，形成新的数据集并返回，如代码 5-18 所示。图 5-13 描述了 RDD 进行 sortByKey 时的内部 RDD 转换的实现逻辑图。

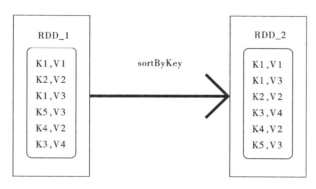

图 5-13　sortByKey 算子对 RDD 转换

代码 5-18

```
scala> val rdd3 = rdd1.sortByKey(true).foreach(println)
(1,2)
(2,3)
(2,6)
(3,8)
(3,10)
```

（4）join(otherDataset，[numTasks])

根据 key 连接两个数据集，将类型为(K,V1)和(K,V2)的数据集合合并成一个(K,(V1,V2))类型的数据集，其中 numTasks 为并行任务数目。图 5-14 描述了 RDD 进行 join 时的内部 RDD 转换的实现逻辑图。

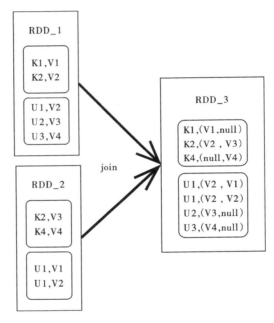

图 5-14　join 算子对 RDD 转换

新创建两个键值对类型的 RDD，用其中一个 RDD 调用 join 方法，参数为另一个 RDD，则两个 RDD 根据 key 值进行匹配，将 key 值相等的 values 值合并，组成(K,(V1,V2))类型的数据集并返回，如代码 5-19 所示。

代码 5-19

```
scala> val rdd1 = sc.parallelize(Array(("a",1),("b",1),("c",1)))
rdd1: org.apache.spark.rdd.RDD[(String, Int)] = ParallelCollectionRDD[7] at parallelize at <console>:24
scala> val rdd2 = sc.parallelize(Array(("a",2),("b",2),("c",2)))
rdd2: org.apache.spark.rdd.RDD[(String, Int)] = ParallelCollectionRDD[8] at parallelize at
```

```
<console>:24
scala> val rdd3 = rdd1.join(rdd2). foreach(println)
(a,(1,2))
(b,(1,2))
(c,(1,2))
```

5.3.2 Action 操作

Action 是一种算法的描述,它通过 SparkContext 的 runJob 方法提交作业(Job),触发 RDD DAG 的执行并将数据输出到 Spark 系统。Action 在 RDD 上进行计算之后返回一个值到 Driver,这样设计能让 Spark 运行得更加高效。目前常用的 Action 算子如表 5-2 所示。

表 5-2 RDD 支持的 Action

Action 算子	含义
reduce(func)	通过函数 func 聚集数据集中的所有元素,func 函数接收两个参数,作用在 RDD 两个相同类型的元素上,返回一个值
fold(zeroValue)(func)	和 reduce(func)一样,并且需要提供初始值
aggregate(zeroValue)(seqOp, combOp)	aggregate 函数首先用初始值(zeroValue)和 seqOp 操作,将每个分区里面的元素进行聚合,对聚合后的每个分区会返回一个类型为 U 的值,然后再用 combOp 函数将各个分区的返回值再次进行聚合
collect()	以数组的形式返回数据集的所有元素
count()	返回数据集的元素个数
first()	返回数据集的第一个元素
take(n)	以数组的形式,返回数据集上的前 n 个元素
foreach(func)	在数据集的每个元素上都运行 func 函数
countByKey()	只能运行在键值对类型(K, V)上,对每个 key 相等的元素个数进行计数
saveAsTextFile(path)	将数据集的元素作为一个文本文件(或文本文件的集合)保存在本地文件系统中的给定目录、HDFS 或任何其他 Hadoop HDFS 支持的文件系统
saveAsSequenceFile(path)	将数据集的元素在本地文件系统中以 sequencefile 的格式保存至指定路径、Hadoop HDFS 或 Hadoop 支持的任何文件系统
saveAsObjectFile(path)	将数据集中的元素序列化成对象,存储到文件中,对于 HDFS,默认采用以 sequencefile 的格式保存

1. 常用 Action 操作

(1) reduce(func:(T,T) => T):T

通过函数 func 聚集数据集中的所有元素,func 函数接收两个参数,作用在 RDD 两个相同类型的元素上，返回一个值，这个函数必须满足交换律和结合律，以保证可以被正确地并发执行，可以实现 RDD 中累加、计数等聚集操作。由定义可知，归并 RDD 数据后得到的值的类型必须是和 RDD 元素的类型一致。图 5-15 描述了 RDD 进行 reduce 时的内部 RDD 操作的实现逻辑图。

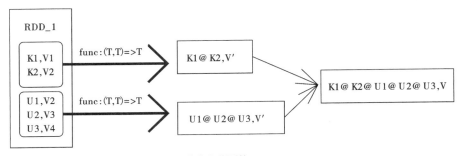

@代表数据的分隔符，可替换为其他的分隔符
V'表示 V1 和 V2 经过 func 计算得到的结果

图 5-15　reduce 算子对 RDD 转换

新创建一个 RDD，数据集的每个元素都为 Int 型，调用 reduce 方法，将每个元素进行累加，结果返回一个 Int 类型的数据，如代码 5-20 所示。

代码 5-20

```
scala> val rdd4 = sc.parallelize(Array(3,4,5,6,7))
rdd4: org.apache.spark.rdd.RDD[Int] = ParallelCollectionRDD[12] at parallelize at <console>:24
scala> val rdd5 = rdd4.reduce((x,y)=>x+y)
rdd5: Int = 25
```

（2）fold(zeroValue：T)(func：(T,T) => T)：T

与 reduce 类似，聚合每个分区的元素，然后使用具有关联性的操作，以及一个初始值，将每个分区聚合的结果进行归并，不同的是每次对分区内的 value 聚集时，分区内初始化的值为 zeroValue。给定的 func(t1, t2)操作运行修改第一个参数值，并返回其结果，这可以避免对结果值的内存进行分配，但不应该修改第二个参数值。由定义可知，fold 操作之后，用于归并的初始值以及操作的返回值的类型都必须和 RDD 元素的类型一致。

图 5-16 描述了 key-value 类型的 RDD 进行 fold 时的内部 RDD 操作的实现逻辑图，具体实现如代码 5-21 所示。

代码 5-21

```
scala> val data = sc.parallelize(Array(("A",1),("B",2),("C",3)))
data: org.apache.spark.rdd.RDD[(String, Int)] = ParallelCollectionRDD[0] at parallelize at <console>:24
scala> data.fold(("V0",2))((A,B)=>(A._1 + "@" + B._1,A._2+B._2))
res5: (String, Int) = (V0@V0@A@B@C,10)
```

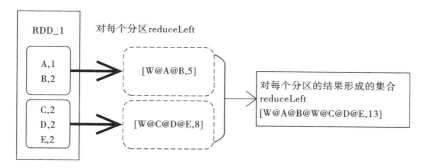

图 5-16 fold 算子对 key-value 类型 RDD 转换

图 5-17 描述了 value 类型的 RDD 进行 fold 时的内部 RDD 操作的实现逻辑图，具体实现如代码 5-22 所示。

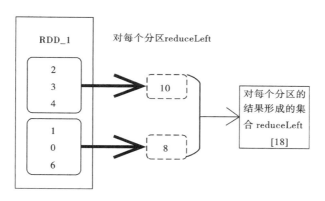

图 5-17 fold 算子对 value 类型 RDD 转换

代码 5-22

```
scala> val data1 = sc.parallelize(Array(1,2,3,4,5))
data1: org.apache.spark.rdd.RDD[Int] = ParallelCollectionRDD[1] at parallelize at <console>:24
scala> data1.fold(0)((A,B)=>A+B)
res7: Int = 15
```

（3）aggregate(zeroValue:U)(seqOp:(U,T) => U, combOp:(U,U) => U):U

该操作是一个聚合操作，允许用户对 RDD 使用两个不同的 reduce 函数。第一个 reduce 函数对各个分区内的数据聚集，每个分区得到一个结果。第二个 reduce 函数对每个分区的结果进行聚集，最终得到一个总的结果。Aggregate 相当于对 RDD 内的元素数据归并聚集，且这种聚集是可以并行的。而 fold 和 reduce 的聚集是串行的。由定义可知，通过 aggregate 操作，最终得到类型为 U 的值，和初始值 zeroValue 的类型相同，但不需要和 RDD 中元素类型一致。图 5-18 描述了 RDD 进行 aggregate 时的内部 RDD 操作的实现逻辑图，具体实现如代码 5-23 所示。

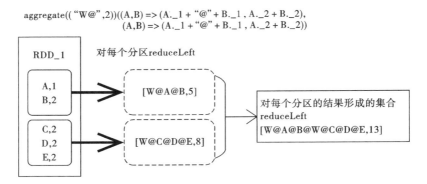

图 5-18　aggregate 算子对 RDD 转换

代码 5-23

```
scala> val data = sc.parallelize(Array(("A",1),("B",2),("C",3)))
data: org.apache.spark.rdd.RDD[(String, Int)] = ParallelCollectionRDD[2] at parallelize at <console>:24
scala> data.aggregate(("V0",2))((A,B)=>(A._1 + "@" + B._1,A._2+B._2),(A,B)=>(A._1 + "$" + B._1,A._2+B._2))
res10: (String, Int) = (V0$V0@A@B@C,10)
```

（4）collect()

在 Driver 程序中，以数组的形式返回数据集的所有元素到 Driver 程序，为防止 Driver 程序内存溢出，一般要控制返回的数据子集大小。图 5-19 描述了 RDD 进行 collect 时的内部 RDD 操作的实现逻辑图，具体实现如代码 5-24 所示。

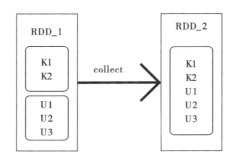

图 5-19　collect 算子对 RDD 转换

代码 5-24

```
scala> rdd4.collect
res1: Array[Int] = Array(3, 4, 5, 6, 7)
```

（5）count()

返回数据集的元素个数。RDD 进行 count 时的内部 RDD 操作的实现逻辑图如图 5-20 所示，具体实现如代码 5-25 所示。

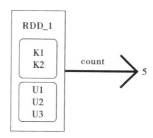

图 5-20　count 算子对 RDD 转换

代码 5-25

```
scala> rdd4.count
res2: Long = 5
```

（6）first()

返回数据集的第一个元素，内部 RDD 操作的实现逻辑图如图 5-21 所示，具体实现如代码 5-26 所示。

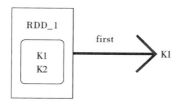

图 5-21　first 算子对 RDD 转换

代码 5-26

```
scala> rdd4.first
res3: Int = 3
```

（7）take(n)

以数组的形式，返回数据集的前 n 个元素，内部 RDD 操作的实现逻辑图如图 5-22 所示，具体实现如代码 5-27 所示。

代码 5-27

```
scala> rdd4.take(3)
res4: Array[Int] = Array(3, 4, 5)
```

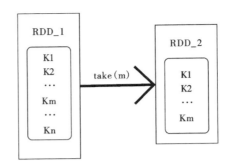

图 5-22　take 算子对 RDD 转换

（8）foreach(func)

在数据集的每个元素上都运行 func 函数。要注意如果对 RDD 执行 foreach，只会在 Executor 端有效，而并不是 Driver 端，比如：rdd.foreach(println)，只会在 Executor 的 stdout 中打印出来，Driver 端是看不到的。它也有副作用，如更新累加器变量或与外部存储系统相互作用。图 5-23 自定义的函数是 println()，控制台打印所有的数据项，具体实现如代码 5-28 所示。

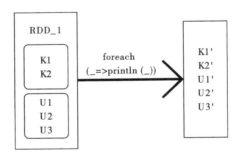

图 5-23　foreach 算子对 RDD 转换

代码 5-28

```
scala> rdd4.foreach(println)
3
4
5
6
7
```

（9）countByKey()

只能运行在键值对类型(K,V)上，对每个 key 相等的元素个数进行计数，具体实现如代码 5-29 所示。

代码 5-29

```
scala> val rdd5 = sc.parallelize(Array(("a",1),("b",2),("a",5),("b",6)))
rdd5: org.apache.spark.rdd.RDD[(String, Int)] = ParallelCollectionRDD[13] at parallelize at <console>:24
scala> rdd5.countByKey
res10: scala.collection.Map[String,Long] = Map(a -> 2, b -> 2)
```

2. 存储 Action 操作

（1）saveAsTextFile(path)

将数据集的元素作为一个文本文件（或文本文件的集合）保存至本地文件系统中的给定目录、HDFS 或任何其他 Hadoop HDFS 支持的文件系统。Spark 会对每个元素调用 toString 方法将其转换为一个文件中的文本行。图 5-24 中 RDD_1 中的方框代表 RDD 分区，右侧方框代表 HDFS 的 Block。通过函数将 RDD 的每个分区存储为 HDFS 中的一个 Block，具体实现如代码 5-30 所示。

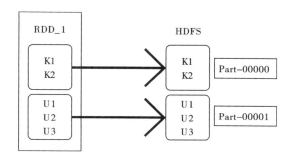

图 5-24　saveAsTextFile 算子对 RDD 转换

代码 5-30

```
scala> val rdd6 = sc.parallelize(Array("a","b","c","d"))
rdd6: org.apache.spark.rdd.RDD[String] = ParallelCollectionRDD[16] at parallelize at <console>:24
scala> rdd6.saveAsTextFile("/home/ubuntu01/TextFile1")
//查看 TextFile1 中文本文件 Part-00000 的内容为：
a
b
c
d
```

（2）saveAsSequenceFile(path)

将数据集的元素在本地文件系统中以 sequencefile 的格式保存至指定路径、Hadoop HDFS 或 Hadoop 支持的任何文件系统。该方法可作用于任意实现了 Hadoop 的读写接口的 RDD 键值对。

（3）saveAsObjectFile(path)

使用 Java 序列化将数据集的元素写入到一个简单的格式中，该格式的数据可以使用 SparkContext 的 objectfile() 函数加载。saveAsObjectFile 将分区中的每个元素组成一个 Array，然后将这个 Array 序列化，映射为(Null, BytesWritable(Y))的元素，写入 HDFS 为 SequenceFile 的格式。图 5-25 中左侧方框代表 RDD 分区，右侧方框代表 HDFS 的 Block。通过函数将 RDD 的每个分区存储为 HDFS 上的一个 Block。

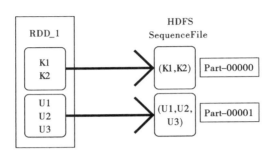

图 5-25　saveAsObjectFile 对 RDD 转换

5.3.3　不同类型 RDD 之间的转换

有些函数只能用于特定类型之间的 RDD 上，如 mean()、stdev()和 sum()这种数值计算的操作只能用在数值 RDD 上，而 reduceByKey()、groupByKey()这种键值对操作只能用在键值对 RDD 上。在 Scala 和 Java 中，这些函数都没有定义在标准的 RDD 类中，所以要访问这些附加功能，必须要确保获得了正确的专用 RDD 类。

如图 5-26 所示，是 Spark 支持的多类 RDD（包括标准的 RDD 类，和一些专用的 RDD 类，例如：PairRDD、JdbcRDD 等）以及封装了针对特定 RDD 类的专用函数的函数类(http://spark.apache.org/docs/latest/api/scala/index.html#org.apache.spark.rdd.package)。

在 Scala 中，RDD 转为有特定函数的 RDD（比如在 RDD[Double]上进行数值操作）是由隐式转换来自动处理的，需要加上 import org.apache.spark.SparkContext._来使用这些隐式转换。可以在 SparkContext 对象的 Scala 文档中查看所列出的隐式转换，这些隐式转换可以隐式地将一个 RDD 转为各种封装类，这样就有了诸如 mean()之类的额外的函数来提供相应的额外的功能。隐式转换后的类包括以下几种：

（1）PairRDDFunctions：该扩展类中的方法中输入的数据单元是一个包含两个元素的元组结构。Spark 会把其中第一个元素当成 Key，第二个当成 Value。例如前面提到的 reduceByKey()，groupByKey()函数等。

（2）DoubleRDDFunctions：这个扩展类包含了多种数值的聚合方法。如果 RDD 的数值单元能够隐式变换成 Scala 的 double 数据类型，则这个方法会非常有用。一些常用的该扩展类的方法如表 5-3 所示。以 data = sc.parallelize(List(1.1,1.2,2.6,2.3,6.5,6.6),2)为例。

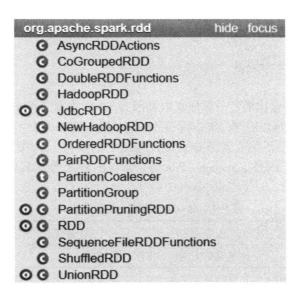

图 5-26 特定 RDD 类专用函数

表 5-3 DoubleRDDFunctions 扩展类中的方法

函数	功能描述	举例	结果
mean	求 RDD 的平均值	scala > data.mean	res12：Double = 3.383333333333334
sampleStdev	求 RDD 元素的样本标准偏差	scala > data.sampleStdev	res13：Double = 2.5230272821883375
sampleVariance	计算 RDD 元素的样本偏差	scala > data.sampleVariance	res14：Double = 6.365666666666668
stats	RDD 元素的统计，包含平均值、样本偏差、最大值和最小值	scala > data.stats	res15：org.apache.spark.util.StatCounter = (count: 6, mean: 3.383333, stdev: 2.303198, max: 6.600000, min: 1.100000)
stdev	计算 RDD 元素的标准偏差	scala > data.stdev	res16：Double = 2.303198259425841
sum	RDD 元素的求和	scala > data.sum	res17：Double = 20.3
variance	求 RDD 元素的方差	scala > data.variance	res18：Double = 5.304722222222223

（3）OrderedRDDFunctions：该扩展类的方法需要输入的数据是 2 元元组，并且 key 能够排序。例如前面提到的 sortByKey()函数等。

（4）SequenceFileRDDFunctions：这个扩展类包含一些可以创建 Hadoop sequence 文件的方法。输入的数据必须是两元组，但需要额外考虑到元组元素能够转换成可写类型。

如果对 RDD 调用了像 mean() 这样的函数，可能会发现 RDD 类的 Scala 文档中根本没有该函数。调用之所以能够成功，是因为隐式转换可以把 RDD[Double] 转为 DoubleRDDFunctions。

5.4 数据的读取与保存

Spark 支持多种输入输出源，一部分原因是因为 Spark 本身是基于 Hadoop 生态圈而构建，特别是 Spark 可以通过 Hadoop MapReduce 所使用的 InputFormat 和 OutputFormat 接口访问数据。对于存储在本地文件系统或者分布式文件系统中的数据，Spark 可以访问多种不同的文件格式，包括文本文件、JSON、SequenceFile 等。常见的格式如表 5-4 所示。

表 5-4 Spark 支持的一些常见格式

格式名称	结构化	备注
文本文件	否	普通的文本文件，每行一条记录
JSON	半结构化	常见的基于文本的格式，半结构化；大多数库都要求每行一条记录
CSV	是	常见的基于文本的格式，通常在电子表格应用中使用
SequenceFiles	是	一种用于键值对数据的常见 Hadoop 文件格式
对象文件	是	用来将 Spark 作业中的数据存储下来以让共享的代码读取 改变类的时候它会失效，因为它依赖于 Java 序列化

从诸如文本文件的非结构化的文件，到诸如 JSON 格式的半结构化文件，再到诸如 SequenceFile 这样的结构化文件，Spark 都支持。Spark 会根据文件扩展名选择对应的处理方式，这一过程已封装好，对用户透明。

1. 文本文件的读写

（1）从文本文件中读取数据创建 RDD

从文本文件中读取数据，可以采用 textFile 方法，将一个文本文件读取为 RDD 时，输入的每一行都会成为 RDD 的一个元素，inputFile 为文件目录，读取格式是 sc.textFile(inputfile)。

```
val inputFile = "file:///home/ word-count/test.txt"
val textFile = sc.textFile(inputFile)
```

若是将多个完整的文本文件一次性读取为一个 pair RDD，其中键是文件名，值是文件内容，inputFile 为一个包含多个文件的目录，读取格式是 sc.wholeTextFiles(inputFile)，读取给定目录中的所有文件。

```
val input = sc.wholeTextFiles("file:///home/ word-count")
```

（2）把 RDD 的内容写入文本文件中

保存文本文件用 saveAsTextFile(outputFile)。其中 outputFile 为保存文件目录，将 RDD 中的内容都输入到路径对应的文件中。因为 Spark 通常在分布式环境下进行，RDD 会存在多个分区，由多个任务对这些分区进行并行计算，每个分区的计算结果都会保存到一个单独的文件中。Spark 将传入的路径作为目录对待，会在那个目录下输出多个文件，这样，Spark 就可以从多个节点上并行输出了。

```
textFile.saveAsTextFile("file:///home/word-count/writeback")
```

2. JSON 文件的读写

（1）读取数据

JSON 是一种轻量级的数据交换格式，它采用完全独立于编程语言的文本格式来存储和表示数据。将 JSON 文件当作普通文本文件读取，inputFile 为文件目录，读取格式是 sc.textFile(inputFile)。然后用 JSON 库 scala.util.parsing.json.JSON 对 JSON 数据进行解析，JSON.parseFull(jsonString: String)函数，以一个 JSON 字符串作为输入并进行解析，如果解析成功则返回一个 Some(map: Map[String, Any])，如果解析失败则返回 None。

```
val jsonfile = sc.textFile("file:///usr/local/spark/examples/src/main/resources/people.json")
```

（2）保存数据

保存 JSON 文件不需要考虑格式错误的数据，并且知道需要写出数据的类型，可以使用将字符串 RDD 转为解析好的 JSON 数据的库，将由结构化数据组成的 RDD 转为字符串 RDD（使用 writeValueAsString 将结果放入 RDD），然后使用 Spark 的文本文件 API 写出即 saveAsTextFile(outputFile)。

3. CSV 文件的读写

（1）读取数据

CSV 文件是逗号分隔值文件，每行都有固定数目的字段，字段间用逗号隔开（在制表符分隔值文件即 TSV 文件中，用制表符隔开）。读取 CSV/TSV 数据和读取 JSON 数据相似，都需要先把文件当作普通文本文件来读取数据，然后 CSV 库对 CSV 数据进行解析，再对数据进行处理。读取格式是 sc.textFile(inputFile)，inputFile 为文件目录。

（2）保存数据

和 JSON 数据一样，使用 CSV 库输出到文件或者输出器，可以使用 StringWriter 或者 StringIO 来将结果放到 RDD 中。使用 Spark 的文本文件 API 写出即调用 saveAsTextFile(outputFile)保存文件。

4. SequenceFile 的读写

SequenceFile 是由没有相对关系结构的键值对文件组成的常用 Hadoop 格式，SequenceFile 文件有同步标记，Spark 可以用它来定位到文件中的某个点，然后再与记录的边界对齐。读取数据时，在 SparkContext 中，调用 sequenceFile(path, keyClass, valueClass, minPartitions)读取 SequenceFile，方法中 keyClass 和 valueClass 分别表示文件每一条记录中的键和值，keyClass 和 valueClass 表示的类型是 Hadoop 的 Writable 接口的子类，如 IntWritable 和 Text 类。保存数据时，因为 SequenceFile 存储的是键值对，所以需要创建一个由可以写出到 SequenceFile 的类型构成的 pairRDD。在 SparkContext 中，直接调用 saveAsSequenceFile(outputFile)保存 pairRDD，如果键和值不能自动转为 Writable 类型，或者想使用变长类型，就可以对数据进行映射操作，在保存之前进行类型转换。

5. 对象文件的读写

对象文件是对 SequenceFile 的简单封装，它允许存储只包含值的 RDD。和 SequenceFiles 不一样的是，对象文件是使用 Java 序列化写出的。读取文件时用 SparkContext 中的 objectFile 函数接收一个路径，返回对应的 RDD。写入文件时要保存对象文件，只需在 RDD 上调用 saveAsObjectFile。

5.5 RDD 缓存与容错机制

本节对 Spark 的存储进行分析以及对 RDD 的缓存和容错机制进行介绍，Spark 的存储介质包括内存和磁盘等；RDD 以分区为单位进行持久化或缓存，是 Spark 主要的特征之一，持久化/缓存是迭代式计算和交互式应用的关键技术，通常可以使部分计算的计算速度提升 10 倍以上。

5.5.1 RDD 的缓存机制(持久化)

Action 操作会触发一次从开始到结尾的运算，这对于迭代运算而言，代价是非常大的，迭代计算经常需要使用上一次运算的结果或者同一组数据。为了避免重复计算的开销，就涉及持久化(缓存)机制的问题，即第一次行动操作得到的结果，如果能被第二次行动操作使用，则不需要从头开始计算，直接使用持久化的结果。

可以通过使用 persist()或者 cache()方法标记持久化的 RDD，使其被保存在内存的节点上，Spark 的 cache()方法默认为将 RDD 缓存在内存中，实际上是调用 persist(MEMORY_ONLY)方法。Spark 的缓存机制是容错的，如果 RDD 的任意分区丢失，它将会自动通过最初创建的转换操作重新计算，不需要全部重新计算，只需要计算丢失的部分。每一个需要持久化的 RDD 能使用不同的存储级别来存储，完整的存储级别如表 5-5 所示。

表 5-5 持久化的存储级别

Storage Level(存储级别)	Meaning(含义)	使用的空间	CPU 时间	是否在内存上	是否在磁盘上
MEMORY_ONLY	将 RDD 作为反序列化 Java 对象存储在 JVM 中,如果内存不足,RDD 中的一些分区将不会被缓存,当它们每次被需要的时候将会被重复计算,这是默认的存储级别	高	低	是	否
MEMORY_AND_DISK	将 RDD 作为反序列化 Java 对象存储在 JVM 中,如果内存不足,RDD 中的超出的一些分区将会被存储在磁盘中,每当需要的时候会从磁盘中读取	高	中等	部分	部分
MEMORY_ONLY_SER(Java and Scala)	将 RDD 作为序列化 Java 对象(每个分区占一个字节数组)存储,这比反序列化对象空间利用率更高,特别是当使用 fast serializer 时,但是在读取的时候更耗费 CPU	低	高	是	否
MEMORY_AND_DISK_SER(Java and Scala)	类似于 MEMORY_ONLY_SER,但是对于不能缓存而超出的分区将存储在磁盘中而不是每次需要的时候进行重新计算	低	高	部分	部分
DISK_ONLY	将 RDD 的分区仅存储在磁盘中	低	高	否	是

如果要缓存的数据太多,内存中放不下,Spark 会自动利用最近最少使用(LRU)的缓存策略把最老的分区从内存中移除。对于仅把数据存放在内存中的缓存级别,下一次要用到已经被移除的分区时,这些分区就需要重新计算。但是对于使用内存和磁盘的缓存级别的分区来说,被移除的分区都会写入磁盘。不论哪一种情况,都不必担心作业会因为缓存了太多数据而被打断。不过,缓存不必要的数据会导致有用的数据被移除内存,带来更多重算的时间开销。

代码 5-31

```
scala> val list = List("Hadoop","Spark","Hive")
list: List[String] = List(Hadoop, Spark, Hive)
scala> val rdd = sc.parallelize(list)
rdd: org.apache.spark.rdd.RDD[String] = ParallelCollectionRDD[10] at parallelize at <console>:26
scala> println(rdd.count())
3
scala> println(rdd.collect().mkString(" , "))
Hadoop , Spark , Hive
```

如代码 5-31 所示，rdd.count()是行动操作，触发一次真正的从头到尾的计算，rdd.collect()是行动操作，也会触发一次真正的从头到尾的计算。

代码 5-32

```
scala> val list = List("Hadoop","Spark","Hive")
list: List[String] = List(Hadoop, Spark, Hive)
scala> val rdd = sc.parallelize(list)
rdd: org.apache.spark.rdd.RDD[String] = ParallelCollectionRDD[11] at parallelize at <console>:26
scala> rdd.cache()
res22: rdd.type = ParallelCollectionRDD[11] at parallelize at <console>:26
scala> println(rdd.count())
3
scala> println(rdd.collect().mkString(" , "))
Hadoop , Spark , Hive
```

如代码 5-32 所示，rdd.cache()会调用 persist(MEMORY_ONLY)，但是语句执行到这里，并不会缓存 rdd，这时 rdd 还没有被计算生成。rdd.count()是第一次行动操作，触发一次真正的从头到尾的计算，也就是在这里只能在 HDFS 中读取，不是从内存中读取。这时才会执行上面的 rdd.cache()，把这个 rdd 放到缓存中。rdd.collect()是第二次行动操作，不需要触发从头到尾的计算，只需要重复使用上面缓存中的 rdd。

1. 存储级别的选择

Spark 的多个级别意味着在内存利用率和 CPU 利用率间的不同权衡，可通过下面的过程选择一个合适的存储级别。

● 如果 RDD 适合默认的存储级别(MEMORY_ONLY)，就选择默认的存储级别。因为这是 CPU 利用率最高的选项，会使 RDD 上的操作尽可能地快。

● 如果不适合用默认级别，选择 MEMORY_ONLY_SER。选择一个更快的序列化库来提高对象的空间使用率，但是仍能够相当快地访问。

- 除非算子计算 RDD 花费较大或者需要过滤大量的数据，否则不要将 RDD 存储到磁盘上，重复计算一个分区就会和磁盘上读取数据一样慢。
- 如果希望更快地恢复错误，可以利用 replicated 存储级别，所有的存储级别都可以通过 replicated 计算丢失的数据来支持完整的容错，另外 replicated 的数据能在 RDD 上继续运行任务，而无须重复计算丢失的数据。

2. 移除数据

RDD 可以随意在 RAM 中进行缓存，因此它提供了更快速的数据访问。目前，缓存的粒度为 RDD 级别，只能缓存全部的 RDD。Spark 自动监视每个节点上使用的缓存，在集群中没有足够的内存时，Spark 会根据缓存的情况确定一个 LRU 的数据分区进行删除。如果想要手动删除 RDD，而不想等待它从缓存中消失，可以使用 RDD 的 unpersist()方法移除数据，unpersist()方法是立即生效的。

5.5.2 RDD 检查点容错机制

Spark 中对于数据保存除了持久化操作之外还存在检查点(Checkpoint)方式。RDD 的缓存能够在第一次计算完成后，将计算结果保存到内存、本地文件系统或者 Tachyon(分布式内存文件系统)中。通过缓存，Spark 避免了 RDD 上的重复计算，能够极大地提升计算速度。缓存的方式虽然也可以以文件形式保存在磁盘中，但是磁盘会出现损坏，文件也会出现丢失，如果缓存丢失了，则需要重新计算。如果计算特别复杂或者计算耗时特别多，那么缓存丢失对于整个 Job 的影响是不容忽视的。为了避免缓存丢失重新计算带来的开销，Spark 又引入检查点(Checkpoint)机制。

Checkpoint 的产生就是为了相对而言更加可靠的持久化操作，在 Checkpoint 可以指定把数据放在本地并且是多副本方式，但是在正常的生产环境下是放在 HDFS，这就天然借助了 HDFS 高容错、高可靠的特性来完成了最大化的可靠持久化数据的方式，从而降低数据被破坏或者丢失的风险，也减少了数据重新计算时的开销。

Checkpoint 的运行原理是：首先在 Job 结束后，会判断是否需要 Checkpoint，如果需要，就调用 org.apache.spark.rdd.RDDCheckpointData#doCheckpoint。doCheckpoint 首先为数据创建一个目录。然后启动一个新的 Job 来计算，并且将计算结果写入新创建的目录；接着创建一个 org.apache.spark.rdd.CheckpointRDD。最后，原始 RDD 的所有依赖被清除，这就意味着 RDD 的转换的计算链等信息都被清除。这个处理逻辑中，数据写入的实现在 org.apache.spark.rdd.CheckpointRDD $ #writeToFile。简要的核心逻辑如代码 5-33 所示。

代码 5-33

```
//创建一个保存 checkpoint 数据的目录
val path = new Path(rdd.context.checkpointDir.get, "rdd-" + rdd.id)
val fs = path.getFileSystem(rdd.context.hadoopConfiguration)
if (!fs.mkdirs(path)) {
    throw new SparkException("Failed to create checkpoint path " + path)
}
//创建广播变量
val broadcastedConf = rdd.context.broadcast(
    new SerializableWritable(rdd.context.hadoopConfiguration))
//开始一个新的 Job 进行计算，计算结果存入路径 path 中
rdd.context.runJob(rdd, CheckpointRDD.writeToFile[T](path.toString,broadcastedConf) _)
//根据结果的路径 path 来创建 CheckpointRDD
val newRDD = new CheckpointRDD[T](rdd.context, path.toString)
//保存结果，清除原始 RDD 的依赖、Partition 信息等
RDDCheckpointData.synchronized{
    cpFile = Some(path.toString)
    cpRDD = Some(newRDD) //RDDCheckpointData 对应的 CheckpointRDD
    rdd.markCheckpointed(newRDD) //清除原始 RDD 的依赖
    cpState = Checkpointed //标记 checkpoint 的状态为完成
}
```

这样 RDD 的 Checkpoint 完成，其中 Checkpoint 的数据可以通过 CheckpointRDD 的 readFromFile 读取。

注：在 Spark 中，某 RDD 进行 Checkpoint 操作后会将此 RDD 的依赖关系清空，该 RDD 的父 RDD 就是 CheckpointRDD，故在后面的计算再使用该 RDD 时，若数据丢失，可以从 Checkpoint 中读取数据，不需要重新计算。

5.6 综合实例

1. 根据各班成绩查询全校前 n 位的情况

每个班级的成绩表为一个文件，若要统计整个全校排名前 n 的情况，需要对多个文件求前 n 个值。对此模拟出三个班级的成绩表，分别存储，存储格式为：（序号，学号，分数，班级号），如图 5-27 所示。

```
//Class1.txt:
1, 1001, 50, 2018001
2, 1002, 60, 2018001
3, 1003, 70, 2018001
4, 1004, 20, 2018001
5, 1005, 80, 2018001
6, 1006, 66, 2018001
7, 1007, 99, 2018001
//Class2.txt:
1, 2001, 55, 2018002
2, 2002, 56, 2018002
3, 2003, 88, 2018002
4, 2004, 60, 2018002
5, 2005, 78, 2018002
6, 2006, 62, 2018002
//Class3.txt:
1, 3001, 99, 2018003
2, 3002, 84, 2018003
3, 3003, 59, 2018003
4, 3004, 71, 2018003
5, 3005, 69, 2018003
6, 3006, 100, 2018003
```

图 5-27　三个班级的成绩表

基于图 5-27 数据，对其求整个数据集的排名前 n 位的信息。完整代码如代码 5-34 所示。

代码 5-34

```
import org.apache.spark.{SparkConf,SparkContext}
object rank {
  def main(args:Array[String]): Unit ={
    val conf = new SparkConf().setAppName("rank").setMaster("local")
    val sc = new SparkContext(conf)
    //设置将错误信息记录于日志
    sc.setLogLevel("ERROR")
    //对多个文件进行读取
    val lines = sc.textFile("class1.txt,class2.txt,class3.txt")
    var num =0
    val result  = lines.filter(line => (line.trim().length > 0) && (line.split(",").length == 4))
      .map(line => {
        val fields = line.split(",")
        val userid = fields(1)//每行数据的第二个属性值是学号 userid
```

```
        val core = fields(2).toInt//第三个属性值是分数 core
        val classs = fields(3)//第四个属性值是班级 classs
        //拼接数据
        (core,(classs,userid))
     })
   println("rank" +"\t" + "class"    +"\t" + "\t" + "userid" +"\t" + "core" +"\n")
   //对数据进行排序，取前 10 名进行输出
   val result1 = result.sortByKey(false).take(10).foreach(x => {
     num = num +1
     println(num + "\t\t" + x._2._1+ "\t\t" + x._2._2 +"\t" + x._1)
   })
 }
}
```

结果如图 5-28 所示：

rank	class	userid	core
1	2018003	3006	100
2	2018001	1007	99
3	2018003	3001	99
4	2018002	2003	88
5	2018003	3002	84
6	2018001	1005	80
7	2018002	2005	78
8	2018003	3004	71
9	2018001	1003	70
10	2018003	3005	69

图 5-28　查询结果

2. 通过基站信息追踪某个手机号码出现的位置及时长

根据手机信号可以计算其所在的位置，手机和附近的基站建立连接和断开连接都会被记录到服务器的日志上，据此可以定位手机所在的位置。即使不知道手机用户所在的具体位置，但是只要知道基站的位置，手机用户一旦进入基站的辐射范围，手机就会和基站之间建立连接，由此可得知用户大致的位置。于是可以根据这些位置信息做一些推荐广告，比如附近的商家、手机用户可能喜欢的商品或者服务等。

假如得到了一些位置数据，比如手机号、建立连接的标记（比如1）、断开连接的标记（比如0）、建立连接的时间戳、断开连接的时间戳等字段，求某个用户白天和晚上等某个时间段停留时间的从高到低进行排序。比如早晨8点到晚上6点之间停留时间最长的可以认为是用户的工作地点。相反，在晚上6点到第二天早上8点这段时间中停留时间最长的就认为是用户的住所，定位了用户的工作地点和住处，后续则可做一些推荐。但是存在两个问题，其一

是一个用户可能在一天中会经过几十甚至上百个基站,怎么才能知道在哪个基站下面停留的时间最长?其二是一个用户在同一个基站下路过不止一次,比如某用户,在公司和家之间有一个基站,早上、中午、晚上在同一个基站中路过多次,基站服务器日志中会记录多条记录。计算用户在哪个基站下停留时间最长,实际是简单的数据切分,然后进行求和,再进行 join 运算。

为了便于理解,模拟了一些简单的日志数据存放在 A.txt 中,共 4 个字段:手机号码,时间戳,基站 id,连接类型(1 表示建立连接,0 表示断开连接),如图 5-29 所示。

```
18688888888,20160327082400,16030401EAFB68F1E3CDF819735E1C66,1
18611132889,20160327082500,16030401EAFB68F1E3CDF819735E1C66,1
18688888888,20160327170000,16030401EAFB68F1E3CDF819735E1C66,0
18611132889,20160327180000,16030401EAFB68F1E3CDF819735E1C66,0
18611132889,20160327075000,9F36407EAD0629FC166F14DDE7970F68,1
18688888888,20160327075100,9F36407EAD0629FC166F14DDE7970F68,1
18611132889,20160327081000,9F36407EAD0629FC166F14DDE7970F68,0
18688888888,20160327081300,9F36407EAD0629FC166F14DDE7970F68,0
18688888888,20160327175000,9F36407EAD0629FC166F14DDE7970F68,1
18611132889,20160327182000,9F36407EAD0629FC166F14DDE7970F68,1
18688888888,20160327220000,9F36407EAD0629FC166F14DDE7970F68,0
18611132889,20160327230000,9F36407EAD0629FC166F14DDE7970F68,0
18611132889,20160327081100,CC0710CC94ECC657A8561DE549D940E0,1
18688888888,20160327081200,CC0710CC94ECC657A8561DE549D940E0,1
18688888888,20160327081900,CC0710CC94ECC657A8561DE549D940E0,0
18611132889,20160327082000,CC0710CC94ECC657A8561DE549D940E0,0
18688888888,20160327171000,CC0710CC94ECC657A8561DE549D940E0,1
18688888888,20160327171600,CC0710CC94ECC657A8561DE549D940E0,0
18611132889,20160327180500,CC0710CC94ECC657A8561DE549D940E0,1
18611132889,20160327181500,CC0710CC94ECC657A8561DE549D940E0,0
```

图 5-29 日志数据

基站表的数据如图 5-30 所示,共 4 个字段,分别代表基站 id 和经纬度以及信号的辐射类型(比如 2G 信号、3G 信号和 4G 信号)。

```
9F36407EAD0629FC166F14DDE7970F68,116.304864,40.050645,6
CC0710CC94ECC657A8561DE549D940E0,116.303955,40.041935,6
16030401EAFB68F1E3CDF819735E1C66,116.296302,40.032296,6
```

图 5-30 基站表数据

基于以上基站的日志数据,要求计算某个手机号码在一天之内出现过的地点及所呆时长。思路为:求每个手机号码在哪些基站下面停留的时间最长,在计算的时候,用"手机号码+基站"定位在基站下面停留的时间,因为每个基站下面会有多个用户的日志数据。

完整代码如代码 5-35 所示。

代码 5-35

```scala
import org.apache.spark.rdd.RDD
import org.apache.spark.{SparkConf, SparkContext}

object mobineNum {
    def main(args: Array[String]) {
        // AppName 参数是应用程序的名字，可以在 Spark 内置 UI 上看到它。
        val conf = new SparkConf().setAppName("mobineNum")
        // Master 是 Spark、Mesos、或者 YARN 集群的 URL,或者使用一个专用的字符串"Local"设定其在本地模式下运行。
        conf.setMaster("local")
        //sc 是 SparkContext，指的是"上下文"，也就是运行的环境，需要把 conf 当参数传进去
        val sc = new SparkContext(conf)
        //通过 sc 获取一个文本文件，传入本地文本的路径，将输入文件转换成 RDD
        // path 是该文本文件在该项目所在文件中的路径
        val lines = sc.textFile("A.txt")
        //切分
        val splited = lines.map(line => {
            //将每行记录以逗号进行分割
            val fields = line.split(",")
            //其中第一个属性值表示手机号
            val mobile = fields(0)
            //第二个属性值为基站信息
            val lac = fields(2)
            //第三个属性值为连接状态
            val tp = fields(3)
            //第四个属性值为时间，将其转换为数据类型。
            val time = if(tp == "1") -fields(1).toLong else fields(1).toLong
            //拼接数据，将其拼接为以下格式组成新的 RDD
            ((mobile, lac), time)
        })
        //分组聚合，将同一个基站中同一个手机号的时间进行相加
        val reduced= splited.reduceByKey(_+_)
        val lmt = reduced.map(x => {
            //x._1._2 表示((mobile, lac), time)格式中 lac, x._1._1 表示 mobine, x._2 表示 time, (基站 id,(手机号,时间))
            (x._1._2, (x._1._1, x._2))
        })
```

```
//获取各个基站的信息
val lacInfo = sc.textFile("B.txt")
//整理基站数据
val splitedLacInfo = lacInfo.map(line => {
    val fields = line.split(",")
    //基站信息中第一个属性值为基站的 id
    val id = fields(0)
    //基站信息中第二个属性值为基站的经度
    val x = fields(1)
    //基站信息中第三个属性值为基站的纬度
    val y = fields(2)
    //拼接为（基站 id，（经度，纬度））
    (id, (x, y))
})
//将两个 RDD 进行连接 join 操作
val joined = lmt.join(splitedLacInfo)
println(joined.collect().toBuffer)
sc.stop()
  }
}
```

得到结果如图 5-31 所示。

（基站 id，（（手机号，所在基站的时长），（基站的经度，基站的纬度）））

```
ArrayBuffer(
(CC0710CC94ECC657A8561DE549D940E0,((18688888888,1300),(116.303955,40.041935))),
(CC0710CC94ECC657A8561DE549D940E0,((18611132889,1900),(116.303955,40.041935))),
(9F36407EAD0629FC166F14DDE7970F68,((18611132889,54000),(116.304864,40.050645))),
(9F36407EAD0629FC166F14DDE7970F68,((18688888888,51200),(116.304864,40.050645))),
(16030401EAFB68F1E3CDF819735E1C66,((18611132889,97500),(116.296302,40.032296))),
(16030401EAFB68F1E3CDF819735E1C66,((18688888888,87600),(116.296302,40.032296))))
```

图 5-31　追踪结果

5.7　本章小结

本章介绍了 Spark 对数据的抽象 RDD，首先介绍了 RDD 的特征以及 RDD 的依赖说明；然后，重点介绍了创建 RDD 的两种方式，以及 RDD 的基本操作（Transformation 操作和 Action 操作），并给出了基于 Scala 语言的实例，对 Spark 数据读写的方式以及 RDD 的缓存与容错机制也进行了介绍；最后结合综合实例展示如何更好地运用 RDD。

思考与习题

1. RDD 是什么？能处理什么样的数据？对这些数据的处理方式相同吗？
2. 简述创建 RDD 的方式。
3. 什么是 Transformation 操作的惰性机制？
4. 在依赖关系中，为什么说窄依赖要比宽依赖好？
5. 创建一个 RDD，然后用代码实现下列要求：
   (1) 求出 RDD 中每一个元素(字符串对象)长度；
   (2) 筛选包含特定字段(spark)的 RDD 元素；
   (3) 对 rdd 中的每个元素乘2；
   (4) 筛选出偶数。
6. A：List(1，2，3，4)，B：List(3，4，5，6)，对于 A，B 求并集、交集、去重操作。
7. 将数组 Array(1，2，3，4，5)创建成一个并行集合，并进行数组元素相加操作。
8. 自选一篇文章，统计该文章的词频度。
9. 给定一组键值对：

("iPhone", 2), ("Huawei", 6), ("Xiaomi", 5), ("OPPO", 4), ("iPhone", 1), ("Huawei", 4), ("Xiaomi", 3), ("OPPO", 6)键值对的 key 表示手机品牌，value 表示某天的手机销量，请计算每个键对应的平均值，也就是计算每种手机的每天平均销量。

10. 现在需要统计一个 1000 万人口的所有人的平均年龄。这些年龄信息都存储在一个文件里，并且该文件的格式如图 5-32 所示，第一列是 ID，第二列是年龄。存储在文件 age_data.txt 中。

```
1 17
2 67
3 54
4 99
5 9
…
```

图 5-32　年龄信息

编写程序生成1000万人口年龄数据的文件 age_data.txt，并且求出 1000 万人口的平均年龄。

第 6 章　Spark SQL

本章介绍 Spark 处理结构化数据、半结构化数据的高级模块——Spark SQL。结构化数据是指有结构信息的数据，可由二维表结构逻辑表达的数据集合，可以类比传统数据库表来理解该定义，所谓的结构信息就是每条记录共有的字段集合。Spark SQL 使读取和查询这类数据变得更加简单高效。

本章对 Spark SQL 进行了概述，包括架构、特点和程序主入口等，以及 Spark SQL 的 DataFrame 编程抽象，然后介绍了 DataFrame 与 RDD 的区别，从外部数据源创建 DataFrame 的方法，以及 RDD 转换为 DataFrame 的两种方法，再对 DataFrame 的 Transformation 操作、Action 操作和保存操作进行了介绍；最后用综合实例对整章内容进行总结概括。

6.1　Spark SQL 概述

Spark SQL 采用了 DataFrame 数据模型，支持用户在 Spark 程序内通过 SQL 语句对数据进行交互式查询，进而满足数据分析需求，也可以通过标准数据库连接器（JDBC/ODBC）连接传统关系型数据库，加载并转化关系型数据库表，利用 Spark SQL 进行数据分析。

6.1.1　Spark SQL 架构

Spark SQL 与传统的 DBMS 的"查询优化器+执行器"的架构较为相似，只不过其执行器是在分布式环境中实现，并采用 Spark 作为执行引擎。Spark SQL 的执行优化器是 Catalyst，其基于 Scala 语言开发，可以灵活利用 Scala 原生的语言特性扩展功能，奠定了 Spark SQL 的发展空间。所有的 Spark SQL 语句最终都通过 Catalyst 解析、优化生成可以执行的 Java 字节码。Catalyst 的整体架构如图 6-1 所示。

由图 6-1 中可以看到整个 Catalyst 是 Spark SQL 的调度核心，其性能优劣影响整体的性能。Catalyst 主要的实现组件如下：

（1）SQLParse（Scala 实现）：完成 SQL 语句的语法解析功能，目前只提供了一个简单的 SQL 解析器，将输入的 SQL 解析为 Unresolved Logical Plan（未被解析的逻辑计划）。

（2）Analyzer：主要完成绑定工作，将不同来源的 Unresolved Logical Plan 和数据元数据（如 Hive metastore、Schema Catalog）进行绑定，生成 Resolved Logical Plan。

（3）Optimizer：对 Resolved Logical Plan 进行优化，生成 Optimized Logical Plan。

（4）Planner：将 Optimized Logical Plan 转换为 Physical Plan。

（5）CostModel：主要根据过去的性能统计数据，选择最佳的物理执行计划。

图 6-1 Spark SQL 优化执行器 Catalyst 的架构

Catalyst 遵循着传统数据库的查询解析步骤，对 SQL 进行解析，转换为逻辑查询计划和物理查询计划，最终转换为 Spark 的 DAG 执行，Catalyst 的执行流程如图 6-2 所示。

从图 6-2 中可知 SQLParser 将 SQL 语句转换为逻辑查询计划，Analyzer 对逻辑查询计划进行属性和关系关联检验，之后 Optimizer 通过逻辑查询优化将逻辑查询计划转换为优化的逻辑查询计划，QueryPlanner 将优化的逻辑查询计划转换为物理查询计划，prepareForExecution 调整数据分布，最后将物理查询计划转换为执行计划进入 Spark 执行任务。

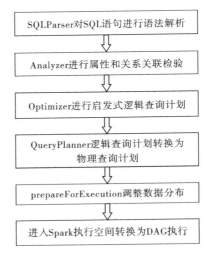

图 6-2 Catalyst 的执行流程

6.1.2 程序主入口 SparkSession

从 Spark 2.0 以上版本开始，Spark SQL 模块的编程主入口点是 SparkSession，替代了 Spark 1.6 中的 SQLContext 以及 HiveContext 接口，实现了 SQLContext 和 HiveContext 对数据加载、转换、处理等全部功能。SparkSession 对象不仅为用户提供了创建 DataFrame 对象、读取外部数据源并转化为 DataFrame 对象以及执行 sql 查询的 API，还负责记录着用户希望 Spark 应用在 Spark 集群运行的控制、调优参数，是 Spark SQL 的上下文环境，是运行的基础。

如代码 6-1 所示，可以通过 SparkSession.builder() 创建一个基本的 SparkSession 对象，并为该 Spark SQL 应用配置一些初始化参数，例如设置应用的名称以及通过 config 方法配置相关运行参数。

代码 6-1

```
import org.apache.spark.sql.SparkSession
val spark = SparkSession
    .builder()
    .appName("Spark SQL basic example")
```

```
    .config("spark.some.config.option", "some-value")
    .getOrCreate()
// 引入 spark.implicits._，以便于 RDDs 和 DataFrames 之间的隐式转换
import spark.implicits._
```

在启动进入 spark-shell 后，spark-shell 默认提供了一个 SparkSession 对象，名称为 spark，因此在进入 spark-shell 之后进行各种数据操作，可以依据代码 6-1 声明创建一个 SparkSession 对象，也可以直接使用 spark-shell 提供的默认的 SparkSession 对象，即 spark。

SparkSession 为用户提供了直接执行 sql 语句的 SparkSession.sql(sqlText: String) 方法，sql 语句可直接作为字符串传入 sql() 方法中，sql() 查询所得到的结果依然是 DataFrame 对象。在 Spark SQL 模块上直接进行 sql 语句的查询需要首先将结构化数据源的 DataFrame 对象注册成临时表，进而在 sql 语句中对该临时表进行查询操作，实例如代码 6-2 所示，样例数据来自于 Spark 的安装包中的 JSON 数据集 people.json，其内容如图 6-3 所示。

```
{"name":"Michael"}
{"name":"Andy", "age":30}
{"name":"Justin", "age":19}
```

图 6-3　people.json

该文件在 Spark 安装文件的"/examples/src/main/resources"目录下，读取文件时，需写出该文件所在的具体位置，在本书中，具体位置为"/usr/local/spark-2.3.0-bin-hadoop2.7/examples/src/main/resources/people.json"。

代码 6-2

```
scala> val df = spark.read.json("/usr/local/spark-2.3.0-bin-hadoop2.7/examples/src/main/resources/people.json")
//调用 DataFrame 的 createOrReplaceTempView 方法，将 df 注册成 people 临时表
scala>df.createOrReplaceTempView("people")
//调用 sparkSession 提供的 sql 接口，对 people 临时表进行 sql 查询，sql() 返回的也是 DataFrame 对象
scala>val sqlDF = spark.sql("SELECT * FROM people")
scala>sqlDF.show()
// +----+-------+
// | age|   name|
// +----+-------+
// |null|Michael|
// |  30|   Andy|
// |  19| Justin|
// +----+-------+
```

6.1.3　DataFrame 与 RDD

RDD 是 Spark 平台一种基本、通用的数据抽象，基于其不关注元素内容及结构的特点，RDD 对结构化数据、半结构化数据、非结构化数据一视同仁，都可转换为同一类型元素组成的 RDD。但是作为一种通用、普适的工具，其必然无法高效、便捷地处理一些专门领域具有特定结构特点的数据，于是 Spark 在推出通用的 RDD 编程后，提供了 Spark 高级模块 Spark SQL 处理典型结构化数据源或通过简易处理可形成鲜明结构的数据源的核心抽象——DataFrame。

1. DataFrame 的概念

DataFrame 的定义与 RDD 类似，都是 Spark 平台用以分布式计算的不可变分布式数据集合。从编程的角度来说，DataFrame 是 Spark SQL 模块需要处理的结构化数据的核心抽象，即在 Spark 程序中若想要使用简易的 SQL 接口对数据进行分析，首先需要将所处理的数据源转化为 DataFrame 对象，进而在 DataFrame 对象上调用各种 API 来实现需求，也可以将 DataFrame 注册成表，直接使用 SQL 语句在数据表上进行交互式查询。

DataFrame 用于创建数据的行和列，类似于关系数据库管理系统中的表，可以从许多结构化数据源加载并构造得到，如：结构化数据文件，Hive 中的表，外部数据库。已有的 DataFrame API 支持高级程序语言 Scala、Java、Python 和 R。在 Scala 和 Java 中，DataFrame 由 DataSet 中的 RowS（多个 Row）来表示。在 Scala API 中，DataFrame 是一个 Dataset[Row]类型的别名。然而，在 Java API 中，使用 Dataset<Row>表示 DataFrame。

2. DataFrame 与 RDD 的区别

RDD 和 DataFrame 均为 Spark 平台对数据的一种抽象，一种组织方式，但是两者的地位或者设计目的截然不同。RDD 是整个 Spark 平台的存储、计算以及任务调度的逻辑基础，更具有通用性，适用于各类数据源，是分布式的 Java 对象的集合。而 DataFrame 是针对结构化数据源的高层数据抽象，是分布式的 Row 对象的集合，其中在 DataFrame 对象创建过程中必须指定数据集的结构信息（Schema），所以 DataFrame 是具有专业性的数据抽象，只能读取具有鲜明结构的数据集。DataFrame 与 RDD 最大的不同在于，RDD 仅是一条条数据的集合，由于不了解 RDD 数据集内部的结构，Spark 作业执行只能调度阶段层面进行简单通用的优化，而 DataFrame 带有 Schema 元数据，即 DataFrame 所表示的二维表数据集的每一列都带有名称和类型，对于带有数据集内部结构的 DataFrame，可以根据结构信息进行针对性的优化，提高运行效率。

图 6-4 直观地体现了 DataFrame 和 RDD 的区别。RDD[Student]虽然以 Student 类为类型参数，但 Spark 平台本身不了解 Student 类的内部结构。而 DataFrame 提供了详细的结构信息，使得 Spark SQL 得以洞察更多的结构信息，清楚地知道该数据集中包含哪些列，每列的名称和类型各是什么，从而对藏于 DataFrame 背后的数据源以及作用在 DataFrame 之上的变换进行了针对性的优化，最终达到大幅度提升运行效率的目标；DataFrame 除了提供了比 RDD 更丰富的算子操作以外，更能利用已知的结构信息来提升执行效率、减少数据读取以及执行计划的优化，而 RDD 由于无从得知所存数据元素的具体内部结构，所以 RDD 提供的

API 功能上没有 DataFrame 强大丰富且自带优化，称之为 Low-level API，Spark Core 只能在 Stage 层面进行简单、通用的流水线优化。

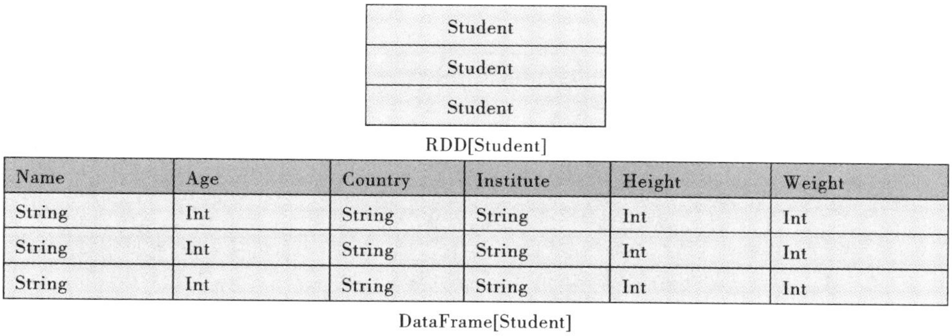

图 6-4 DataFrame 和 RDD 的区别

正如 RDD 的各种变换实际上只是构造 RDD DAG，DataFrame 的各种变化同样也是惰性的，它们并不直接求出计算结果，而是将各种变换组装成与 RDD DAG 类似的逻辑查询计划，经过优化的逻辑执行计划被翻译为物理执行计划，并最终落实为 RDD DAG。

6.2 创建 DataFrame

使用 SparkSession 对象的 API 中有两种创建 DataFrame 的方式，一种是调用 SparkSession.read 方法从各种外部结构化数据源创建 DataFrame 对象；另一种是将已有的 RDD 转化为 DataFrame 对象。

6.2.1 从外部数据源创建 DataFrame

Spark SQL 支持通过 DataFrame 接口操作多种不同的数据源。DataFrame 可以使用关系转换操作，也可用于创建临时表，将 DataFrame 注册为临时表进而对数据运行 SQL 查询。DataFrame 提供统一接口加载和保存数据源中的数据，包括：结构化数据、Parquet 文件、JSON 文件、Hive 表，以及通过 JDBC 连接外部数据源。SparkSession 是 Spark SQL 的编程主入口，在读取数据源时，调用 SparkSession.read 方法返回一个 DataFrameReader 对象，进而通过其提供的读取各种结构化数据源的方法读取数据源。接下来介绍 Spark 数据源加载的一般方法以及 Spark SQL 可处理的各种数据源。

1. JSON 数据集

Spark SQL 可处理的数据源简洁高效，常用于网络传输的 JSON 格式数据集。Spark SQL 可以自动推断 JSON 数据集的 schema，并将其作为 Dataset[Row] 加载。这个转换可以在 Dataset[String] 或 JSON 文件上使用 SparkSession.read.json() 完成。请注意，这里的 JSON 文件不是典型的 JSON 文件。每行必须包含单独的、独立的、有效的 JSON 对象。对于常规的多行式

JSON 文件，将 multiLine 选项设置为 true。

代码 6-3 为读取 JSON 数据集的示例，样例数据存在于"/home/ubuntu/student.json"，样例数据如图 6-5 所示。

```
{"name":"MI","age":"20","country":"china","institute":"computer science and technology department","Height":"185","Weight":"75"}
{"name":"MU","age":"21","country":"Spain","institute":"medical college","Height":"187","Weight":"70"}
{"name":"MY","age":"25","country":"Portugal","institute":"chemical engineering institude","Height":"155","Weight":"60"}
{"name":"MK","age":"19","country":"Japan","institute":"SEM","Height":"166","Weight":"62"}
{"name":"Ab","age":"24","country":"France","institute":"school of materials","Height":"187","Weight":"80"}
{"name":"Ar","age":"21","country":"Russia","institute":"school of materials","Height":"167","Weight":"60"}
{"name":"Ad","age":"20","country":"Geneva","institute":"medical college","Height":"185","Weight":"75"}
{"name":"Am","age":"20","country":"china","institute":"computer science and technology department","Height":"168","Weight":"48"}
{"name":"Bo","age":"20","country":"Spain","institute":"chemical engineering institude","Height":"189","Weight":"80"}
{"name":"By","age":"20","country":"china","institute":"SEM","Height":"164","Weight":"55"}
{"name":"CY","age":"20","country":"Japan","institute":"SEM","Height":"195","Weight":"85"}
```

图 6-5 JSON 数据集

读取 JSON 数据集并且对数据进行查询的具体实现如代码 6-3 所示。

代码 6-3

```
//使用 sparkSession 对象提供的 read()方法可读取数据源（read 方法返回 DataFrameReader
对象），进而通过 json()方法标识数据源具体类型为 Json 格式
scala> val df = sparkSession.read.json("/home/ubuntu/student.json")
df: org.apache.spark.sql.DataFrame = [age: string, institute: string ... 3 more fields]

//调用 SparkSession.read 方法中的通用 load 方法也可以读取数据源
//scala>val peopleDf = sparkSession.read.format("json").load("/home/ubuntu/student.json")

// 推导出来的 schema，可用 printSchema 打印出来
scala> df.printSchema()
root
```

```
|-- Height: string (nullable = true)
|-- Weight: string (nullable = true)
|-- age: string (nullable = true)
|-- country: string (nullable = true)
|-- institute: string (nullable = true)
|-- name: string (nullable = true)
```
//在返回的 DataFrame 对象使用 show(n) 方法，展示数据集的前 n 条数据
scala> df.show(6)

```
+------+------+---+--------+--------------------+----+
|Height|Weight|age| country|           institute|name|
+------+------+---+--------+--------------------+----+
|   185|    75| 20|   china|computer science ...|  MI|
|   187|    70| 21|   Spain|     medical college|  MU|
|   155|    60| 25|Portugal|chemical engineer...|  MY|
|   166|    62| 19|   Japan|                 SEM|  MK|
|   187|    80| 24|  France|  school of materials|  Ab|
|   167|    60| 21|  Russia|  school of materials|  Ar|
+------+------+---+--------+--------------------+----+
only showing top 6 rows
```
// 另一种方法是，用一个包含 JSON 字符串的 RDD 来创建 DataFrame
scala>val otherPeopleDataset = spark.createDataset(
  """{"name":"Yin","address":{"city":"Columbus","state":"Ohio"}}""" :: Nil)
scala>val otherPeople = spark.read.json(otherPeopleDataset)
scala>otherPeople.show()
```
+---------------+----+
|        address|name|
+---------------+----+
|[Columbus,Ohio]| Yin|
+---------------+----+
```

2. Parquet 文件

Parquet 是面向分析型业务的列式存储格式，Spark SQL 的默认数据源格式为 Parquet 格式，而且 Parquet 文件能够自动保存原始数据的 schema，所以不需要使用 case class（样例类）来进行隐式转换。数据源为 Parquet 格式文件时，Spark SQL 可以方便地进行读取，甚至可以直接在 Parquet 文件上执行查询操作。修改配置项 spark.sql.sources.default，可以修改默认数据源格式。通过调用 SparkSession.read 方法对 Parquet 文件进行读取，如代码 6-4 所示。

代码 6-4

```
//常见类的编码器可以通过导入 spark.implicits._ 自动提供
scala>import spark.implicits._
scala>val peopleDF = spark.read.json("/usr/local/spark-2.3.0-bin-hadoop2.7/examples/src/main/resources/people.json")

// peopleDF 保存为 parquet 文件时，依然会保留着结构信息
scala>peopleDF.write.parquet("people.parquet")

//读取创建的 people.parquet 文件，Parquet 文件是自描述的，所以结构信息被保留
//读取 Parquet 文件的结果是已经具有完整结构信息的 DataFrame 对象
val parquetFileDF = spark.read.parquet("people.parquet")
//因为 Spark SQL 的默认数据源格式为 Parquet 格式，所以读取格式可为：
//val parquetFileDF = spark.read.load("people.parquet ")
//可以使用 SQL 直接查询 Parquet 文件，查询地址为该 Parquet 文件的存放位置
scala> val sqlDF = spark.sql("SELECT * FROM parquet.`/home/ubuntu/people.parquet`")
sqlDF: org.apache.spark.sql.DataFrame = [age: bigint, name: string]
scala> sqlDF.show()
+----+-------+
| age|   name|
+----+-------+
|null|Michael|
|  30|   Andy|
|  19| Justin|
+----+-------+

// Parquet 文件也可以用来创建临时视图，然后在 SQL 语句中使用
scala>parquetFileDF.createOrReplaceTempView("parquetFile")
scala>val namesDF = spark.sql("SELECT name FROM parquetFile WHERE age BETWEEN 13 AND 19")
scala>namesDF.map(attributes => "Name: " + attributes(0)).show()
// +-------------+
// |        value|
// +-------------+
// | Name: Justin|
// +-------------+
```

(1) 分区发现

表分区是一种常见的优化方法，用于像 Hive 一样的系统中。在分区表中，数据通常存储

在不同的目录中，根据分区列的值不同，编码了在每个分区目录不同的路径。目前 Parquet 数据源可以自动发现和推断分区信息。例如，可以使用图 6-6 所示的目录结构存储所有以前使用的 person 信息到分区表中，其中包括两个额外的分区列，分别为 gender 和 country，其具体表分区结构如图 6-6 所示。

```
path
└── to
    └── table
        ├── gender=male
        │   ├── ...
        │   ├── country=US
        │   │   └── data.parquet
        │   ├── country=CN
        │   │   └── data.parquet
        │   └── ...
        └── gender=female
            ├── ...
            ├── country=US
            │   └── data.parquet
            ├── country=CN
            │   └── data.parquet
            └── ...
```

图 6-6　表分区结构

在此例子中，如果需要读取 Parquet 文件数据，只需要把 path/to/table 作为参数传递给 SparkSession.read.parquet 或 SparkSession.read.load，Spark SQL 将自动从路径中提取出分区信息，并识别数据表的结构信息来创建 DataFrame 对象。在返回的 DataFrame 对象上调用 printSchema()方法，可看到结构信息如图 6-7 所示。

```
root
 |-- name: string (nullable = true)
 |-- age: long (nullable = true)
 |-- gender: string (nullable = true)
 |-- country: string (nullable = true)
```

图 6-7　结构信息

请注意，分区列的数据类型是自动推断的，目前支持数值型数据和字符串型数据。自动类型推断可以由 spark.sql.sources.partitionColumnTypeInference.enabled 参数配置，默认为 true。当禁用类型推断时，分区列的类型将为字符串型。

从 Spark 1.6.0 开始，默认情况下，分区发现只能找到给定路径下的分区。对于图 6-6 中，如果用户将 path/to/table/gender = male 传递给 SparkSession.read.parquet 或 SparkSession.read.load，则 gender 将不被视为分区列。如果用户需要指定分区发现起始的基本路径，则可以在数据源选项中设置 basePath。例如，当 path/to/table/gender = male 是数据的路径，并且用户将 basePath 设置为 path/to/table/时，gender 将是一个分区列。

（2）模式合并

像 ProtocolBuffer，Avro 和 Thrift 一样，Parquet 也支持模式演进。用户可以从一个简单的 Schema 开始，并根据需要逐渐向 schema 添加更多的列。以这种方式，用户可能会使用不同但相互兼容的 schema 多个 Parquet 文件。Parquet 数据源能够自动检测这种情况并合并所有这些文件的模式。

由于模式合并是一个相对昂贵的操作，并且在大多数情况下不是必需的，所以从 1.5.0 开始，默认为关闭状态，通过两种方法使之生效，具体实现如代码 6-5 所示。

① 读取 Parquet 文件时，将数据源选项 mergeSchema 设置为 true（如代码 6-5 所示）。

② 将全局 SQL 选项 spark.sql.parquet.mergeSchema 设置为 true。

代码 6-5

```
// 引用 spark.implicits._ 用于将 RDD 隐式转换为 DataFrame
scala>import spark.implicits._

// 创建一个 DataFrame，存储到一个分区目录（data/test_table/key=1）
scala>val squaresDF = spark.sparkContext.makeRDD(1 to 5).map(i => (i, i * i)).toDF("value", "square")
scala>squaresDF.write.parquet("data/test_table/key=1")

// 创建一个新的 DataFrame，将其存储到相同表下的新的分区目录（data/test_table/key=2）
// 增加了一个 cube 列，去掉了一个已存在的 square 列
scala>val cubesDF = spark.sparkContext.makeRDD(6 to 10).map(i => (i, i * i * i)).toDF("value", "cube")
scala>cubesDF.write.parquet("data/test_table/key=2")
//读取分区表，自动实现了两个分区（key=1/2）的合并
scala>val mergedDF = spark.read.option("mergeSchema", "true").parquet("data/test_table")

//通过基础 DataFrame 函数，以树格式打印 Schema，包含分区目录下全部的分区表
scala>mergedDF.printSchema()
// root
//  |-- value: int (nullable = true)
//  |-- square: int (nullable = true)
//  |-- cube: int (nullable = true)
//  |-- key: int (nullable = true)
```

(3)配置

Parquet 的配置可以使用 SparkSession 中的 setConf 方法进行，或者使用 SQL 执行 SET key = value 设置来完成，如表 6-1 所示。

表 6-1 Parquet 的配置

属性名	默认值	含义
spark.sql.parquet.binaryAsString	false	一些其他 Parquet 生产系统，如：特定版本的 Impala、Hive，或者老版本的 Spark SQL，在写出 Parquet Schema 时不区分二进制数据和字符串类型数据。这个标志的意思是，让 Spark SQL 把二进制数据当字符串处理，以兼容老系统
spark.sql.parquet.int96AsTimestamp	true	有些老系统，如特定版本的 Impala、Hive，把时间戳存成 INT96。这个配置的作用是，让 Spark SQL 把这些 INT96 解释为 timestamp，以兼容老系统
spark.sql.parquet.cacheMetadata	true	打开 Parquet 模式元数据的缓存。可以加快查询静态数据
spark.sql.parquet.compression.codec	snappy	设置写入 Parquet 文件时压缩编解码器。可接受的值包括：uncompressed、snappy、gzip、lzo
spark.sql.parquet.filterPushdown	true	设置值为 true 时启用 Parquet 过滤器下推优化
spark.sql.hive.convertMetastoreParquet	true	当设置为 false 时，Spark SQL 将对 Parquet 表使用 Hive SerDe 来实现序列化、反序列化，替代内置支持的 SerDev
spark.sql.parquet.mergeSchema	false	如果为 true，则 Parquet 数据源合并从所有数据文件收集的 Schema，否则如果没有摘要文件可用，则从摘要文件或随机数据文件中选取 Schema
spark.sql.optimizer.metadataOnly	true	如果为 true，则启用使用表元数据的仅限元数据查询优化来生成分区列，而不是表扫描。它适用于扫描的所有列都是分区列并且查询具有满足不同语义的聚合运算符的情况

3. Hive 表

Spark SQL 同样支持从 Apache Hive 中读写数据。但是，自从 Hive 有大量依赖之后，这些依赖就不包括在 Spark 发布版本中了。如果 Hive 的依赖可以在环境变量中找到，Spark 将自动加载它们。注意这些 Hive 依赖项同样必须在每个 Worker 节点上存在，因为需要访问 Hive 序列化和反序列化库以便可以访问 Hive 中存储的数据。可以在 conf/目录中的 hive-site.xml、core-site.xml(安全配置)和 hdfs-site.xml(HDFS 配置)这几个文件中进行配置。

当在 Hive 上工作时，必须实例化 SparkSession 对 Hive 的支持，包括对持久化 Hive 云存储的连通性、对 Hive 序列化反序列化、Hive 用户自定义函数的支持。当没有在 hive-site.xml 配置时，context 会自动在当前目录创建 metastore_db 并且创建一个被 spark.sql.warehouse.dir 配置的目录，默认在 Spark 应用启动的当前目录的 spark-warehouse 中配置。注意从 Spark2.0.0 开始，hive-site.xml 中的 hive.metastore.warehouse.dir 参数被弃用。作为替代，使用 spark.sql.warehouse.dir 来指定仓库中数据库的位置，可能需要授予写权限给启动 Spark 应用的用户。

读取 Hive 数据表的示例如代码 6-6 所示。

代码 6-6

```scala
import java.io.File
import org.apache.spark.sql.{Row, SaveMode, SparkSession}
case class Record(key: Int, value: String)
// warehouseLocation 指向托管数据库和表的默认位置
val warehouseLocation = new File("spark-warehouse").getAbsolutePath

val spark = SparkSession
  .builder()
  .appName("Spark Hive Example")
  .config("spark.sql.warehouse.dir", warehouseLocation)
  .enableHiveSupport()
  .getOrCreate()
import spark.implicits._
import spark.sql
sql("CREATE TABLE IF NOT EXISTS src (key INT, value STRING) USING hive")
sql("LOAD DATA LOCAL INPATH 'examples/src/main/resources/kv1.txt' INTO TABLE src")

// 使用 HiveQL 进行查询
sql("SELECT * FROM src").show()
// +---+-------+
// |key|  value|
// +---+-------+
// |238|val_238|
// | 86| val_86|
// |311|val_311|
// ...
// 包含着 Hive 聚合函数 COUNT() 的查询依然被支持
sql("SELECT COUNT(*) FROM src").show()
// +--------+
// |count(1)|
// +--------+
// |    500 |
// +--------+
// SQL 查询的结果本身就是 DataFrame，并支持所有正常的功能
val sqlDF = sql("SELECT key, value FROM src WHERE key < 10 ORDER BY key")
```

```scala
// DataFrame 中的元素是 Row 类型的，允许按顺序访问每个列
val stringsDS = sqlDF.map {
  case Row(key: Int, value: String) => s"Key: $key, Value: $value"
}

stringsDS.show()
// +--------------------+
// |               value|
// +--------------------+
// |Key: 0, Value: val_0|
// |Key: 0, Value: val_0|
// |Key: 0, Value: val_0|
// ...
// 也可以使用 DataFrame 在 SparkSession 中创建临时视图
val recordsDF = spark.createDataFrame((1 to 100).map(i => Record(i, s"val_$i")))
recordsDF.createOrReplaceTempView("records")

//sql 查询中可以对 DataFrame 注册的临时表和 Hive 表执行 Join 连接操作
sql("SELECT * FROM records r JOIN src s ON r.key = s.key").show()
// +---+-----+---+-----+
// |key|value|key|value|
// +---+-----+---+-----+
// |  2|val_2|  2|val_2|
// |  4|val_4|  4|val_4|
// |  5|val_5|  5|val_5|
// ...

//使用 HQL 语法而不是 Spark SQL 本机语法创建 Hive 托管 Parquet 表
sql("CREATE TABLE hive_records(key int, value string) STORED AS PARQUET")

//保存 DataFrame 到 Hive 托管表中
val df = spark.table("src")
df.write.mode(SaveMode.Overwrite).saveAsTable("hive_records")
sql("SELECT * FROM hive_records").show()
// +---+-------+
// |key|  value|
// +---+-------+
// |238|val_238|
// | 86| val_86|
```

```
// |311|val_311|
// ...
val dataDir = "/tmp/parquet_data"
spark.range(10).write.parquet(dataDir)

//创建一个 Hive 额外的 Parquet 表
sql(s"CREATE EXTERNAL TABLE hive_ints(key int) STORED AS PARQUET LOCATION '$dataDir'")
sql("SELECT * FROM hive_ints").show()
// +---+
// |key|
// +---+
// |  0|
// |  1|
// |  2|
// ...
// 打开 Hive 动态分区的标志
spark.sqlContext.setConf("hive.exec.dynamic.partition", "true")
spark.sqlContext.setConf("hive.exec.dynamic.partition.mode", "nonstrict")

// 使用 DataFrame API 创建 Hive 分区表
df.write.partitionBy("key").format("hive").saveAsTable("hive_part_tbl")

// 分区列'key'被移至 schema 的末尾
sql("SELECT * FROM hive_part_tbl").show()
// +---------+----+
// |    value|key|
// +---------+----+
// |val_238|238|
// | val_86 | 86 |
// |val_311|311|
// ...

spark.stop()
```

4. 用 JDBC 连接其他数据库

Spark SQL 支持的数据源同样包括使用 JDBC 从其他数据库读取数据。此功能读取数据源之后返回的结果作为 DataFrame，可以轻松地使用 Spark SQL 处理或者与其他数据源进行连接。本书采用的数据库是 mysql 数据库。

在开始之前需要先下载 mysql 数据库，并且下载 JDBC 驱动压缩包，将其解压至 spark 安装目录下的 jars 文件夹中，再将指定的数据库的 JDBC 驱动（本书所涉及的 JDBC 驱动为 mysql-connector-java-5.1.40-bin.jar）包含在 Spark 的环境变量中。例如，本书为了从 Spark Shell 连接到 mysql 数据库，需要执行代码 6-7 所示命令：

代码 6-7

```
spark-shell                                                                                                --jars
/usr/local/spark-2.3.0-bin-hadoop2.7/jars/mysql-connector-java-5.1.40/mysql-connector-java-5.1
.40-bin.jar
                                                                                   --driver-class-path
/usr/local/spark-2.3.0-bin-hadoop2.7/jars/mysql-connector-java-5.1.40/mysql-connector-java-5.1
.40-bin.jar
```

远程数据库的表可以通过 Data Source API，用 DataFrame 或者 Spark SQL 临时表来装载。用户可以在数据源选项中指定 JDBC 连接的几个必要属性。除了必要的连接属性外，Spark 还支持如表 6-2 所示的属性。

表 6-2 不区分大小写的选项

属性名	含义
url	要连接的 JDBC URL。源特定的连接属性可以在 URL 中指定。例如：jdbc:mysql://localhost:3306/student（本书在 mysql 中所创建的数据库为 student）
dbtable	读取的 JDBC 表。请注意，可以使用在 SQL 查询的 FROM 子句中有效的任何内容。例如，也可以在括号中使用子查询，而不是一个完整表
driver	用于连接到此 URL 的 JDBC driver 程序的类名
partitionColumn，lowerBound，upperBound	如果指定了这三个选项中的任意一个，则这三个选项均需指定。另外，必须指定 numPartitions 描述如何从多个 worker 并行读取数据时对表进行分区。partitionColumn 必须是相关表中的数字列。请注意，lowerBound 和 upperBound 仅用于决定分区跨度，而不是用于过滤表中的行。因此，表中的所有行将被分区并返回。此选项仅适用于读操作
numPartitions	在表读写中可以用于并行的最大分区数，这也决定了并发 JDBC 连接的最大数量。如果要写入的分区数超过此限制，则在写入之前通过调用 coalesce (numPartitions) 将其减少到此限制
fetchsize	JDBC 提取大小，决定每次数据往返取多少行。这有利于默认为低读取大小的 JDBC 驱动程序（例如：Oracle 是 10 行）的性能优化。该选项仅适用于读取操作
batchsize	JDBC 批量大小，用于确定每次往返要插入多少行。这有利于提升 JDBC 驱动程序的性能。这个选项只适用于写入表。它默认行为是 1000
isolationLevel	事务隔离级别，适用于当前连接。它可以是 NONE, READ_COMMITTED, READ_UNCOMMITTED, REPEATABLE_READ, 或 SERIALIZABLE 之一，对应于 JDBC 连接对象定义的标准事务隔离级别，默认为 READ_UNCOMMITTED。此选项仅适用于写操作。请参考 java.sql.Connection 中的文档

续表 6-2

属性名	含义
truncate	这是一个与 JDBC 编写器相关的选项。启用 SaveMode.Overwrite 时，此选项会导致 Spark 截断现有表，而不是删除并重新创建。这可以更有效，并且防止表元数据（例如索引）被移除。但是在某些情况下，例如当新数据具有不同的模式时，它将不起作用。它默认为 false。此选项仅适用于写操作
createTableOptions	这是一个与 JDBC 编写器相关的选项。如果指定，此选项允许在创建表时设置数据库特定的表和分区选项［例如：CREATE TABLE t (name string) ENGINE = InnoDB］。此选项仅适用于写操作
createTableColumnTypes	创建表时使用数据库列数据类型而不是使用默认值。使用与 CREATE TABLE 列语法［例如："name CHAR(64), comments VARCHAR(1024)"］相同的格式指定数据类型信息。指定的类型是有效的 Spark SQL 数据类型。此选项仅适用于写操作

通过 JDBC 读取 mysql 数据库中的数据源以及将 DataFrame 对象作为表写入 mysql 数据库的例子如下：

（1）根据代码 6-8 所示命令启动数据库。

代码 6-8

```
ubuntu@ubuntu:~$ service mysql start
ubuntu@ubuntu:~$ mysql -u root -p
```

（2）根据代码 6-9 中的命令创建数据库和表，并插入数据。

代码 6-9

```
mysql> create database student;
mysql> use student;
mysql> create table stu(id int(10) auto_increment not null primary key,name varchar(10),country varchar(20),Height Double,Weight Double);
mysql> describe stu;
+------------+-------------+------+-----+---------+----------------+
| Field      | Type        | Null | Key | Default | Extra          |
+------------+-------------+------+-----+---------+----------------+
| id         | int(10)     | NO   | PRI | NULL    | auto_increment |
| name       | varchar(10) | YES  |     | NULL    |                |
| country    | varchar(20) | YES  |     | NULL    |                |
| Height     | double      | YES  |     | NULL    |                |
| Weight     | double      | YES  |     | NULL    |                |
+------------+-------------+------+-----+---------+----------------+
5 rows in set (0.00 sec)
mysql> insert into stu values(null,'MI','china','180','60');
```

```
mysql> insert into stu values(null,'UI','UK','160','50');
mysql> insert into stu values(null,'DI','UK','165','55');
mysql> insert into stu values(null,'Bo','china','167','45');
mysql> select * from stu;
+---+------+---------+---------+---------+
| id|name|country| Height|Weight|
+---+------+---------+---------+---------+
| 1 |MI|  china  | 180 | 60 |
| 2 |UI|  UK     | 160 | 50 |
| 3 |DI|  UK     | 165 | 55 |
| 4 |Bo|  china  | 167 | 45 |
+---+------+---------+---------+---------+
4 rows in set (0.00 sec)
```

（3）实现与数据库的连接、读取数据库中的数据创建 DataFrame 以及将新增记录以 DataFrame 的形式存储于数据库表中，实现代码如代码 6-10 所示。

代码 6-10

```
//创建 Properties 类对象需要的包
scala> import java.util.Properties
import java.util.Properties
scala> val jdbcDF = spark.read
  //识别读取的是 JDBC 数据源
  .format("jdbc")
  //要连接的 JDBC URL 属性，其中 student 是创建的数据库名
  .option("url","jdbc:mysql://localhost:3306/student")
  // driver 部分是 Spark SQL 访问数据库的具体驱动类名
  .option("driver","com.mysql.jdbc.Driver")
  //dbtable 部分是需要访问的 student 库中的表 stu
  .option("dbtable","stu")
  //user 部分是用于访问 mysql 数据库的用户
  .option("user","root")
  //password 部分是该用户访问数据库的密码
  .option("password","mysql")
  .load()
scala> jdbcDF.show()
+---+------+---------+---------+---------+
| id|name|country| Height|Weight|
+---+------+---------+---------+---------+
| 1|  MI|  china|  180.0|  60.0|
```

```
| 2| Ul|      UK| 160.0| 50.0|
| 3| Dl|      UK| 165.0| 55.0|
| 4| Bo|   china| 167.0| 45.0|
+---+-----+--------+------+-----+
```
//实例化 Properties 类对象，并以键值对形式添加相应的 JDBC 连接属性
scala> val connectionProperties = new Properties()
connectionProperties: java.util.Properties = {}
//将 user 属性和 password 属性添加至 Properties 类对象中
scala> connectionProperties.put("user","root")
scala> connectionProperties.put("password","mysql")
//addstu 是含有需要写入 stu 表中的数据的 DataFrame
scala> val addstu = spark.read.json("/home/ubuntu/Desktop/stu.json")
scala> addstu.show()
```
+------+------+-------+----+
|Height|Weight|country|name|
+------+------+-------+----+
|   168|    48|  china|  Am|
|   189|    80|  Spain|  Bo|
+------+------+-------+----+
```
scala>addstu.write
  .mode("append")
  .format("jdbc")
  .option("url", " jdbc:mysql://localhost:3306/student ")
  .option("dbtable", "stu")
  .option("user", "root")
  .option("password", "mysql")
  .save()
//与读取 JDBC 数据源相同，也可以将 connectionProperties 对象传入 write.jdbc()方法中来实现数据表的写入
scala> addstu.write
  .mode("append")
  .jdbc("jdbc:mysql://localhost:3306/student","student.stu",connectionProperties)

在 student 库中查询 stu 表，可以查看到新增加记录后 stu 表的数据，具体实现如代码 6-11 所示。

代码 6-11

```
mysql> select * from stu;
+---+------+---------+--------+--------+
| id|name|country| Height|Weight|
+---+------+---------+--------+--------+
| 1|   MI|   china|    180|    60|
| 2|   UI|      UK|    160|    50|
| 3|   DI|      UK|    165|    55|
| 4|   Bo|   china|    167|    45|
| 5|   Am| china  |    168|    48|
| 6|   Bo|Spain   |    189|    80|
+---+------+---------+--------+--------+
6 rows in set (0.00 sec)
```

6.2.2 RDD 转换为 DataFrame

Spark SQL 支持已有的 RDD 转换为 DataFrame 对象。当组成 RDD[T] 的每一个 T 对象内部具有共同且鲜明的字段结构时，可以隐式或者显式地总结出创建 DataFrame 对象所必要的结构信息（Schema）进行转换，进而在 DataFrame 上调用 RDD 所不具备的强大丰富的 API，或者执行简洁的 SQL 查询。

Spark SQL 支持两种不同的方法用于转换已存在的 RDD 成为 DataFrame。第一种方法是使用反射机制自动推断包含指定的对象类型的 RDD 的 Schema 进行隐式转化。在 Spark 应用程序中，已知 Schema 时这个基于反射的方法可以让代码更简洁，并且运行效果良好。第二种方法是通过编程接口，构造一个 Schema，然后将其应用到已存在的 RDD[Row]（将 RDD[T] 转化为 Row 对象组成的 RDD）。

1. 使用反射机制推理出 schema（结构信息）

Spark SQL 的 Scala 接口支持自动转换包含样例类（case class）的 RDD 为一个 DataFrame 对象。在样例类的声明中已预先定义了表的结构信息，内部通过反射机制读取 case 类的参数名为列名，case 类不仅可以包含 Int、Double、String 等简单数据类型，也可以包含复杂类型，如序列或者数组。RDD 可以隐式转换为一个 DataFrame，并注册成一个表，表可以用于后续的 SQL 查询语句。

SparkSession 的 sql 函数使应用程序运行 SQL 查询并返回 DataFrame，存在 case 类时，自动发生隐式转换，map 操作返回为 DataFrame，转换过程中有三个要点：

- 必须创建 case 类，隐式转换为 DataFrame。
- 必须生成 DataFrame，进行注册临时表操作。
- 必须将标志着结构化数据源的 DataFrame 对象注册成临时表，才能在 sql 语句中对临时表进行查询操作。

反射机制推断 RDD 模式转换为 DataFrame 的示例如代码 6-12 所示，样例数据存在于

"/home/ubuntu/student.txt"，样例数据如图 6-8 所示。

```
MI,20,china,computer science and technology department,185,75
MU,21,Spain,medical college,187,70
MY,25,Portugal,chemical engineering institute,155,60
MK,19,Japan,SEM,166,62
Ab,24,France,school of materials,187,80
Ar,21,Russia,school of materials,167,60
Ad,20,Geneva,medical college,185,75
Am,20,china,computer science and technology department,168,48
Bo,20,Spain,chemical engineering institute,189,80
By,20,china,SEM,164,55
CY,20,Japan,medical college,195,85
CT,18,France,school of materials,169,60
Vi,20,china,chemical engineering institute,168,61
Co,20,Geneva,school of materials,185,65
Me,20,Portugal,SEM,181,68
Ma,20,France,chemical engineering institute,158,55
Dn,26,Japan,computer science and technology department,187,70
Do,23,china,computer science and technology department,176,65
Wt,20,Geneva,medical college,192,80
Ju,20,Geneva,SEM,152,48
Sy,20,Spain,computer science and technology department,174,80
Wi,20,Portugal,chemical engineering institute,167,50
```

图 6-8　样例数据

由反射机制推断出 schema，将 RDD 转换为 DataFrame 的具体实现如代码 6-12 所示。

代码 6-12

```
scala> case class student(name:String,age:Int,Height:Int,Weight:Int)
defined class student

scala> import spark.implicits._
import spark.implicits._

scala> val stuRDD =
spark.sparkContext.textFile("/home/ubuntu/student.txt").map(_.split(",")).map(elements=>student(elements(0),elements(1).trim.toInt,elements(4).trim.toInt,elements(5).trim.toInt))
```

```
stuRDD: org.apache.spark.rdd.RDD[student] = MapPartitionsRDD[13] at map at <console>:28

scala> val stuDF = stuRDD.toDF()
stuDF: org.apache.spark.sql.DataFrame = [name: string, age: int ... 2 more fields]

scala> stuDF.createOrReplaceTempView("student")

scala> val stu_H_W = spark.sql("SELECT name,age,Height,Weight FROM student WHERE age BETWEEN 13 AND 19")
stu_H_W: org.apache.spark.sql.DataFrame = [name: string, age: int ... 2 more fields]

scala> stu_H_W.show()
+-------+-----+---------+--------+
|name|age|Height|Weight|
+-------+-----+---------+--------+
|   MK| 19|   166|    62|
|   CT| 18|   169|    60|
+-------+-----+---------+--------+
```

RDD[student]隐式转化为 DataFrame 的实质是,内部自动生成包含结构信息的 student 样例类的编码器(encode),并将该编码器用于 DataFrame 的初始化,编码器对于 DataFrame 对象意义重大,用于将 JVM 对象转换为 Spark SQL 的对象,以及将对象序列化,以便进行缓存和网络传输。

2. 以编程的方式指定 schema

当 case 类不能提前定义时(例如:数据集的结构信息已经包含在每一行中、一个文本数据集的字段对不同用户来说需要被解析成不同的字段名或者用户不知道列及其类型),这时,编程接口允许用户构建 schema 并应用到 RDD 上,DataFrame 就可以通过编程方式创建,主要有三个步骤:

(1)根据需求从原始 RDD 中创建一个 Rows 的 RDD。
(2)创建一个表示为 StructType 类型的 Schema,匹配(1)中创建的 RDD 的 Rows 的结构。
(3)通过 SparkSession 提供的 createDataFrame 方法,应用 Schema 到 Rows 的 RDD。

以编程的方式指定 schema,将 RDD 显式地转化为 DataFrame 的具体实现,如代码 6-13 所示。

代码 6-13

```
//导入 Spark SQL 的 data types 包
scala> import org.apache.spark.sql.types._
import org.apache.spark.sql.types._
//导入 Spark SQL 的 Row 包
scala> import org.apache.spark.sql.Row
import org.apache.spark.sql.Row
// 创建 peopleRDD
scala> val stuRDD = spark.sparkContext.textFile("/home/ubuntu/student.txt")
stuRDD: org.apache.spark.rdd.RDD[String] = /home/ubuntu/student.txt MapPartitionsRDD[19] at textFile at <console>:30
// schema 字符串
scala> val schemaString = "name age country"
schemaString: String = name age country

//将 schema 字符串按空格分隔返回字符串数组，对字符串数组进行遍历，并对数组中的每一个元素进一步封装成 StructField 对象，进而构成了 Array[StructField]
scala> val fields = schemaString.split(" ").map(fieldName => StructField(fieldName,StringType,nullable = true))
fields: Array[org.apache.spark.sql.types.StructField] = Array(StructField(name,StringType,true), StructField(age,StringType,true), StructField(country,StringType,true))

//将 fields 强制转换为 StructType 对象，形成了可用于构建 DataFrame 对象的 Schema
scala> val schema = StructType(fields)
schema: org.apache.spark.sql.types.StructType = StructType(StructField(name,StringType,true), StructField(age,StringType,true), StructField(country,StringType,true))

//将 peopleRDD（RDD[String]）转化为 RDD[Rows]
scala> val rowRDD = stuRDD.map(_.split(",")).map(elements => Row(elements(0),elements(1).trim,elements(2)))
rowRDD: org.apache.spark.rdd.RDD[org.apache.spark.sql.Row] = MapPartitionsRDD[21] at map at <console>:32

//将 schema 应用到 rowRDD 上，完成 DataFrame 的转换
scala> val stuDF = spark.createDataFrame(rowRDD,schema)
stuDF: org.apache.spark.sql.DataFrame = [name: string, age: string ... 1 more field]

//可以对 stuDF 直接操作
scala> stuDF.show(9)
```

```
+----+---+-------+
|name|age|country|
+----+---+-------+
| MI | 20|  china|
| MU | 21|  Spain|
| MY | 25|Portugal|
| MK | 19|  Japan|
| Ab | 24| France|
| Ar | 21| Russia|
| Ad | 20| Geneva|
| Am | 20|  china|
| Bo | 20|  Spain|
+----+---+-------+
```

//也可将 stuDF 注册成临时表"student"，调用 sql 接口，运行 SQL 表达式，进行 SQL 查询，sql()返回值依然是 DataFrame 对象。

```
scala> stuDF.createOrReplaceTempView("student")
scala> val results = spark.sql("SELECT name,age,country FROM student WHERE age BETWEEN 13 and 19").show()
+----+---+-------+
|name|age|country|
+----+---+-------+
| MK | 19|  Japan|
| CT | 18| France|
+----+---+-------+
```

代码 6-13 示例中，StructType 和 StructField 类型都位于 org.apache.spark.sql.types 包中，其中 StructField(name，datatype，nullable)表示 StructType 中的字段，字段中的名称由 name 表示，字段的数据类型由 dataType 表示，nullable 用于表示值是否允许为 null 值。StructType(fields)表示由 StructFields(fields)描述的序列，支持排序功能。由代码 6-13 示例得知，将 RDDS 转化为 DataFrame/Datasets[Rows] 的实质就是，赋予 RDD 内部包含类型对象的结构信息，使得 DataFrame 掌握更丰富的结构与信息（可想象成传统数据库表的表头，表头包含各字段名称、类型等信息），这更能说明 DataFrame 为什么相较于 RDDs 提供更强大丰富的功能，支持 SQL 查询了。

6.3　DataFrame 操作

DataFrame 提供了丰富 API，主要包括两类：①Transformation 操作，如 select、where、orderBy、groupBy 等负责指定结果列、过滤、排序、分组的方法；②Action 操作，负责触发计算、回收结果。

6.3.1 Transformation 操作

由于 Transformation 操作大多与 RDD 中相关操作功能类似(如 map、flatMap 等操作),故在本节不再赘述。DataFrame 对象常用的 Transformation 操作如表 6-3 所示。

表 6-3 DataFrame 常见的 Transformation 操作

基础函数	说明
agg(expr: Column, exprs: Column*): DataFrame	聚合操作
apply(colName: String): Column	基于列名选择列,并以一个 Column 的形式返回
col(colName: String): Column	基于列名选择列,并以一个 Column 的形式返回
select(col: String, cols: String*): DataFrame	获取指定字段值
distinct(): DataFrame	返回一个新的 DataFrame,仅包含 DataFrame 的 unique rows
drop(col: Column): DataFrame	drop 一个列,并返回一个新的 DataFrame
except(other: DataFrame): DataFrame	返回一个新的 DataFrame,在当前的 dataFrame 但是不在另外一个 DataFrame
filter(conditionExpr: String): DataFrame	使用给定的 SQL 表达式过滤
groupBy(col1: String, cols: String*): RelationalGroupedDataset	使用给定的列分组,以便能够进行聚合操作
intersect(other: DataFrame): DataFrame	返回当前 DataFrame 与另外的 DataFrame 的交集 DataFrame
limit(n: Int): DataFrame	获取前面几行数据,返回一个新的 DataFrame
orderBy(sortExprs: Column*): DataFrame	使用给定的表达式进行排序,返回一个新的 DataFrame
sort(sortExprs: Column*): DataFrame	返回一个给定表达式排序的新的 DataFrame
sample(withReplacement: Boolean, fraction: Double): DataFrame	使用一个随机种子,抽样一部分行返回一个新的 DataFrame
where()	按照指定条件对数据进行过滤筛选并返回新的 DataFrame
join()	对两个 DataFrame 做关联操作
na: DataFrameNaFunctions	对具有空值列的行数据进行处理

1. agg(expr: Column, exprs: Column*): DataFrame

agg 是一种聚合操作,该方法输入的是对于聚合操作的表达,可同时对多个列进行聚合操作,agg 为 DataFrame 提供数据列不需要经过分组就可以执行统计操作,也可以与 groupBy 法配合使用。代码 6-14 中的 df 为代码 6-3 创建 DataFrame 对象时所建。

代码 6-14

```
scala> df.agg("age" -> "mean","Height" -> "min","Weight" -> "max").show()
+------------------+-----------+-----------+
|           avg(age)|min(Height)|max(Weight)|
+------------------+-----------+-----------+
|20.90909090909091 |        155|         85|
+------------------+-----------+-----------+
```

2. apply(colName: String): Column

该方法用来指定列名返回 DataFrame 的列。下列两种获取 Column 的方法等效，返回的皆为对应的 Column。若需要对某指定列进行删除或者对指定列的数值进行计算等操作，可以采用该方法获得 Column 形式的列，如代码 6-15 所示。

代码 6-15

```
scala> df("Height")
res11: org.apache.spark.sql.Column = Height
scala> df.apply("Weight")
res12: org.apache.spark.sql.Column = Weight
```

3. col(colName: String): Column

该方法用来获取指定字段，apply()和col()参数类型、个数以及返回值类型均相同，只能获取某一列，返回对象为 Column 类型，如代码 6-16 所示。

代码 6-16

```
scala> df.col("name")
res4: org.apache.spark.sql.Column = name
```

4. select(col: String, cols: String*): DataFrame

该方法用于获取指定字段值，根据传入的 String 类型的字段名，获取指定字段的值，以 DataFrame 类型返回。具体实现如代码 6-17 所示。

代码 6-17

```
scala> df.select(df("name"),df("Weight") as "Weight_KG").show(6)
+-----+---------+
| name|Weight_KG|
+-----+---------+
|   MI|       75|
|   MU|       70|
|   MY|       60|
|   MK|       62|
```

```
|  Ab|            80|
|  Ar|            60|
+-------+--------------+
only showing top 6 rows
scala> df.select(df("name"),df("Weight")*2 as "Weight_Jin").show(6)
+-------+--------------+
|name|Weight_Jin|
+-------+--------------+
|  Ml|         150.0|
|  MU|         140.0|
|  MY|         120.0|
|  MK|         124.0|
|  Ab|         160.0|
|  Ar|         120.0|
+-------+--------------+
only showing top 6 rows
```

5. distinct(): DataFrame

该方法用来返回对 DataFrame 的数据记录去重后的 DataFrame。具体实现如代码 6-18 所示,选择了有重复记录的"age"列,最后调用 distinct 方法进行去重。

代码 6-18

```
scala> df.select("age").show(6)
+----+
|age|
+----+
| 20|
| 21|
| 25|
| 19|
| 24|
| 21|
+----+
only showing top 6 rows
scala> df.select("age").distinct.show()
+----+
|age|
+----+
```

```
| 19|
| 25|
| 24|
| 20|
| 21|
+----+
```

6. drop(col: Column): DataFrame

该方法用来去除指定字段，保留其他字段，返回一个新的 DataFrame，其中不包含去除的字段，一次只能去除一个字段。drop 方法有两种重载函数：df.drop("id")和 df.drop(df("id"))，前者的输入参数是描述列名称的 String，而后者传入的是 Column 类型的列。具体实现如代码 6-19 所示。

代码 6-19

```
scala> df.printSchema()
root
 |-- Height: string (nullable = true)
 |-- Weight: string (nullable = true)
 |-- age: string (nullable = true)
 |-- country: string (nullable = true)
 |-- institute: string (nullable = true)
 |-- name: string (nullable = true)
scala> df.drop("institute").printSchema()
root
 |-- Height: string (nullable = true)
 |-- Weight: string (nullable = true)
 |-- age: string (nullable = true)
 |-- country: string (nullable = true)
 |-- name: string (nullable = true)
```

7. except(other: DataFrame): DataFrame

返回 DataFrame，包含当前 DataFrame 的数据记录，同时 Rows 不在另一个 DataFrame 中，相当于两个 DataFrame 做减法。具体实现如代码 6-20 所示。

代码6-20

```
scala> val newdf = spark.read.json("/home/ubuntu/newstudent.json")
newdf: org.apache.spark.sql.DataFrame = [Height: string, Weight: string ... 4 more fields]
scala> newdf.show(false)
+------+------+----+-------+-------------------------------------------+----+
|Height|Weight|age |country|institute                                  |name|
+------+------+----+-------+-------------------------------------------+----+
|185   |75    |20  |china  |computer science and technology department|MI  |
+------+------+----+-------+-------------------------------------------+----+

scala> df.show(false)
+------+------+----+-------+-------------------------------------------+----+
|Height|Weight|age |country|institute                                  |name|
+------+------+----+-------+-------------------------------------------+----+
|185   |75    |20  |china  |computer science and technology department| MI |
|187   |70    |21  |Spain  |medical college                            | MU |
|155   |60    |25  |Portugal|chemical engineering institude            | MY |
|166   |62    |19  |Japan  |SEM                                        | MK |
|187   |80    |24  |France |school of materials                        | Ab |
|167   |60    |21  |Russia |school of materials                        | Ar |
|185   |75    |20  |Geneva |medical college                            | Ad |
|168   |48    |20  |china  |computer science and technology department| Am |
|189   |80    |20  |Spain  |chemical engineering institude             | Bo |
|164   |55    |20  |china  |SEM                                        | By |
|195   |85    |20  |Japan  |SEM                                        | CY |
+------+------+----+-------+-------------------------------------------+----+

scala> df.except(newdf).show(false)
+------+------+----+-------+-------------------------------------------+----+
|Height|Weight|age |country|institute                                  |name|
+------+------+----+-------+-------------------------------------------+----+
|166   |62    |19  |Japan  |SEM                                        | MK |
|155   |60    |25  |Portugal|chemical engineering institude            | MY |
|164   |55    |20  |china  |SEM                                        | By |
|195   |85    |20  |Japan  |SEM                                        | CY |
|187   |70    |21  |Spain  |medical college                            | MU |
|168   |48    |20  |china  |computer science and technology department| Am |
|187   |80    |24  |France |school of materials                        | Ab |
|185   |75    |20  |Geneva |medical college                            | Ad |
|189   |80    |20  |Spain  |chemical engineering institude             | Bo |
|167   |60    |21  |Russia |school of materials                        | Ar |
+------+------+----+-------+-------------------------------------------+----+
```

8. filter(conditionExpr: String): DataFrame

按参数指定的 SQL 表达式的条件过滤 DataFrame，如代码 6-21 所示。

代码 6-21

```
scala> df.filter("age >24 ").show(false)
+------+------+---+--------+----------------------------+----+
|Height|Weight|age|country |institute                   |name|
+------+------+---+--------+----------------------------+----+
|155   |60    |25 |Portugal|chemical engineering institude|MY |
+------+------+---+--------+----------------------------+----+
```

9. groupBy(col1: String, cols: String*): RelationalGroupedDataset

使用一个或者多个指定的列对 DataFrame 进行分组，以便对它们执行聚合操作。示例中搭配 agg() 使用，先根据 country 列对 df 进行分组，分组后求身高的平均值。具体实现示例如代码 6-22 所示。

代码 6-22

```
scala> df.groupBy("country").agg("Height" -> "mean").show()
+--------+------------------+
|country |       avg(Height)|
+--------+------------------+
| Russia |             167.0|
| France |             187.0|
|  Spain |             188.0|
| Geneva |             185.0|
|  Japan |             180.5|
|  china |172.33333333333334|
|Portugal|             155.0|
+--------+------------------+
```

groupBy() 方法得到的是 RelationalGroupedDataset 对象，在 RelationalGroupedDataset 的 API 中提供了 groupBy() 之后的操作，比如：

max(colNames: String*) 方法，获取分组中指定字段或者所有的数字类型字段的最大值，只能作用于数字型字段。

min(colNames: String*) 方法，获取分组中指定字段或者所有的数字类型字段的最小值，只能作用于数字型字段。

mean(colNames: String*) 方法，获取分组中指定字段或者所有的数字类型字段的平均值，只能作用于数字型字段。

sum(colNames: String*) 方法，获取分组中指定字段或者所有的数字类型字段的和值，只能作用于数字型字段。

Count() 方法，获取分组中的元素个数。具体实现示例如代码 6-23 所示。

代码 6-23

```
scala> df.groupBy("country").count().show()
+-------+-----+
|country|count|
+-------+-----+
| Russia|    1|
| France|    1|
|  Spain|    2|
| Geneva|    1|
|  Japan|    2|
|  china|    3|
|Portugal|   1|
+-------+-----+
```

10. intersect(other：DataFrame)：DataFrame

取两个 DataFrame 中同时存在的数据记录，返回 DataFrame。具体实现示例如代码 6-24 所示。

代码 6-24

```
scala> df.intersect(newdf).show(false)
+------+------+---+-------+------------------------------------------+----+
|Height|Weight|age|country|institute                                 |name|
+------+------+---+-------+------------------------------------------+----+
|185   |75    |20 |china  |computer science and technology department|MI  |
+------+------+---+-------+------------------------------------------+----+
```

11. limit(n：Int)：DataFrame

limit()方法获取指定 DataFrame 的前 *n* 行记录，得到一个新的 DataFrame 对象。和 take 与 head 不同的是，limit 方法不是 Action 操作，因为 take/head 获得的均为 Array(数组)，而 limit 返回的是一个新的转化生成的 DataFrame 对象。具体实现示例如代码 6-25 所示。

代码 6-25

```
scala> df.limit(3).show(false)
+------+------+---+--------+------------------------------------------+----+
|Height|Weight|age|country |institute                                 |name|
+------+------+---+--------+------------------------------------------+----+
|185   |75    |20 |china   |computer science and technology department| MI |
|187   |70    |21 |Spain   |medical college                           | MU |
|155   |60    |25 |Portugal|chemical engineering institude            | MY |
+------+------+---+--------+------------------------------------------+----+
```

12. orderBy(sortExprs: Column *): DataFrame

按照给定的表达式对指定的一列或者多列进行排序，返回一个新的 DataFrame，输入参数为多个 Column 类。具体实现如代码 6-26 所示。

代码 6-26

```
scala> df.orderBy("age","Height").show(false)
+------+------+---+-------+------------------------------------------+----+
|Height|Weight|age|country|institute                                 |name|
+------+------+---+-------+------------------------------------------+----+
|166   |62    |19 |Japan  |SEM                                       | MK |
|164   |55    |20 |china  |SEM                                       | By |
|168   |48    |20 |china  |computer science and technology department| Am |
|185   |75    |20 |china  |computer science and technology department| MI |
|185   |75    |20 |Geneva |medical college                           | Ad |
|189   |80    |20 |Spain  |chemical engineering institute            | Bo |
|195   |85    |20 |Japan  |SEM                                       | CY |
|167   |60    |21 |Russia |school of materials                       | Ar |
|187   |70    |21 |Spain  |medical college                           |MU  |
|187   |80    |24 |France |school of materials                       | Ab |
|155   |60    |25 |Portugal|chemical engineering institute           | MY |
+------+------+---+-------+------------------------------------------+----+
```

13. sort(sortExprs: Column *): DataFrame

按照给定的表达式对指定的一列或者多列进行排序，返回一个新的 DataFrame，输入参数为多个 Column 类。按指定字段排序，默认为升序，在 Column 后面加 .desc 表示降序排序，加 .asc 表示升序排序，sort()和 orderBy()方法效果等效。

所有列升序排序，有如图 6-9 所示三种等价写法。

```
df.sort("sortcol")
df.sort($"sortcol")
df.sort($"sortcol".asc)
```

图 6-9　升序排序写法

示例如代码 6-27 所示。

代码 6-27

```
scala> df.sort($"age".desc).show(false)
+------+------+---+--------+------------------------------------+----+
|Height|Weight|age|country |institute                           |name|
+------+------+---+--------+------------------------------------+----+
|155   |60    |25 |Portugal|chemical engineering institute      |MY  |
|187   |80    |24 |France  |school of materials                 |Ab  |
|187   |70    |21 |Spain   |medical college                     |MU  |
|167   |60    |21 |Russia  |school of materials                 |Ar  |
|185   |75    |20 |china   |computer science and technology department|MI |
|185   |75    |20 |Geneva  |medical college                     |Ad  |
|164   |55    |20 |china   |SEM                                 |By  |
|189   |80    |20 |Spain   |chemical engineering institute      |Bo  |
|168   |48    |20 |china   |computer science and technology department|Am |
|195   |85    |20 |Japan   |SEM                                 |CY  |
|166   |62    |19 |Japan   |SEM                                 |MK  |
+------+------+---+--------+------------------------------------+----+
```

14. sample(withReplacement：Boolean，fraction：Double)：DataFrame

sample 对数据集进行采样，返回一个新的 DataFrame。withReplacement = true，表示重复抽样；withReplacement = false，表示不重复抽样；fraction 参数是生成行的比例。具体实现如代码 6-28 所示。

代码 6-28

```
scala> df.sample(true,0.5).show()
+------+------+---+-------+-------------------+----+
|Height|Weight|age|country|          institute|name|
+------+------+---+-------+-------------------+----+
|   187|    80| 24| France|school of materials|  Ab|
|   187|    80| 24| France|school of materials|  Ab|
|   189|    80| 20|  Spain|chemical engineer...|  Bo|
+------+------+---+-------+-------------------+----+

scala> df.sample(false,0.5).show()
+------+------+---+-------+-------------------+----+
|Height|Weight|age|country|          institute|name|
+------+------+---+-------+-------------------+----+
|   187|    80| 24| France|school of materials|  Ab|
|   168|    48| 20|  china|computer science ...|  Am|
|   164|    55| 20|  china|                SEM|  By|
+------+------+---+-------+-------------------+----+
```

15. where()

where 方法根据参数类型以及数目不同进行了同名函数重载。

where(conditionExpr:String):DataFrame
where(condition:Column):DataFrame

其中 where(conditionExpr：String)输入更像一种传统的 SQL 的 where 子句的条件整体描述，传入筛选条件表达式，可以用 and 和 or，得到 DataFrame 类型的返回结果；而 where(condition：Column)方法的输入则是要把 where 子句对于每一个 column 的要求进行分别描述，使用 $ "列名"提取列数据做比较时，用到了隐式转换，故需在程序中引入相应包(import spark.implicits._)。具体实现如代码 6-29 所示。

代码 6-29

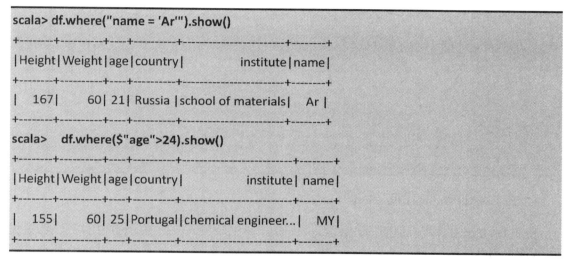

16. join()

对两个 DataFrame 执行 join 操作，join 根据传入的参数不同有多种实现方式(各种方式的具体定义可以参考官网)。必需的参数是进行关联操作的另一个 DataFrame，还可以传入其他参数，如 usingColumn：String, usingColumn：Seq[String]参数：单个字段或者多个字段名进行 join 操作；或者通过传入 joinExprs 参数：两个参与 join 运算的连接字段的表述；还可以传入参数 joinType 指定具体的 join 操作，例如：inner、leftouter、rightouter 等类型。具体实现如代码 6-30 所示。

代码 6-30

```
scala> val joindf = spark.read.json("/home/ubuntu/Desktop/joininfo.json")
joindf: org.apache.spark.sql.DataFrame = [math_score: bigint, name: string]

scala> joindf.show()
+----------+----+
|math_score|name|
+----------+----+
|        90|  MI|
|        75|  MU|
|        90| OOO|
+----------+----+

scala> df.join(joindf,"name").show()
+----+------+------+---+-------+-----------------+----------+
|name|Height|Weight|age|country|        institute|math_score|
+----+------+------+---+-------+-----------------+----------+
|  MI|   185|    75| 20|  china|computer science...|       90|
|  MU|   187|    70| 21|  Spain|  medical college|        75|
+----+------+------+---+-------+-----------------+----------+
```

17. na：DataFrameNaFunctions

使用 na 方法对具有空值列的行数据进行处理，例如缺失某一列值的行或用指定值（缺失值）替换控制列的值。需要注意的是，在 DataFrame 对象上使用 na 方法后返回的是对应的 DataFrameNaFunction 对象，进而需要调用对应的 drop、fill 方法来处理指定列为空值的行，drop 用来删除指定列为空值的行，fill 使用指定的值替换指定空值列的值。

含有空值的数据储存在 exStudent.json 文件中，数据显示如图 6-10 所示。

```
{"name":"MI","country":"china","Height":"185","Weight":"75"}
{"name":"MU","age":"21","country":"china","Height":"187","Weight":"70"}
{}
{"name":"MK","age":"19","country":"Japan","institute":"SEM","Height":"166","Weight":"62"}
{"name":"By","age":"20","country":"china","institute":"SEM","Height":"164","Weight":"55"}
{"name":"CY","age":"20","country":"Japan","institute":"SEM","Height":"195","Weight":"85"}
```

图 6-10　exStudent.json 数据集

na 方法的具体实现如代码 6-31 所示。

代码 6-31

```
scala> val na_df = spark.read.json("/home/ubuntu/exStudent.json")
na_df: org.apache.spark.sql.DataFrame = [Height: string, Weight: string ... 4 more fields]

scala> na_df.show()
+------+------+----+-------+--------+----+
|Height|Weight| age|country|institute|name|
+------+------+----+-------+--------+----+
|   185|    75|null|  china|    null|  MI|
|   187|    70|  21|  china|    null|  MU|
|  null|  null|null|   null|    null|null|
|   166|    62|  19|  Japan|     SEM|  MK|
|   164|    55|  20|  china|     SEM|  By|
|   195|    85|  20|  Japan|     SEM|  CY|
+------+------+----+-------+--------+----+

scala> na_df.na.drop().show()
+------+------+---+-------+--------+----+
|Height|Weight|age|country|institute|name|
+------+------+---+-------+--------+----+
|   166|    62| 19|  Japan|     SEM|  MK|
|   164|    55| 20|  china|     SEM|  By|
|   195|    85| 20|  Japan|     SEM|  CY|
+------+------+---+-------+--------+----+

scala>na_df.na.fill(Map(("age",0),("institute","jsj"),("Height","0"),("Weight","0"),("country","china"),("name","XXX"))).show()
+------+------+---+-------+--------+----+
|Height|Weight|age|country|institute|name|
+------+------+---+-------+--------+----+
|   185|    75|  0|  china|     jsj|  MI|
|   187|    70| 21|  china|     jsj|  MU|
|     0|     0|  0|  china|     jsj| XXX|
|   166|    62| 19|  Japan|     SEM|  MK|
|   164|    55| 20|  china|     SEM|  By|
|   195|    85| 20|  Japan|     SEM|  CY|
+------+------+---+-------+--------+----+
```

6.3.2 Action 操作

Action 操作在 DataFrame 上触发真正计算,返回结果,主要的 Action 操作如表 6-4 所示。

表 6-4 Action 操作

Action 操作	说明
collect(): Array[Row]	以 Array 形式返回 DataFrame 的所有的 Rows
collectAsList(): List[Row]	类似 collect(),返回结构变成了 List 对象
count(): Long	返回 DataFrame 的 Rows 数目
describe(cols: String*): DataFrame	获取指定字段的统计信息
first(): Row	返回第一行数据
head(): Row	返回第一行数据
show(): Unit	以表格形式显示 DataFrame 的前 n 行数据,默认为 20 行
take(n: Int): Array[Row]	返回 DataFrame 的前面 n 行数据

1. collect(): Array[Row]

该方法返回一个数组,包含 DataFrame 中包含的全部数据记录。具体实现如代码 6-32 所示。

代码 6-32

```
scala> df.collect()
res83: Array[org.apache.spark.sql.Row] = Array([185,75,20,china,computer science and technology department,MI], [187,70,21,Spain,medical college,MU], [155,60,25,Portugal,chemical engineering institute,MY], [166,62,19,Japan,SEM,MK], [187,80,24,France,school of materials,Ab], [167,60,21,Russia,school of materials,Ar], [185,75,20,Geneva,medical college,Ad], [168,48,20,china,computer science and technology department,Am], [189,80,20,Spain,chemical engineering institute,Bo], [164,55,20,china,SEM,By], [195,85,20,Japan,SEM,CY])
```

2. collectAsList(): List[Row]

该方法返回一个 List,包含 DataFrame 中包含的全部数据记录。具体实现如代码 6-33 所示。

代码 6-33

```
scala> df.collectAsList()
res84: java.util.List[org.apache.spark.sql.Row] = [[185,75,20,china,computer science and technology department,Ml], [187,70,21,Spain,medical college,MU], [155,60,25,Portugal,chemical engineering institude,MY], [166,62,19,Japan,SEM,MK], [187,80,24,France,school of materials,Ab], [167,60,21,Russia,school of materials,Ar], [185,75,20,Geneva,medical college,Ad], [168,48,20,china,computer science and technology department,Am], [189,80,20,Spain,chemical engineering institude,Bo], [164,55,20,china,SEM,By], [195,85,20,Japan,SEM,CY]]
```

3. count(): Long

返回 DataFrame 的数据记录的条数，如代码 6-34 所示。

代码 6-34

```
scala> df.count()
res85: Long = 11
```

4. describe(cols: String*): DataFrame

该方法可以动态地传入一个或多个 String 类型的字段名，结果仍然是 DataFrame 对象，用来统计数值类型字段的统计值。在 DataFrame 下只需调用 describe()子函数，便可以得到信息：Count（记录条数）、Mean（平均值）、Stddev（样本标准差）、Min（最小值）、Max（最大值），进而掌握大规模结构化数据集的某字段的统计特性。具体实现如代码 6-35 所示。

代码 6-35

```
scala> df.describe("Height").show()
+-------+------------------+
|summary|            Height|
+-------+------------------+
|  count|                11|
|   mean| 177.0909090909091|
| stddev|13.232192149863495|
|    min|               155|
|    max|               195|
+-------+------------------+
```

5. first(): Row

返回 DataFrame 的第一行，等同于 head()方法，如代码 6-36 所示。

代码 6-36

```
scala> df.first()
res87: org.apache.spark.sql.Row = [185,75,20,china,computer science and technology department,MI]
```

6. head(): Row

不带参数的 head 方法，返回 DataFrame 的第一条数据记录，指定参数 n 时，则返回前 n 条数据记录，如代码 6-37 所示。

代码 6-37

```
scala> df.head(2)
res88: Array[org.apache.spark.sql.Row] = Array([185,75,20,china,computer science and technology department,MI], [187,70,21,Spain,medical college,MU])
```

7. show(): Unit

不带参数时，用表格的形式显示 DataFrame 的前 20 行记录；指定参数 numRows 时，用表格的形式显示 DataFrame 指定的行数记录；指定参数 truncate 默认为 true，表示最多显示 20 个字符，若设为 false，则将过长字符串全部显示。具体实现如代码 6-38 所示。

代码 6-38

```
scala> df.show(2,false)
+------+------+---+-------+----------------------------------------+----+
|Height|Weight|age|country|institute                               |name|
+------+------+---+-------+----------------------------------------+----+
|185   |75    |20 |china  |computer science and technology department|MI  |
|187   |70    |21 |Spain  |medical college                         |MU  |
+------+------+---+-------+----------------------------------------+----+
only showing top 2 rows
scala> df.show(2,true)
+------+------+---+-------+-------------------+----+
|Height|Weight|age|country|          institute|name|
+------+------+---+-------+-------------------+----+
|   185|    75| 20|  china|computer science ...|  MI|
|   187|    70| 21|  Spain|    medical college|  MU|
+------+------+---+-------+-------------------+----+
only showing top 2 rows
```

8. take(n: Int): Array[Row]

类似 head 方法，返回 DataFrame 中指定的前 n 行的值，返回的是 Array[Row]。对于

takeAsList 方法，也是获取前 n 行记录，只不过以 List 的形式展现。这两种方法都是将获得的数据返回到 Driver 端，所以在使用这两个方法的时候需要注意数据量，以免 Driver 发生 Out Of Memory Error，如代码 6-39 所示。

代码 6-39

```
scala> df.take(2)
res91: Array[org.apache.spark.sql.Row] = Array([185,75,20,china,computer science and technology department,MI], [187,70,21,Spain,medical college,MU])
```

6.3.3 保存操作

Spark SQL 的默认数据源格式为 Parquet 格式，对一些数据进行保存，将其保存到默认数据源上，通过通用的 save 方法对 Parquet 文件存储的示例如代码 6-40 所示。

代码 6-40

```
//读取 parquet 格式数据
scala>val usersDF = spark.read.load("examples/src/main/resources/users.parquet")
//保存成 Parquet 格式
scala>usersDF.write.save("userInfo.parquet")
//也可以选择部分数据保存成 Parquet 格式
scala>usersDF.select("name", "favorite_color").write.save("namesAndFavColors.parquet")
```

1. 指定选项

当数据源不是 Parquet 格式文件时，需要手动指定数据源的格式。数据源格式需要指定全名（如 org.apache.spark.sql.parquet），如果数据源为内置格式，则只需指定简称（json、parquet、jdbc、orc、libsvm、csv、text）即可，通过指定数据源格式名，还可以通过 format 对任何类型的 DataFrame 进行类型转换操作。将原有的 JSON 格式的数据源转储为 Parquet 格式文件的示例如代码 6-41 所示。

代码 6-41

```
scala> val peopleDf = sparkSession.read.format("json").load("/home/ubuntu/people.json")
peopleDf: org.apache.spark.sql.DataFrame = [age: string, institute: string ... 3 more fields]

scala>peopleDf.select("name","age").write.format("parquet").save("nameAndAgesInfo.parquet")
```

2. 存储模式

保存操作可以选择使用存储模式（SaveMode），从而指定如何处理现有数据（如果存在），例如将数据追加到文件或者是覆盖文件内容。需要注意的是，要意识到这些保存模式不会使用任何锁定，也不是原子的。另外，当执行覆盖的时候，在写入新数据之前，数据将被删除。具体存储模式选项如表 6-5 所示。

表 6-5　存储模式

Scala/Java	Any Language	含义
SaveMode.ErrorIfExists (default)	"error" (default)	将 DataFrame 保存到 data source（数据源）时，如果数据已经存在，则会抛出异常
SaveMode.Append	"append"	将 DataFrame 保存到 data source（数据源）时，如果 data/table 已存在，则 DataFrame 的内容将被 append（附加）到现有数据中
SaveMode.Overwrite	"overwrite"	Overwrite mode（覆盖模式）意味着将 DataFrame 保存到 data source（数据源）时，如果 data/table 已经存在，则 DataFrame 的内容将 overwritten（覆盖）现有数据
SaveMode.Ignore	"ignore"	Ignore mode（忽略模式）意味着当将 DataFrame 保存到 data source（数据源）时，如果数据已经存在，则保存操作不会保存 DataFrame 的内容，并且不更改现有数据。这与 SQL 中的 CREATE TABLE IF NOT EXISTS 类似

6.4　Spark SQL 实例

已知学生信息（student）、教师信息（teacher）、课程信息（course）和成绩信息（score），通过 Spark SQL 对这些信息进行查询，分别得到需要的结果。

学生信息如图 6-11 所示。

```
108,ZhangSan,male,1995/9/1,95033
105,KangWeiWei,female,1996/6/1,95031
107,GuiGui,male,1992/5/5,95033
101,WangFeng,male,1993/8/8,95031
106,LiuBing,female,1996/5/20,95033
109,DuBingYan,male,1995/5/21,95031
```

图 6-11　学生信息

教师信息如图 6-12 所示。

```
825,LinYu,male,1958/1/1,Associate professor,department of computer
804,DuMei,female,1962/1/1,Assistant professor,computer science department
888,RenLi,male,1972/5/1,Lecturer,department of electronic engneering
852,GongMOMO,female,1986/1/5,Associate professor,computer science department
864,DuanMu,male,1985/6/1,Assistant professor,department of computer
```

图 6-12 教师信息

课程信息如图 6-13 所示。

```
3-105,Introduction to computer,825
3-245,The operating system,804
6-101,Spark SQL,888
6-102,Spark,852
9-106,Scala,864
```

图 6-13 课程信息

成绩信息如图 6-14 所示。

```
108,3-105,99
105,3-105,88
107,3-105,77
105,3-245,87
108,3-245,89
107,3-245,82
106,3-245,74
107,6-101,75
108,6-101,82
106,6-101,65
109,6-102,99
101,6-102,79
105,9-106,81
106,9-106,97
107,9-106,65
108,9-106,100
109,9-106,82
105,6-102,85
```

图 6-14 成绩信息

键入代码如代码 6-42 所示。

代码 6-42

```scala
import org.apache.spark.sql.{Row, SparkSession}
import org.apache.spark.sql.types._
import scala.collection.mutable
import java.text.SimpleDateFormat

object SparkSQL01 {
  def main(args: Array[String]): Unit = {
    /**
     * sparksession
     */
    val spark = SparkSession
      .builder()
      .master("local")
      .appName("test")
      .config("spark.sql.shuffle.partitions", "5")
      .getOrCreate()

/** ********************* student 表结构**************************/
    val studentRDD = spark.sparkContext.textFile("/home/ubuntu01/SqlExample/student.txt")
    val StudentSchema: StructType = StructType(mutable.ArraySeq(    //学生表
      StructField("Sno", StringType, nullable = false),             //学号
      StructField("Sname", StringType, nullable = false),           //学生姓名
      StructField("Ssex", StringType, nullable = false),            //学生性别
      StructField("Sbirthday", StringType, nullable = true),        //学生出生年月
      StructField("SClass", StringType, nullable = true)            //学生所在班级
    ))
    val studentData = studentRDD.map(_.split(",")).map(attributes => Row(attributes(0),attributes(1),attributes(2),attributes(3),attributes(4)))
    val studentDF = spark.createDataFrame(studentData,StudentSchema)
    studentDF.createOrReplaceTempView("student")

/** ********************* teacher 表结构**************************/
    val teacherRDD = spark.sparkContext.textFile("/home/ubuntu01/SqlExample/teacher.txt")
    val TeacherSchema: StructType = StructType(mutable.ArraySeq(    //教师表
      StructField("Tno", StringType, nullable = false),             //教师编号(主键)
      StructField("Tname", StringType, nullable = false),           //教师姓名
```

```scala
      StructField("Tsex", StringType, nullable = false),         //教师性别
      StructField("Tbirthday", StringType, nullable = true),      //教师出生年月
      StructField("Prof", StringType, nullable = true),           //职称
      StructField("Depart", StringType, nullable = false)         //教师所在部门
    ))
    val teacherData = teacherRDD.map(_.split(",")).map(attributes => Row(attributes(0),attributes(1),attributes(2),attributes(3),attributes(4),attributes(5)))
    val teacherDF = spark.createDataFrame(teacherData,TeacherSchema)
    teacherDF.createOrReplaceTempView("teacher")

/** ********************** course 表结构**************************/
    val courseRDD = spark.sparkContext.textFile("/home/ubuntu01/SqlExample/course.txt")
    val CourseSchema: StructType = StructType(mutable.ArraySeq(   //课程表
      StructField("Cno", StringType, nullable = false),           //课程号
      StructField("Cname", StringType, nullable = false),         //课程名称
      StructField("Tno", StringType, nullable = false)            //教师编号
    ))
    val courseData = courseRDD.map(_.split(",")).map(attributes => Row(attributes(0),attributes(1),attributes(2)))
    val courseDF = spark.createDataFrame(courseData,CourseSchema)
    courseDF.createOrReplaceTempView("course")

/** ********************** score 表结构**************************/
    val scoreRDD = spark.sparkContext.textFile("/home/ubuntu01/SqlExample/score.txt")
    val ScoreSchema: StructType = StructType(mutable.ArraySeq(    //成绩表
      StructField("Sno", StringType, nullable = false),           //学号（外键）
      StructField("Cno", StringType, nullable = false),           //课程号（外键）
      StructField("Degree", IntegerType, nullable = true)         //成绩
    ))
    val scoreData = scoreRDD.map(_.split(",")).map(attributes => Row(attributes(0),attributes(1),attributes(2)))
    val scoreDF = spark.createDataFrame(scoreData,ScoreSchema)
    scoreDF.createOrReplaceTempView("score")

/** **********************对各表的处理**************************/
//按照班级降序排序显示所有学生信息
spark.sql("SELECT * FROM student ORDER BY SClass DESC").show()
//+-----+--------+----+---------+------+
//|Sno|    Sname|Ssex|Sbirthday|SClass|
```

```
//+-----+--------------+----------+----------+---------+
//|107|     GuiGui|    male| 1992/5/5| 95033|
//|108|   ZhangSan|    male| 1995/9/1| 95033|
//|106|    LiuBing|  female|1996/5/20| 95033|
//|105|KangWeiWei|  female| 1996/6/1| 95031|
//|101|   WangFeng|    male| 1993/8/8| 95031|
//|109|  DuBingYan|    male|1995/5/21| 95031|
//+-----+--------------+----------+----------+---------+

//查询"计算机系"与"电子工程系"不同职称的教师的 Tname 和 Prof。
spark.sql("SELECT tname, prof " +
        "FROM Teacher " +
        "WHERE prof NOT IN (SELECT a.prof " +
        "FROM (SELECT prof " +
        "FROM Teacher " +
        "WHERE depart = 'department of computer' " +
        ") a " +
        "JOIN (SELECT prof " +
        "FROM Teacher " +
        "WHERE depart = 'department of electronic engineering' " +
        ") b ON a.prof = b.prof) ").show(false)
//+----------------+--------------------+
//|tname           |prof                |
//+----------------+--------------------+
//|LinYu           |Associate professor|
//|DuMei           |Assistant professor|
//|RenLi           |Lecturer            |
//|GongMOMO|Associate professor|
//|DuanMu    | Assistant professor|
//+----------------+--------------------+

//显示 student 表中记录数
println(studentDF.count())
//6

//显示 student 表中名字和性别的信息
studentDF.select("Sname","Ssex").show()
//+---------------+---------+
//|     Sname|   Ssex|
```

```
//+--------+------+
//|ZhangSan|  male|
//|KangWeiWei|female|
//|  GuiGui|  male|
//|WangFeng|  male|
//| LiuBing|female|
//|DuBingYan| male|
//+--------+------+

//显示性别为男的教师信息
teacherDF.filter("Tsex = 'male'").show(false)
//+---+------+----+---------+-------------------+-------------------------------+
//|Tno|Tname |Tsex|Tbirthday|        Prof       |            Depart             |
//+---+------+----+---------+-------------------+-------------------------------+
//|825|LinYu |male|1958/1/1 |Associate professor|     department of computer    |
//|888|RenLi |male|1972/5/1 |Lecturer           |department of electronic engneering|
//|864|DuanMu|male|1985/6/1 |Assistant professor|     department of computer    |
//+---+------+----+---------+-------------------+-------------------------------+

//显示不重复的教师部门信息
teacherDF.select("Depart").distinct().show(false)
//+----------------------------------+
//|Depart                            |
//+----------------------------------+
//|department of computer            |
//|computer science department       |
//|department of electronic engneering|
//+----------------------------------+

//显示学号为 101 的学生信息
studentDF.where("Sno = '101'").show()
//+---+--------+----+---------+------+
//|Sno|   Sname|Ssex|Sbirthday|SClass|
//+---+--------+----+---------+------+
//|101|WangFeng|male| 1993/8/8| 95031|
//+---+--------+----+---------+------+

//将教师信息以 List 的形式显示
println(teacherDF.collectAsList())
```

```
//[[825,LinYu,male,1958/1/1,Associate professor,department of computer],
//[804,DuMei,female,1962/1/1,Assistant professor,computer science department],
//[888,RenLi,male,1972/5/1,Lecturer,department of electronic engineering],
//[852,GongMOMO,female,1986/1/5,Associate professor,computer science department],
//[864,DuanMu,male,1985/6/1,Assistant professor,department of computer]]

//查询所有"女"教师和"女"同学的 name、sex 和 birthday
spark.sql("SELECT sname, ssex, sbirthday " +
        "FROM Student " +
        "WHERE ssex = 'female' " +
        "UNION " +
        "SELECT tname, tsex, tbirthday " +
        "FROM Teacher " +
        "WHERE tsex = 'female'").show()
//+----------+------+---------+
//|     sname|  ssex|sbirthday|
//+----------+------+---------+
//| GongMOMO |female| 1986/1/5|
//|KangWeiWei|female| 1996/6/1|
//|   LiuBing|female|1996/5/20|
//|     DuMei|female| 1962/1/1|
//+----------+------+---------+
  }
}
```

6.5 本章小结

本章介绍了 Spark SQL 和 DataFrame 相关知识，从 Spark SQL 的概念、架构信息开始，通过 DataFrame 与 RDD 的区别，引入 DataFrame。然后介绍了两种创建 DataFrame 的方法，分别为从各种外部数据源（如 parquet 文件、JSON 数据集、Hive 表、JDBC 数据库）创建 DataFrame、以及将 RDD 转换生成 DataFrame。还重点介绍了 DataFrame 的 Transformation 操作和 Action 操作等，同时介绍了 DataFrame 的保存操作。Spark SQL 多元一体的结构化数据处理能力，使 Spark 的生态更加健壮和多样。

思考与习题

1. Spark SQL 有哪些特点？
2. Spark SQL 支持哪些数据源？
3. DataFrame 与 RDD 的区别是什么？

4. 简述通过 RDD 转换成 DataFrame 的两种方法。

5. 简述如何实现从外部数据源创建 DataFrame。

6. 利用 save 方法对文件保存时，默认数据源是什么？对不同数据源转存储为默认数据源是怎么实现的？

7. 对于第 6.4 节示例，请用 DataFrame 的 API 实现查询 95033 班的学生的信息。

8. 对于第 6.4 节示例，请用 DataFrame 的 API 实现按班级显示每个班级的平均成绩，按照课程显示每门课的平均成绩。

9. 试创建一个案例，使用 Spark SQL 提供的 API，对其数据进行 Transformation 操作、Action 操作以及保存操作。

第 7 章 Spark Streaming

Spark Streaming 属于流处理系统，它提供的处理引擎和 RDD 编程模型可以同时进行批处理与流处理。本章介绍了 SparkStreaming 实时数据流的数据处理。首先从 Spark Streaming 的工作机制入手，介绍了 Spark Streaming 的工作流程，接着介绍了 Spark 的核心数据抽象 DStream 以及操作，包括输入、转换、输出操作，然后结合不同的流式数据对 Spark Streaming 的操作进行进一步介绍，最后介绍 Spark Streaming 的性能优化方法。

7.1 Spark Streaming 工作机制

Spark Streaming 属于核心 Spark API 的扩展，支持实时数据流的可扩展、高吞吐、容错的流处理。本节介绍 Spark Streaming 的工作机制，并引出 Spark Streaming 的核心概念 DStream。

7.1.1 Spark Streaming 工作流程

Spark Streaming 对输入的流式数据进行处理，输出处理后的结果。如图 7-1 所示，Spark Streaming 可以接受来自 Kafka、Flume、HDFS/S3、Kinesis、Twitter 或者 TCP 套接字的数据源等。然后，使用 map、reduce、join、window 等操作组成的算法进行处理，处理的结果可以输出到文件系统、数据库、现场 Dashboards 等。

图 7-1　Spark Streaming 数据输入/输出图

在 Spark Streaming 中，数据采集是逐条进行的，而数据的处理是按批进行的，因此在 Spark Streaming 中会先设置好批处理间隔（batch Interval）。当超出批处理间隔时就会把采集到的数据汇集成为一批数据交给系统处理。

在 RDD 编程中需要生成一个 SparkContext 对象，在 Spark SQL 中需要生成一个 SparkSession 对象，同理，如果要运行一个 Spark Streaming 程序，就需要生成一个 StreamingContext 对象，它是 Spark Streaming 程序的主入口。可以从一个 SparkConf 对象中创建一个 StreamingContext 对象。在 spark-shell 中，由于默认了一个 SparkContext 对象，也就是 sc，因此，可以用代码 7-1 创建 StreamingContext 对象。

代码 7-1

```
import org.apache.spark.streaming._
val ssc = new StreamingContext(sc,Seconds(1))
```

StreamingContext(sc，Seconds(1))的两个参数中，sc 表示 SparkContext 对象，Seconds(1)表示在对 Spark Streaming 的数据流进行分段时，每一秒切成一个分段，但是该系统无法实现毫秒级别的分段，因此，Spark Streaming 无法实现毫秒级别的流计算。如果是编写一个独立的 Spark Streaming 程序，则需要在代码文件中用代码 7-2 创建 StreamingContext 对象。

代码 7-2

```
import org.apache.spark._
import org.apache.spark.streaming._
val conf = new SparkConf().setAppName("DStream").setMaster("local[2]")
val ssc = new StreamingContext(conf,Seconds(1))
```

7.1.2 Spark Streaming 处理机制

Spark Streaming 在内部的处理机制是：先接收实时流的数据（input data stream），并按照一定的时间间隔切成分批的数据（batches of inputdata），然后把数据传输给 Spark Engine 进行处理，最终得到处理后的分批结果数据（batches of processed data）。流程如图 7-2 所示。Spark Streaming 是将流计算分解成一系列短小的批处理作业。批处理引擎是 Spark Core，也就是把 Spark Streaming 的输入数据按照批处理间隔（如 0.5 s）分解成一段一段数据（DStream），每一段数据都转换成 Spark 中的 RDD，然后将 Spark Streaming 中对 DStream 的 Transformation 操作变成对 RDD 的 Transformation 操作，将 RDD 经过操作变成中间结果保存在内存中，整个流式计算根据业务需求可以对中间的结果进行叠加或者存储到外部设备。

图 7-2　Spark Streaming 的工作原理

图 7-2 中，切成分批的数据都转换成 Spark 中的 RDD。在 Spark Engine 中将对这些 RDD 进行一系列操作。Spark Streaming 中，用 DStream（Discretized Stream）来表示这一类 RDD。

DStream 是 Spark Streaming 提供的基本抽象，它表示连续的数据流，可以是从数据源接收的输入数据流，也可以是通过转换输入流生成的已处理数据流。在内部，DStream 由一系列连续的 RDD 表示，这是 Spark 对不可变分布式数据集的抽象。DStream 中的每个 RDD 都包含来自特定时间间隔的数据，如图 7-3 所示。

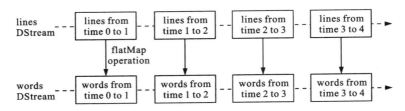

图 7-3 DStream 与 RDD 的关系

DStream 是一个没有边界的集合,也就是说它没有大小的限制,它代表的是一个时空的概念,图 7-3 中就能体现出多个时间段。Spark Streaming 应用程序中,除了使用数据源产生的数据流来创建 DStream 外,也会在已有的 DStream 上使用某种操作创建新的 DStream,图 7-4 显示了对 linesDStream 进行 flatMap 操作产生新的 wordsDStream。

图 7-4 利用 flatMap 操作把行 DStream 转换为单词 DStream 的过程

7.2 DStream 输入源

在 Spark Streaming 中所有的操作都是基于流,而输入源是这一系列操作的起点,Spark Streaming 提供基础和高级两种输入源,它们都称为 Input DStream。Input DStream 是 DStream 的一种,它是流数据源中获取的原始数据流。每个 Input DStream(除了文件流之外)都会对应一个单一的接收器对象,该接收器对象从数据源接收数据并且存入 Spark 的内存中进行处理。每个 Input DStream 都会接收一个单一的数据流。在 Streaming 应用程序中,可以创建多个 Input DStream 并行接收数据流。每个接收器是一个长期运行在 Worker 或者 Executor 上的任务,因此它将占用分配给 Spark Streaming 应用程序的一个核,因此,为了保证接收器能够接收数据,必须给 Spark Streaming 应用程序足够的核。注意,运行本地模式时,当 Master 的 URL 设置为"Local"模式时,那么将会只有一个核来运行任务,在这种情况下,当程序只有一个 Input DStream 接收数据,接收器将独占这个核,因此程序将没有多余的核来对数据执行其他操作。

7.2.1 基础输入源

基础输入源是指能够直接应用于 StreamingContext API 的输入源。例如文件流、套接字流、RDD 队列流。

1. 文件流

文件流从兼容于 HDFS API 的文件系统（如 HDFS、S3、NFS）中读取文件中的数据，它会对文件系统中的某个目录进行监听，一旦发现有新的文件生成，SparkStreaming 就会自动读取文件内容，文件流的 DStream 创建方法为：

```
StreamingContext.fileStream[KeyClass, ValueClass, InputFormatClass]
```

Spark Streaming 将监控 dataDirectory 目录，并处理在该目录中创建的任何文件。对于文本文件而言，DStream 的创建方法还可以是：

```
StreamingContext.textFileStream(dataDirectory)
```

文件流并不需要运行接收器，因此不需要分配核。所有的 DStream 都是使用 streamingContext.start() 来处理数据，使用 streamingContext.awaitTermination() 等待处理被终止（手动或者由于任何错误），使用 streamingContext.stop() 来手动的停止处理。

2. 套接字流

任何用户在用 Socket（套接字）通信之前，首先要先申请一个 Socket 号，Socket 号相当于该用户的电话号码。同时要知道对方的 Socket，相当于对方的电话号码。然后向对方拨号呼叫，相当于发出连接请求。对方假如在场并空闲，相当于通信的另一主机开机且可以接受连接请求，拿起电话话筒，双方就可以正式通话，相当于连接成功。双方通话的过程，是 Socket 发送数据和从 Socket 接受数据的过程，相当于用电话机发出信号和从电话机接受信号。通话结束后，一方关闭 Socket，相当于挂起电话机，撤销连接。所以套接字流是通过监听 Socket 端口接收的数据，相当于 Socket 之间的通信，创建方法如代码 7-3 所示：

代码 7-3

```
//在本地创建一个 StreamingContext，分三个线程，批次间隔为 2s
val conf = new SparkConf().setMaster("local[3]").setAppName("WordCount")
val ssc = new StreamingContext(conf, Seconds(2))
//创建 DStream，连接 hostname:port，类似于 localhost:9999，之后对这个端口进行监听
val lines = ssc.socketTextStream("localhost", 9999)
```

3. RDD 队列流

在编写 Spark Streaming 应用程序时，可调用 SparkContext 对象的 queueStream() 方法创建基于 RDD 队列的 Dstream。例如 val inputStream = ssc.queueStream(rddQueue) 中的 rddQueue 是 RDD 队列，inputStream 是 "RDD 队列流" 类型的数据源，可以通过对 StreamingContext 的设置调整批处理间隔，实现每隔一段时间从 rddQueue 队列中取出数据进行处理。

7.2.2 高级输入源

高级输入源依赖 Spark 不包含的库，如 Kafka、Flume 等，为了避免 Spark 和 Kafka、Flume 等库的依赖 jar 版本冲突的问题，Spark 将这些输入源的创建方法实现在独立的库中。

1. Kafka

Kafka 的输入流步骤如下：

（1）添加 spark-streaming-kafka-0-8_2.11 的依赖，通过在工程的 pom.xml（maven）中添加如图 7-5 所示内容。

```xml
<dependency>
    <groupId>org.apache.spark</groupId>
    <artifactId>spark-streaming-kafka-0-8_2.11</artifactId>
    <version>2.3.0</version>
</dependency>
```

图 7-5　添加 Kafka 依赖

（2）把 Kafka 目录中的 libs 目录添加到工程中。

（3）导入 KafkaUtils 类并创建基于 Kafka 的 Dstream，如代码 7-4 所示。

代码 7-4

```
import org.apache.spark.streaming.kafka._
val kafkaStream = KafkaUtils.createStream(streamingContext, [ZK quorum], [consumer group id], [per-topic number of Kafka partitions to consume])
```

具体细节参考 http://spark.apache.org/docs/2.3.0/streaming-kafka-0-8-integration.html。

2. Flume

Flume 流的步骤如下：

（1）添加 spark-streaming-flume_2.11 的依赖，通过在工程 pom.xml（maven）中添加如下内容。

```xml
<dependency>
    <groupId>org.apache.spark</groupId>
    <artifactId>spark-streaming-flume_2.11</artifactId>
    <version>2.3.0</version>
</dependency>
```

图 7-6　添加 Flume 依赖

（2）把 Flume 目录中的 lib 文件夹添加到工程中。
（3）导入 FlumeUtils 类并创建基于 Flume 的 Dstream，如代码 7-5 所示。

代码 7-5

```
import org.apache.spark.streaming.flume._
val flumeStream = FlumeUtils.createStream(streamingContext, [chosen machine's hostname], [chosen port])
```

具体细节参考 http://spark.apache.org/docs/2.3.0/streaming-flume-integration.html。

需要注意的是，这些高级的来源一般在 spark-shell 中不可用，因此基于这些高级来源的应用不能在 spark-shell 中进行测试，若需要在 spark-shell 中使用，需要下载相应的 Maven 工程 Jar 依赖，并添加到类路径中。表 7-1 是常见的输入源对应的项目表。

表 7-1 常见的输入源和对应的项目

输入源名称	项目名称	描述
Kafka	Spark-streaming-kafka_2.11	可从 Kafka 中接收数据流
Flume	Spark-streaming-flume_2.11	可从 Flume 中接收数据流
Twitter	Spark-streaming-twitter_2.11	可从 TwitterUtils 工具类调用 Twitter4j，可得到公众的流
MQTT	Spark-streaming-mqtt_2.11	可从 MQTT 消息队列中接收流数据
ZeroMQ	Spark-streaming-zeromq_2.11	可从 ZeroMQ 消息队列中接收流数据

7.3 DStream 转换操作

DStream 支持两种操作，一种是转换操作，生成一个新的 DStream，另一种是输出操作，可以把数据写入外部系统中。本节介绍 DStream 的转换操作。DStream 的转换操作可以分为无状态和有状态两种。

7.3.1 无状态转换操作

在无状态转换操作中，每个批次的处理不依赖于之前批次的数据，这样的操作与第 5 章讲到的 RDD 的转换操作类似，例如 map()、filter()、reduceByKey() 等，都属于无状态转换操作。

无状态转换操作把简单的 RDD 转换操作应用到每个批次上，也就是转换 DStream 中的每个 RDD。部分无状态转换操作如表 7-2 所示。

表 7-2 无状态转换操作

转换操作	含义
map(func)	将源 DStream 的每个元素传递给函数 func，返回一个新的 Dstream
flatMap(func)	与 map 类似，但每个输入项可以映射到 0 个或多个输出项
filter(func)	通过仅选择 func 返回 true 的源 DStream 的记录来返回新的 DStream
repartition(numPartitions)	通过指定分区数更改 DStream 中的并行度级别
union(otherStream)	返回一个新的 DStream，包含源 DStream 和其他 DStream 元素的集
count()	对源 DStream 内部的所有 RDD 元素数量进行计数
reduce(func)	使用函数 func（接受两个参数并返回一个结果）将源 DStream 中每个 RDD 的元素进行聚合，返回一个内部所包含的 RDD 只有一个元素的新的 DStream
countByValue()	计算 DStream 中每个 RDD 内的元素出现的频次，并返回新的 DStream[(K, Long)]，其中 K 是 RDD 中元素的类型，Long 是元素出现的频次
reduceByKey(func, [numTasks])	当调用一个(K, V)键值对类型的 DStream 时，返回一个新的(K, V)键值对类型的 DStream，这里键 K 不发生变化，而新的值 V 则是由 reduce 函数 func 聚合后得到的，这里的 numTasks 是可选参数，用来设置任务数量
join(otherStream, [numTasks])	当在(K, V)和(K, W)键值对的两个 DStream 上调用时，返回(K, (V, W))键值对的新 DStream
cogroup(otherStream, [numTasks])	当在(K, V)和(K, W)键值对的 DStream 上调用时，返回(K, Seq[V], Seq[W])元组的新 DStream
transform(func)	通过对源 DStream 的每个 RDD 应用 RDD-to-RDD 函数返回一个新的 DStream，可以用来在 DStream 做任意 RDD 操作

尽管这些函数看起来像作用在整个流上，但事实上每个 DStream 在内部是由许多 RDD（批次）组成，且无状态转换操作是分别应用到每个 RDD 上的。例如 reduceByKey()会归约每个时间区间的数据，但是不会归约不同时间区间的数据。

7.3.2 有状态转换操作

DStream 的有状态转换操作需要使用之前批次的数据或者是中间结果来计算当前批次的数据，是跨时间区间跟踪数据的操作，也就是说，一些先前批次的数据也被用来在新的批次中计算结果。主要的两种类型是基于窗口的操作和 updateStateByKey 操作，前者以一个时间阶段为滑动窗口进行操作，后者则用来跟踪每个键的状态变化。

1. 基于窗口的操作

Spark Streaming 提供了基于窗口的计算，允许通过滑动窗口对数据进行转换。图 7-7 表示窗口的滑动计算过程，当窗口在 original DStream 中按照定义的时间间隔滑动时，落入窗口的所有 RDD（original DStream 中的正方形）被视为一个 window，它们组成了 windowed DStream。因此，任何窗口操作都需要制订两个参数，分别为窗口长度（窗口的持续时间）和滑动步长（执行基于窗口操作计算的时间间隔),这两个参数必须是源 DStream 批处理时间间隔的倍数。

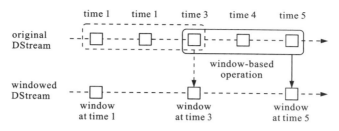

图 7-7　滑动窗口计算

DStream 最简单的窗口操作是 window(),如图 7-7 所示返回新的 DStream 表示所请求的窗口操作的结果数据。window()生成的 DStream 中每个 RDD 会包含多个批次的数据,可对这些数据进行 count()、transform()等操作,对滑动窗口的计算,假设批处理时间间隔为 10 s,要创建一个最近 30 s 的时间间隔的窗口(最近 3 个批次),设置每两个批次计算一次窗口结果,应该把滑动步长设置为 20 s,代码如下:

```
val inputStreamWindow = inputStream.window(Seconds(30),Seconds(20))
```

Spark Streaming 还提供了其他基于窗口的操作,如表 7-3 所示。

表 7-3　窗口转换操作

转换	含义
window(windowLength, slideInterval)	根据源 DStream 的窗口批次计算返回一个新的 DStream
countByWindow(windowLength, slideInterval)	返回基于滑动窗口的 DStream 中元素的数量
reduceByWindow(func, windowLength, slideInterval)	基于窗口对源 DStream 中元素进行聚合操作,返回新的 Dstream。
reduceByKeyAndWindow(func, windowLength, slideInterval, [numTasks])	基于滑动窗口对(K,V)键值对类型的 DStream 中的 V 按照 K 使用聚合函数 func 进行聚合操作,得到新的 Dstream
reduceByKeyAndWindow(func, invFunc, windowLength, slideInterval, [numTasks])	一个更高效的 reduceByKeyAndWindow()的实现版本,先对滑动窗口中新的时间间隔内数据增量聚合并移去最早的与新增数据量时间间隔内的数据统计量。例如,计算 $m+4$ 秒时刻过去 5 s 窗口的 WordCount,可以将 $m+3$ 时刻过去 5 s 的统计量加上[$m+4$, $m+5$]时刻的统计量,然后减去[$m-2$, $m-1$]时刻的统计量,这种方法可以复用中间 3 秒的统计量,提高效率
countByValueAndWindow(windowLength, slideInterval, [numTasks])	基于滑动窗口计算源 DStream 中每个 RDD 内每个元素出现的频次并返回 DStream[(K, Long)],其中 K 是 RDD 中元素的类型,Long 是元素频次,与 countByValue 一样,reduce 任务的数量可以通过一个可选参数配置

(1) window 操作

使用 window 操作对数据进行窗口化处理,设置监听间隔为 10 s,窗口大小为 30 s,滑动步长为 10 s。具体实现如代码 7-6 所示。

代码 7-6

```
import org.apache.spark.SparkConf
import org.apache.spark.streaming.{Seconds, StreamingContext}
object Windows_op {
  def main(arg: Array[String]): Unit ={
    val conf = new SparkConf().setMaster("local[2]").setAppName("Windowtest")
    //初始化 Streaming 对象并设置监听间隔为 10s
    val ssc = new StreamingContext(conf,Seconds(10))
    //用套接字流指定连接的 ip 端口
    //第一个参数为主机 IP,第二个为端口号
    val lines = ssc.socketTextStream("your IP",9999)
    val words = lines.flatMap(_.split(" "))
    //指定窗口大小为 30s,滑动为 10s
    val windowwords = words.window(Seconds(30),Seconds(10))
    windowwords.print()
    ssc.start()    //开始计算
    ssc.awaitTermination()    //等待计算结束
  }
}
```

输入数据如图 7-8 所示,数据中的每一行都是一个监听间隔内输入的数据。

```
Spark Streaming
Spark SQL
Spark MLlib
```

图 7-8 输入数据

代码 7-6 将每组输入的数据按照空格分隔输出,由于窗口的大小为 30 s,滑动步长为 10 s,是窗口大小的 3 倍,所以最近 30 s 内的输入数据会被处理输出,每次的数据会被监听 3 次,监听的结果如图 7-9 所示。

```
//端口监听结果
-------------------------------------
Time: 1542336740000 ms
-------------------------------------
Spark
Streaming

-------------------------------------
Time: 1542336750000 ms
-------------------------------------
Spark
Streaming
Spark
SQL

-------------------------------------
Time: 1542336760000 ms
-------------------------------------
Spark
Streaming
Spark
SQL
Spark
MLlib

-------------------------------------
Time: 1542336770000 ms
-------------------------------------
Spark
SQL
Spark
MLlib

-------------------------------------
Time: 1542336780000 ms
-------------------------------------
Spark
MLlib
```

图 7-9 window 操作输出结果

(2) countByWindow 操作

使用 countByWindow 操作统计窗口内的数据的数量，设置监听间隔为 10 s，窗口大小为 30 s，滑动步长为 10 s。如代码 7-7 所示。

代码 7-7

```
import org.apache.spark.SparkConf
import org.apache.spark.streaming.{Seconds, StreamingContext}
object countByWindow_op {
  def main(arg: Array[String]): Unit = {
    val conf = new SparkConf().setMaster("local[2]").setAppName("CountByWindowtest")
    val ssc = new StreamingContext(conf, Seconds(10))
    //设置检查点
    ssc.checkpoint("your checkpoint path ")
    val lines = ssc.socketTextStream("your IP", 9999)//第一个参数为主机 IP，第二个为端口号
    val words = lines.flatMap(_.split(" "))
    //根据窗口大小统计 DStream 元素个数
    val windowwords = words.countByWindow(Seconds(30), Seconds(10))
    windowwords.print()
    ssc.start()
    ssc.awaitTermination()
  }
}
```

输入数据如图 7-10 所示，数据中的每一行都是一个监听间隔内输入的数据。

```
1 2 3 4 5
6 7 8 9 10 11
12 13 14
```

图 7-10　输入数据

代码 7-7 把每组数据按空格拆分，根据窗口将 30 s 内输入的数据组成一个大的 DStream，并统计其内部元素个数输出，监听的结果如图 7-11 所示。

```
-------------------------------------
Time: 1542337880000 ms
-------------------------------------
5


-------------------------------------
Time: 1542337890000 ms
-------------------------------------
11
```

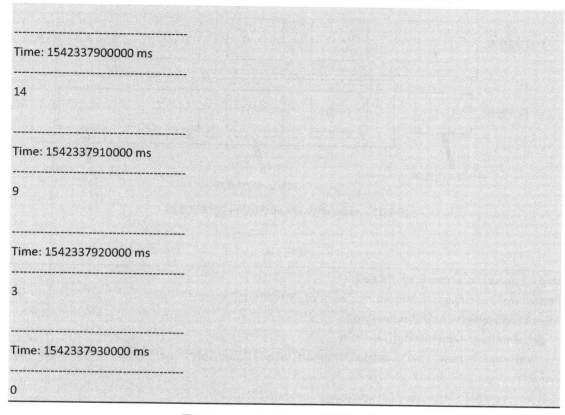

图 7-11　countByWindow 操作输出结果

（3）reduceByKeyAndWindow 操作

第一种方法：

reduceByKeyAndWindow(func,windowLength,slideInterval,[numTasks])

第二种方法：

reduceByKeyAndWindow(func,invFunc,windowLength,slideInterval,[numTasks])

　　这两种方法都是对窗口内的数据的键值对形式进行 reduceByKey 操作，但是内部执行却有区别。假设有一个数据流执行 reduceByKeyAndWindow 操作，窗口大小为 4 s，滑动步长为 1 s，每秒钟有一个键值对输入，该操作的形式如图 7-12 所示。

　　第一种方法对第二个新窗口的数据进行 reduceByKey 的操作，当滑动到新的位置，需要对窗口内数据进行全部统计。而第二种方法中参数内的两个函数是对新进入窗口的数据和退出窗口的数据进行操作的，如果进行单纯的词频统计，采用第二种方法可以写成 reduceByKeyAndWindow(_ + _, _ - _, seconds(4), seconds(1), 2)，前面两个参数是对新进入的数据进行对应 Key 值的 Value 值相加，对退出的数据对应的 Key 值的 Value 值相减，而第一种方法只需要写成 reduceByKeyAndWindow((a：Int，b：Int) => (a + b)，Seconds(4)，Seconds(1)，2)。然而用第二种方法的好处是利用了历史得到的词频统计的结果，只针对发生变化的部分进行计算，大大降低了计算开销。代码 7-8 是 reduceByKeyAndWindow 操作的代码。

240　Spark 大数据编程基础(Scala 版)

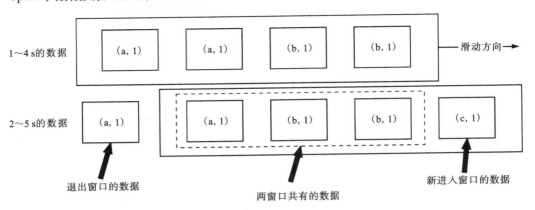

图 7-12　reduceByKeyAndWindow 操作示意图

代码 7-8

```
import org.apache.spark.SparkConf
import org.apache.spark.streaming.{Seconds, StreamingContext}
object reduceByKeyAndWindow_op {
  def main(arg: Array[String]): Unit = {
    val conf = new SparkConf().setMaster("local[2]").setAppName("reduceByKeyAndWindowtest")
    val ssc = new StreamingContext(conf, Seconds(10))
    val lines = ssc.socketTextStream("your IP", 9999)//第一个参数为主机 IP，第二个为端口
    val words = lines.flatMap(_.split(" "))
    //第一种方法
    val WordCounts = words.map(x => (x, 1)).reduceByKeyAndWindow((a:Int,b:Int) => (a + b),Seconds(30),Seconds(10),2)
    // 第二种方法  WordCounts = words.map(x => (x, 1)).reduceByKeyAndWindow(_+_,_-_,Seconds(30),Seconds(10),2)
    WordCounts.print()
    ssc.start()
    ssc.awaitTermination()
  }
}
```

输入数据如图 7-14 所示，数据中的每一行都是一个监听间隔内输入的数据。

Spark Streaming
Spark SQL
Spark MLlib

图 7-13　输入数据

代码设置窗口大小为 30 s，滑动步长为 10 s，启动两个 Task 线程，对窗口内的数据执行词频统计操作，第一种方法的监听结果如图 7-14 所示：

```
-------------------------------------------
Time: 1542559010000 ms
-------------------------------------------
(Streaming,1)
(Spark,1)


-------------------------------------------
Time: 1542559020000 ms
-------------------------------------------
(SQL,1)
(Streaming,1)
(Spark,2)


-------------------------------------------
Time: 1542559030000 ms
-------------------------------------------
(MLlib,1)
(SQL,1)
(Streaming,1)
(Spark,3)


-------------------------------------------
Time: 1542559040000 ms
-------------------------------------------
(MLlib,1)
(SQL,1)
(Spark,2)
```

图 7-14　第一种方法输出

第二种方法的监听结果如图 7-15 所示。

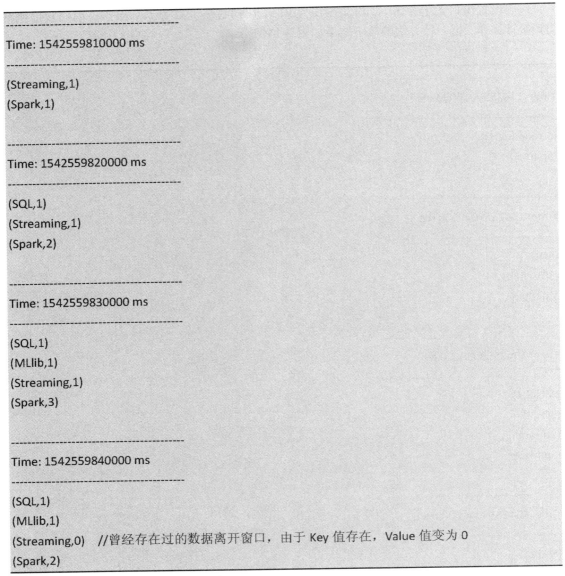

图 7-15　第二种方法输出

2. updateStateByKey 转换操作

在跨批次之间维护状态时，需要使用 updateStateByKey 操作。该操作提供了状态变量的访问，用于键值对形式的 DStream。给定一个由（键，事件）键值对构成的 DStream，并传递根据新的事件更新每个键对应的状态函数，构建新的 DStream，其内部数据为（键，状态）键值对。用单词词频统计的例子说明该情况，当处理每个批次的 DStream 时，如果是无状态的转换操作，单词处理时只对本批次内的单词进行词频统计，不会考虑之前批次的单词，不同批次的单词词频是独立的，而对于 updateStateByKey 转换操作，本批次的词频统计会在之前批次的词频统计基础上进行不断累加，最终得到的词频是所有批次单词的词频统计结果。当用

updateStateByKey(updateFunc)方法输入时，参数 updateFunc 是一个函数，该函数定义为：

```
(Seq[V], Option[S]) => Option[S]
```

其中 V 和 S 表示的是数据类型，如 Int。updateFunc 函数的第一个输入参数属于 Seq[V]类型，表示当前 Key 对应的所有 Value，第二个参数属于 Option[S]类型，表示当前 Key 的历史状态，函数返回值类型 Option[S]，表示当前 Key 的新状态。updateStateByKey 转换操作如代码 7-9 所示。

代码 7-9

```scala
import org.apache.spark.SparkConf
import org.apache.spark.streaming.{Seconds, StreamingContext}
object updateStateByKey_op {
  def main(args: Array[String]) {
    val conf = new SparkConf().setMaster("local[2]")
      .setAppName("UpdateStateByKeyDemo")
    val ssc = new StreamingContext(conf,Seconds(20))
    //要使用 updateStateByKey 方法，必须设置 Checkpoint
    ssc.checkpoint("your checkpoint path")
    //第一个参数为主机 IP，第二个为端口号
    val socketLines = ssc.socketTextStream("your IP",9999)
    socketLines.flatMap(_.split(" ")).map(word=>(word,1))
      .updateStateByKey(
        (currValues:Seq[Int],preValue:Option[Int]) =>{
          val currValue = currValues.sum      //对当前 Key 值对应的 Value 进行求和
          //对当前 Key 值对应的当前、历史状态 Value 值进行求和
          Some(currValue + preValue.getOrElse(0))
        }).print()
    ssc.start()
    ssc.awaitTermination()
    ssc.stop()
  }
}
```

输入数据如图 7-16 所示，数据中的每一行都是一个监听间隔内输入的数据。

```
1 1 1 2 2
2 2 3 3 3
3 3 3 1 1
//第四次没有输入任何值
```

图 7-16　输入数据

代码 7-9 是进行 WordCount 的监听，记录所有的 DStream 统计的值而不仅仅是一个时间段内统计的值，监听的结果如图 7-17 所示。

```
-------------------------------------
Time: 1542352620000 ms
-------------------------------------
(2,2)
(1,3)


-------------------------------------
Time: 1542352640000 ms
-------------------------------------
(2,4)
(3,3)
(1,3)


-------------------------------------
Time: 1542352660000 ms
-------------------------------------
(2,4)
(3,6)
(1,5)


-------------------------------------
Time: 1542352680000 ms
-------------------------------------
(2,4)
(3,6)
(1,5)
```

图 7-17　updateStateByKey 操作输出结果

7.4 DStream 输出操作

输出操作是将 DStream 的数据输出到外部的系统。输出操作作用于 DStream 后，触发所有的 DStream 变换实际执行，这一点与 RDD 执行（Action）类似。表 7-4 列出了目前主要的输出操作。

表 7-4 输出操作

转换	描述
print()	在运行流应用程序的驱动程序节点上打印 DStream 中每批数据的前 10 个元素
savaAsTextFiles(prefix, [suffix])	将此 DStream 的内容保存为文本文件，每个批处理时间间隔内产生的文件以"prefix-TIME_IN_MS[.suffix]"的方式命名
savaAsObjectFiles(prefix, [suffix])	将此 DStream 的内容保存为序列化 Java 对象的 SequenceFiles，每个批处理时间间隔内产生的文件以"prefix-TIME_IN_MS[.suffix]"的方式命名
savaAsHadoopFiles(prefix, [suffix])	将此 DStream 中的内容以文本的形式保存为 Hadoop 文件，每个批次处理时间间隔内产生的文件以"prefix-TIME_IN_MS[.suffix]"的方式命名
foreachRDD(func)	最基本的输出操作，将 func 函数应用于 DStream 中的 RDD，这个操作会输出数据到外部系统，比如保存 RDD 到文件或数据库等，该 func 函数是在运行 streaming 应用的 Driver 进程里执行的

使用 saveAsTextFiles 操作把 Spark Streaming 监听并处理后的结果以文本文件的形式保存到所指定的路径中，具体实现如代码 7-10 所示：

代码 7-10

```
import org.apache.spark.SparkConf
import org.apache.spark.streaming.{Seconds, StreamingContext}
object saveAsTextFiles_op {
  def main(arg: Array[String]): Unit = {
    val conf = new SparkConf().setMaster("local[2]").setAppName("Windowtest")
    val ssc = new StreamingContext(conf, Seconds(10))
    val lines = ssc.socketTextStream("your IP", 9999)//第一个参数为主机 IP，第二个为端口号
    //保存到要保存的路径下，会自动生成 test+"-监听时间"+.txt 文件
    lines.saveAsTextFiles("your save path","txt")
    ssc.start()
    ssc.awaitTermination()
  }
}
```

代码 7-10 每隔 10 s 生成一个文件夹到指定路径下，文件夹名称为 test +"监听时间"+ .txt 的文件，结果如图 7-18 所示。

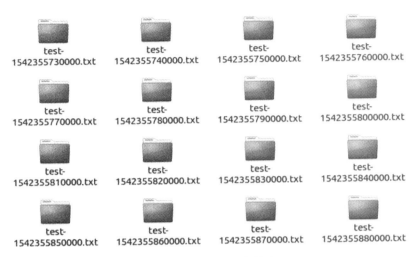

图 7-18　监听结果文件夹

当在监听端口输入 Spark Streaming 时，会在对应监听时间的文件夹内找到如图 7-19 所示的文件，打开文件 part-00000 文件可以找到输入的内容。

图 7-19　文件夹内监听到的文件

7.5　Spark Streaming 处理流式数据

本节介绍在 IDEA 中创建工程运行 Spark 示例，包括文件流、套接字流、RDD 队列流以及 Kafka 消息队列流的 WordCount 示例。

7.5.1　文件流

（1）新建一个文件夹用来接收数据文件，在该目录下的 Spark_Streaming 文件夹内新建一个 file 文件夹，作为监听的目录：

```
$ cd Spark_Streaming
$ mkdir file
```

（2）在工程中创建 Streaming_one.scala 文件，键入代码如代码 7-11 所示。

代码 7-11

```scala
import org.apache.spark.SparkConf
import org.apache.spark.streaming.{Seconds, StreamingContext}
object Streaming_one {
  def main(arg: Array[String]): Unit = {
    val conf = new SparkConf().setMaster("local[2]").setAppName("testone")
    val ssc = new StreamingContext(conf, Seconds(30))//设置监听时间间隔为 30s
    val lines = ssc.textFileStream("your path")//设置监听的文件夹
    //监听的文件执行 wordcount
    val words = lines.flatMap(_.split(" "))
    val wordCounts = words.map(x=>(x,1)).reduceByKey(_+_)
    wordCounts.print()
    ssc.start()
    ssc.awaitTermination()
  }
}
```

① 没有输入文件时的监听状态如图 7-20 所示。

```
----------------------------------------
Time: 1542368640000 ms
----------------------------------------


----------------------------------------
Time: 1542368670000 ms
----------------------------------------
```

图 7-20　无文件输入时内监听结果

② 有数据输入时的监听状态，即在路径下的文件夹中新建文本文件，并写入数据，如图 7-21 所示。

```
Spark Streaming
Spark SQL
Spark MLlib
```

图 7-21　输入数据

执行监听的结果如图 7-22 所示。

```
-------------------------------------------
Time: 1542368700000 ms
-------------------------------------------
(SQL,1)
(MLlib,1)
(Streaming,1)
(Spark,3)
```

图 7-22　有文件输入时的监听结果

7.5.2　RDD 队列流

在工程中创建 Streaming_two.scala 文件，键入代码如代码 7-12 所示。

代码 7-12

```scala
import org.apache.spark.SparkConf
import org.apache.spark.rdd.RDD
import org.apache.spark.streaming.{Seconds,StreamingContext}
object Streaming_two {
  def main(args:Array[String]){
    val sparkConf = new SparkConf().setAppName("RDDQueue").setMaster("local[2]")
    val ssc = new StreamingContext(sparkConf,Seconds(4))
    //创建 RDD 队列
    val rddQueue = new scala.collection.mutable.SynchronizedQueue[RDD[Int]]()
    val queue = ssc.queueStream(rddQueue) //创建输入的队列数据流
    //处理队列中的 RDD 数据为(数取余 10,1)的形式
    val map = queueStream.map(r=>(r%10,1))
    val reduce = map.reduceByKey(_+_)
    reduce.print()
    ssc.start()
    //创建并向队列推入 RDD
    for(i<-1 to 10){
      //创建一个包含 1~100 元素的 RDD
      //设置线程暂停 1 s，目的是为了使每次循环有一个停止时间，使循环不至于结束太快
      //只进行了一次监听，该操作 10 次循环会用 10 s
      rddQueue+=ssc.sparkContext.makeRDD(1 to 100)
      Thread.sleep(1000)
    }
    ssc.stop() //结束 Streaming 程序
  }
}
```

代码创建 RDD 队列 rddQueue，队列包含 1～100 的整数。接着使用 queueStream(rddQueue)创建基于 RDD 队列的 DStream，并对 DStream 中的数与 10 取余后进行 WordCount 操作，代码执行结果如图 7-23 所示。

```
-------------------------------------
Time: 1542370880000 ms
-------------------------------------
(4,10)
(0,10)
(6,10)
(8,10)
(2,10)
(1,10)
(3,10)
(7,10)
(9,10)
(5,10)

-------------------------------------
Time: 1542370884000 ms
-------------------------------------
(4,10)
(0,10)
(6,10)
(8,10)
(2,10)
(1,10)
(3,10)
(7,10)
(9,10)
(5,10)

-------------------------------------
Time: 1542370888000 ms
-------------------------------------
(4,10)
(0,10)
(6,10)
(8,10)
```

(2,10)
(1,10)
(3,10)
(7,10)
(9,10)
(5,10)

图 7-23 RDD 队列流监听结果

输出结果中对 RDD 队列监听了 3 次，是因为代码 Thread. sleep(1000) 会在该处执行休眠 1 s，10 次循环休眠十秒后结束程序，而程序每隔 4 s 监听一次，所以会在第 0 s、4 s、8 s 处监听到消息，会有 3 次监听结果。

7.5.3 套接字流

（1）在工程中创建 Streaming_three.scala 文件，键入代码如代码 7-13 所示。

代码 7-13

```scala
import org.apache.spark.SparkConf
import org.apache.spark.streaming.{Seconds, StreamingContext}
object Streaming_three {
  def main(arg: Array[String]): Unit = {
    val conf = new SparkConf().setMaster("local[2]").setAppName("NetworkWordCount")
    val ssc = new StreamingContext(conf, Seconds(10))
    val lines = ssc.socketTextStream("your IP", 9999)//第一个参数为主机 IP，第二个为端口号
    val words = lines.flatMap(_.split(" "))
    val wordcounts = words.map(x => (x, 1)).reduceByKey(_ + _)
    wordcounts.print()
    ssc.start()
    ssc.awaitTermination()
  }
}
```

（2）在终端窗口中输入 nc-lk 9999，进入 9999 端口，运行代码，接着在端口输入图 7-24 所示数据，一个时间间隔内输入一条数据。

```
$ nc -lk 9999
Spark Streaming
Spark SQL
Spark MLlib
```

图 7-24 输入数据

对监听的数据执行 WordCount 操作，结果如图 7-25 所示：

```
-------------------------------------
Time: 1542373170000 ms
-------------------------------------
(Streaming,1)
(Spark,1)


-------------------------------------
Time: 1542373180000 ms
-------------------------------------
(SQL,1)
(Spark,1)


-------------------------------------
Time: 1542373190000 ms
-------------------------------------
(MLlib,1)
(Spark,1)
```

图 7-25　套接字流监听结果

7.5.4　Kafka 消息队列流

1. Kafka 概述

Apache Kafka 是分布式发布—订阅消息系统。发布/订阅（Publish/Subscribe）模式：使消息的分发可以突破目的队列指向的限制，使消息按照特定的主题甚至内容进行分发，用户或应用程序可以根据主题或内容接收到所需要的消息。发布/订阅功能使得发送者和接收者之间的耦合关系变得更为松散，发送者不必关心接收者的目的地址，而接收者也不必关心消息的发送地址，而只是根据消息的主题进行消息的收发。

图 7-26 是 Kafka 的工作原理图，图中将消息的发布（Publish）称作 Producer（生产者），将消息的订阅（Subscribe）表述为 Consumer（消费者），将中间的 Kafka 服务器称作 Broker（代理）。Producer 生产数据，给定 Topic，交给 Broker 进行存储，Consumer 消费数据，根据 Topic 从 Broker 中取出数据，完成一系列对数据的处理操作。

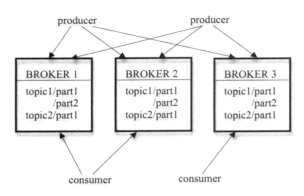

图 7-26　Kafka 的生产者/消费者示意图

2. 安装和配置 Kafka

(1)安装 Kafka，一共分为两个步骤：

1)从官网上下载 Kafka 的安装包，在 Linux 终端输入命令：

```
$ wget http://mirrors.shu.edu.cn/apache/kafka/1.1.1/kafka_2.11-1.1.1.tgz
```

2)下载 Kafka 安装包完毕后，对其进行解压，输入命令：

```
$ tar zxvf kafka_2.11-1.1.1.tgz
```

(2)对 Kafka 的安装进行测试：

1)在解压后的 Kafka 文件夹下打开终端，执行以下命令来启动 Zookeeper 服务：

```
$ bin/zookeeper-server-start.sh config/zookeeper.properties
```

成功启动 Zookeeper 服务后的页面如图 7-27 所示。

```
e.zookeeper.server.ZooKeeperServer)
[2018-11-16 07:51:53,864] INFO Server environment:java.compiler=<NA> (org.apache
.zookeeper.server.ZooKeeperServer)
[2018-11-16 07:51:53,864] INFO Server environment:os.name=Linux (org.apache.zook
eeper.server.ZooKeeperServer)
[2018-11-16 07:51:53,864] INFO Server environment:os.arch=amd64 (org.apache.zook
eeper.server.ZooKeeperServer)
[2018-11-16 07:51:53,864] INFO Server environment:os.version=4.15.0-36-generic (
org.apache.zookeeper.server.ZooKeeperServer)
[2018-11-16 07:51:53,864] INFO Server environment:user.name=xiongfan (org.apache
.zookeeper.server.ZooKeeperServer)
[2018-11-16 07:51:53,864] INFO Server environment:user.home=/home/xiongfan (org.
apache.zookeeper.server.ZooKeeperServer)
[2018-11-16 07:51:53,864] INFO Server environment:user.dir=/home/xiongfan (org.a
pache.zookeeper.server.ZooKeeperServer)
[2018-11-16 07:51:53,877] INFO tickTime set to 3000 (org.apache.zookeeper.server
.ZooKeeperServer)
[2018-11-16 07:51:53,878] INFO minSessionTimeout set to -1 (org.apache.zookeeper
.server.ZooKeeperServer)
[2018-11-16 07:51:53,878] INFO maxSessionTimeout set to -1 (org.apache.zookeeper
.server.ZooKeeperServer)
[2018-11-16 07:51:53,905] INFO binding to port 0.0.0.0/0.0.0.0:2181 (org.apache.
zookeeper.server.NIOServerCnxnFactory)
```

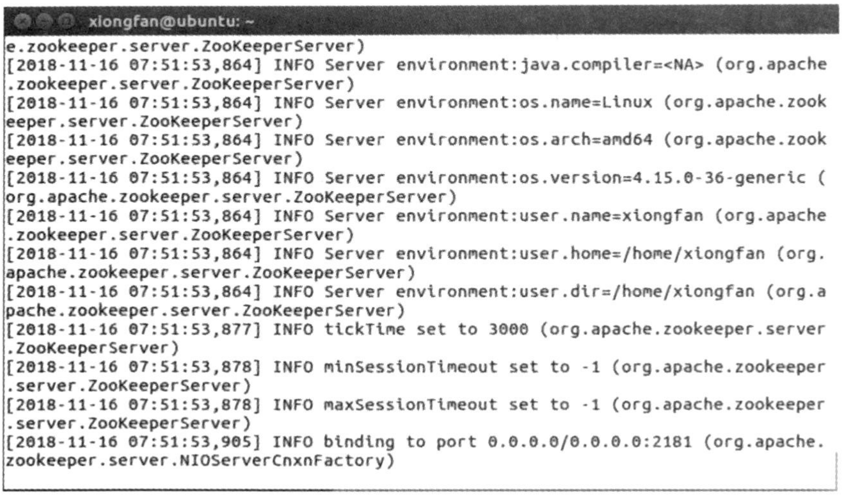

图 7-27　执行 Zookeeper 服务成功

2)开启 Kafka 服务，在该目录下另起终端，执行代码如下：

```
$ bin/kafka-server-start.sh config/server.properties
```

成功启动 Kafka 服务后的页面如图 7-28 所示。

```
xiongfan@ubuntu: ~/kafka_2.11-1.1.1
[2018-11-21 21:53:49,141] INFO [GroupCoordinator 0]: Startup complete. (kafka.co
ordinator.group.GroupCoordinator)
[2018-11-21 21:53:49,179] INFO [GroupMetadataManager brokerId=0] Removed 0 expir
ed offsets in 12 milliseconds. (kafka.coordinator.group.GroupMetadataManager)
[2018-11-21 21:53:49,201] INFO [ProducerId Manager 0]: Acquired new producerId b
lock (brokerId:0,blockStartProducerId:0,blockEndProducerId:999) by writing to Zk
 with path version 1 (kafka.coordinator.transaction.ProducerIdManager)
[2018-11-21 21:53:49,287] INFO [TransactionCoordinator id=0] Starting up. (kafka
.coordinator.transaction.TransactionCoordinator)
[2018-11-21 21:53:49,293] INFO [TransactionCoordinator id=0] Startup complete. (
kafka.coordinator.transaction.TransactionCoordinator)
[2018-11-21 21:53:49,326] INFO [Transaction Marker Channel Manager 0]: Starting
(kafka.coordinator.transaction.TransactionMarkerChannelManager)
[2018-11-21 21:53:49,415] INFO [/config/changes-event-process-thread]: Starting
(kafka.common.ZkNodeChangeNotificationListener$ChangeEventProcessThread)
[2018-11-21 21:53:49,427] INFO [SocketServer brokerId=0] Started processors for
1 acceptors (kafka.network.SocketServer)
[2018-11-21 21:53:49,456] INFO Kafka version : 1.1.1 (org.apache.kafka.common.ut
ils.AppInfoParser)
[2018-11-21 21:53:49,456] INFO Kafka commitId : 8e07427ffb493498 (org.apache.kaf
ka.common.utils.AppInfoParser)
[2018-11-21 21:53:49,459] INFO [KafkaServer id=0] started (kafka.server.KafkaSer
ver)
```

图 7-28 执行 Kafka 服务成功

成功启动这两个服务表明单机上的 Kafka 安装成功。在 Spark Streaming 中应用 Kafka 的服务需要在编程环境中导入 Kafka 的依赖包：

①下载 spark-streaming-kafka-0-8_2.11.jar 包。在命令行输入：

```
$ wget http://101.110.118.69/central.maven.org/maven2/org/apache/spark/spark-streaming-
kafka-0-8_2.11/2.3.0/spark-streaming-kafka-0-8_2.11-2.3.0.jar
```

注：Kafka 的依赖包需要和 Spark 与 Scala 的版本相对应，具体版本对应的信息可查看 http://mvnrepository.com/artifact/org.apache.spark/spark-streaming-kafka-0-8。

②把 spark-streaming-kafka-0-8_2.11.jar 和 Kafka 目录下的 libs 文件夹中的 jar 包导入工程。

3. Kafka 示例

Producer 生产了数据，会先通过 Zookeeper 找到 Broker，然后将数据存放到 Broker；Consumer 根据其订阅的 Topic 消费数据，先通过 Zookeeper 找对应的 Broker，然后消费。模拟生产者每秒向 Kafka 发送 4 条消息，每条消息包含 10 个 0 ~ 9 的随机数，Spark Streaming 作为消费者，使用 reduceByKeyAndWindow()方法进行统计并显示结果。

(1)在工程中创建 KafkaWordCountProducer.scala 文件，以其作为生产者，向 Kafka 发送数据。键入代码如代码 7-14 所示。

代码 7-14

```scala
import java.util.HashMap
import org.apache.kafka.clients.producer.{KafkaProducer, ProducerConfig, ProducerRecord}
object KafkaWordCountProducer {
  def main(args: Array[String]) {
    if (args.length < 4) {
      System.err.println("Usage: KafkaWordCountProducer <metadataBrokerList> <topic> " +
"<messages> <words>")
      System.exit(1)
    }
    val Array(brokers, topic, messages, words) = args
    // Zookeeper 连接属性
    val props = new HashMap[String, Object]()
    props.put(ProducerConfig.BOOTSTRAP_SERVERS_CONFIG, brokers)
    props.put(ProducerConfig.VALUE_SERIALIZER_CLASS_CONFIG,
      "org.apache.kafka.common.serialization.StringSerializer")
    props.put(ProducerConfig.KEY_SERIALIZER_CLASS_CONFIG,
      "org.apache.kafka.common.serialization.StringSerializer")
    val producer = new KafkaProducer[String, String](props)
    //发送信息,每秒一次,一次发送消息条数为 messages 条,每条消息有 words 个,每
    个是大于等于 0 小于 10 的随机数
    while(true) {
      (1 to messages.toInt).foreach { messageNum =>
        val str = (1 to words.toInt).map(x => scala.util.Random.nextInt(10).toString)
          .mkString(" ")
        print(str)
        println()
        val message = new ProducerRecord[String, String](topic, null, str)
        producer.send(message)
      }
      Thread.sleep(1000)
    }
  }
}
```

(2)在工程中创建 StreamingExamples.scala 文件,用于设置 log4j 日志级别,该文件路径为 Spark 安装目录下的/examples/src/main/scala/org/apache/spark/examples/streaming,如代码 7-15 所示。

代码 7-15

```scala
import org.apache.log4j.{Level, Logger}
import org.apache.spark.internal.Logging

object StreamingExamples extends Logging {
  //如果用户尚未配置 log4j,为流设置合理的日志记录级别
  def setStreamingLogLevels() {
    val log4jInitialized = Logger.getRootLogger.getAllAppenders.hasMoreElements
    if (!log4jInitialized) {
      logInfo("Setting log level to [WARN] for streaming example." +
        " To override add a custom log4j.properties to the classpath.")
      Logger.getRootLogger.setLevel(Level.WARN)
    }
  }
}
```

(3) 在工程中创建 KafkaWordCountConsumer.scala 文件,作为消费者从 Kafka 中获取数据进行处理,设置监听间隔为 10 s,窗口大小为 1 min,滑动步长为 10 s,执行 reduceByKeyAndWindow 操作,如代码 7-16 所示。

代码 7-16

```scala
import org.apache.spark.SparkConf
import org.apache.spark.streaming._
import org.apache.spark.streaming.kafka.KafkaUtils

object KafkaWordCountConsumer {
  def main(args:Array[String]){
    StreamingExamples.setStreamingLogLevels()
    val sc = new SparkConf().setAppName("KafkaWordCountConsumer").setMaster("local[2]")
    val ssc = new StreamingContext(sc,Seconds(10))
    //设置检查点
    ssc.checkpoint("your checkpoint path")
    val zkQuorum = "localhost:2181"  //Zookeeper 服务器地址
    val group = " kafka_test"    //topic 所在的 group
    val topics = "sender"    //topics 的名称
    val numThreads = 1    //每个 topic 的分区数
    val topicMap =topics.split(",").map((_,numThreads.toInt)).toMap
    //Kafka 的 Dstream 配置
    val lineMap = KafkaUtils.createStream(ssc,zkQuorum,group,topicMap)
    val lines = lineMap.map(_._2)
```

```
    val words = lines.flatMap(_.split(" "))
    val pair = words.map(x => (x,1))
    //对窗口内的 RDD 执行 reduceByKeyAndWindow 操作
    val wordCounts = pair.reduceByKeyAndWindow((a:Int,b:Int) => (a + b),Minutes(1),Seconds(10),2)
    wordCounts.print
    ssc.start
    ssc.awaitTermination
  }
}
```

（4）设置生产者的配置参数，点击 Run 中的 Debug Configurations，并在 KafkaWordCountProducer 中的 programarguments 输入信息，如图 7-29 所示。

```
//对应 KafkaWordCountProducer 文件中的代码 val Array(brokers, topic, messages, words) = args //
中的参数，第一个参数是 Kafka 的服务器地址，第二个参数是 Topic 名称
localhost:9092 sender 4 10
```

图 7-29　配置参数图

（5）启动 Zookeeper 服务和 Kafka 服务后，运行 KafkaWordCountProducer 代码，得到随机数，如图 7-30 所示。

图 7-30　生产者生产数据图

（6）执行 KafkaWordCountConsumer 代码，把收集到的随机数执行 WordCount 操作，如图 7-31 所示。

Time: 1542715610000 ms

(4,88)
(8,78)
(6,67)
(0,74)
(2,104)
(7,86)
(5,87)
(9,88)
(3,84)
(1,84)

Time: 1542715620000 ms

(4,125)
(8,109)
(6,91)
(0,117)
(2,134)
(7,126)
(5,139)
(9,121)
(3,122)
(1,116)

Time: 1542715630000 ms

(4,162)
(8,148)
(6,135)
(0,159)
(2,177)
(7,159)
(5,178)
(9,159)

```
(3,164)
(1,159)

-------------------------------------
Time: 1542715640000 ms
-------------------------------------
(4,203)
(8,177)
(6,178)
(0,194)
(2,224)
(7,206)
(5,221)
(9,201)
(3,195)
(1,201)
```

图 7-31　Kafka 实例处理结果

7.6　Spark Streaming 性能调优

要使 Spark Streaming 应用程序在集群中获得最佳的性能实践，则需对一些性能参数进行调优。主要考虑两个方面：①有效使用集群资源，减少批处理所消耗的时间；②设置合理的窗口大小，使数据尽可能快速地得到处理（即数据处理与数据接收节奏一致）。

7.6.1　减少批处理时间

优化运行时间可以降低每个批次数据的处理时间，主要包括：提升数据接收和处理的并行度，减少序列化和反序列化负担，优化内存的使用，减少任务提交与分发的开销。

1. 提高数据的接收并行度

如果通过网络接收数据（比如 Kafka、Flume、套接字等），则需要把数据反序列化并存储在 Spark 上，若数据接收成为瓶颈，则需要并行接收数据。在 Worker 节点上对每个输入的 DStream 创建一个接收器（Receiver）并运行，以接收数据流。通过创建多个 DStream 并配置从数据接收源接收不同分区的数据流。例如，接收两个数据主题的单个 Kafka 输入 DStream 可以分成两个 Kafka 输入流，每个输入流只接收一个主题。这将运行两个接收器，允许并行接收数据，从而提高整体吞吐量。多个 DStream 可以通过联合（union）创建一个 DStream，一些应用在一个输入 DStream 的转换操作，也可应用在联合后的 DStream 上。

Receiver 的 RDD 数据分区间隔由 configuration parameter（配置参数）的 spark.streaming.blockInterval 决定。对于大多数的接收器，接收到的数据要合并成大的数据块，然后存储在

Spark 的内存中。每个批次的数量决定任务的数量，这些任务用来处理那些接收到的数据，即进行类"Map"操作，每个接收器每批次任务数目大约为（批时间间隔/块时间间隔），例如在 100 ms 的块时间间隔将会在 2 s 的批次中创建 20 个任务。若任务太少，会导致有的核闲置，没有用来处理数据，使效率降低很多。对一个给定时间间隔的情况，如果要提升任务数，则需要降低每一小块的时间间隔。推荐的块时间间隔最小为 50 ms。

2. 提升数据处理并行度

若在任务执行阶段并行的任务数量不多，会造成集群资源利用低下。例如分布式 Reduce 操作，如 reduceByKey 和 reduceByKeyAndWindow，并行任务数量是在 spark.default.parallelism 中配置的。要确保均衡使用整个集群的资源，而不是把任务都集中在几个特定的节点上，对包含 Shuffle 的操作，增加并行度以确保更为充分地使用集群资源。

3. 数据序列化

数据序列化的开销很大，特别是要实现亚秒级批次的大小，数据序列化主要包括下面两个方面。RDD 数据的序列化，默认情况下 RDD 被保存为序列化子节数组，来减少 GC 停顿；输入数据序列化，将外部数据插入 Spark，接收到的数据为子节型，需要反序列化为 Spark 的序列化格式。因此，输入数据的反序列化开销会成为一个瓶颈。Spark Streaming 默认将接收到的数据序列化存储，以减少内存的使用。序列化和反序列化需要更多的 CPU 时间，更加高效的序列化方式（Kryo）和自定义的序列化接口可以更高效地使用 CPU。

7.6.2 设置适合的批次大小

设置合适的批处理大小，首先要了解几个关键词：
- 批处理时间：每个批次的数据的处理时间。
- 批次间隔时间：两个批次数据处理的时间间隔。
- 数据速率：数据在集群上的处理速率。

为了使集群上运行的 Spark Streaming 应用程序保持稳定，系统应该能够以接收数据的速度处理数据，即批处理数据应该在生成时尽快处理。处理数据速度对应批次处理时间，批次间隔时间对应数据流入速度。批次间隔时间应该大于批处理时间。

确定应用程序正确批次大小的好方法是使用保守的批处理间隔（例如，5~10 s）和低数据速率进行测试。要验证系统是否能够跟上数据速率，可以检查每个已处理批处理所遇到的端到端延迟的值[在 Spark 驱动程序 log4j 日志中查找 Totaldelay（总延迟），或使用 Streaming Listener 接口]。如果延迟保持小于或与批处理时间相当，则系统稳定。否则，如果延迟不断增加，代表系统处理速度跟不上数据输入速度。

7.6.3 优化内存使用

针对 Spark 应用程序的内存使用和 GC（垃圾回收）行为，这一部分讲了自定义 Spark Streaming 应用的调优参数，来优化内存使用。

1. 设置合理的 DStream 存储的级别

与 RDD 不同，RDD 默认持久化级别是 MEMORY_ONLY，而 DStream 默认持久化级别是 MEMORY_ONLY_SER，尽管保持数据序列化会带来高序列化、反序列化开销，但是大大减少 GC 出现停顿的现象。

2. 及时清理持久化的 RDD

Streaming 会将接收到的数据全部存储于可以用的内存中，因此应该及时清理已经处理完成的数据，以确保 Streaming 有足够的内存，默认情况下，所有 Streaming 持久化 RDD 的清理会使用内置的内存清理策略 LRU（Least Recently Used）；通过设置 spark.cleaner.ttl 的值，Streaming 就能自动地定期清除旧的内容。通过设置 spark.streaming.unpersist 属性启用内存清理，减少 Spark RDD 内存的使用，提升 GC 性能。

3. 并发垃圾收集

GC 会影响任务的正常运行，任务执行时间的延长，会引起一系列不可预料的问题，采用不同的 GC 策略可以进一步减小 GC 对 Job 运行的影响。例如，使用并行 mark-and-sweep GC 能够减少 GC 的突然暂停情况，另外也可以以降低系统吞吐量为代价来获得最短 GC 停顿。

7.7 本章小结

本章主要介绍了 Spark Streaming 的运行原理，把连续的数据流切分成多个分段，并用 Spark Engine 处理这些分段，从而间接实现流处理功能，然后介绍了 Spark Streaming 的基础抽象 DStream，其代表持续性的数据流，接着介绍了 DSteram 的一系列操作方法，以及根据输入不同流类型介绍了四种 Spark Streaming 的示例，最后介绍 Spark Streaming 的性能优化方法。

思考与习题

1. 简要介绍静态数据与流数据及对它们的处理方法。
2. 简要介绍什么是 DStream。
3. 简述 DStream 中按批处理间隔划分的元素与 RDD 的关系。
4. Spark Streaming 有哪三种基本输入源？
5. 什么是 DStream 的窗口操作？
6. 在 Spark Streaming 中为什么要设置合适的批次大小？
7. 简要介绍什么是有状态转换操作，什么是无状态转换操作。
8. 简述如何在 IDEA 中运行 window 操作。
9. 简述如何在 IDEA 中运行 reduceByKeyAndWindow 操作。
10. 简述如何在 IDEA 中运行 updateStateByKey 操作。
11. 结合 7.5.4 节配置并运行 Kafka 实例，并在 SparkStreaming 中处理 Kafka 流式数据。

第 8 章 Spark GraphX

在大数据时代,大规模图无处不在。GraphX 是 Spark 中的图计算组件,提供了丰富的图算法库,使得大规模图计算变得简洁高效。本章介绍 GraphX 的基本构成,主要包括底层的 GraphX 图存储、中间层的 GraphX 图操作和上层的图算法库,本章对这些构成部分分别进行了介绍。

8.1 GraphX 简介

图(Graph)结构可以抽象表示现实世界中的很多关系。例如,在社交网络中,图的"顶点"表示社交网络中的人,"边"表示人与人的关系。此外,地图导航、网页链接关系和消费者网上的购物等都可以用图抽象表示。基于图的数据结构衍生出了许多基础算法,如遍历、最小生成树、最短路径等。同时这些数据结构也扩展出许多应用场景,比如淘宝的推荐商品、Facebook 的推荐好友等。但是由于图结构中数据内部存在较高的关联性,在图计算时会引入大量连接和聚集等操作,严重消耗计算资源,对这些算法进行优化显得非常重要。

为了提高图计算的速度,一些企业、社区都提供了并行化的图计算解决方案,常见的有 GraphX、Pregel、PowerGraph、Graphlib 等。其中,GraphX 作为 Spark 的图计算组件,在实际应用中表现尤为突出。GraphX 是一个分布式图处理框架,基于 Spark 平台提供对图计算和图挖掘简洁易用而丰富多彩的接口,满足了大规模图处理的需求。与其他的图处理系统和图数据库相比,基于图概念和图处理原语的 GraphX,优势在于既可以将底层数据看成一个完整的图,也可以对边 RDD 和顶点 RDD 使用数据并行处理原语。

GraphX 的核心抽象是 Resilient Distributed Property Graph,一种点和边都带属性的有向多重图。它扩展了 Spark RDD 的抽象,一方面依赖于 RDD 的容错性实现了高效的健壮性,另一方面 GraphX 可以与 Spark SQL、Spark ML 等无缝地结合使用,例如使用 Spark SQL 收集的数据可以交由 GraphX 进行处理,而 GraphX 在计算时可以和 Spark ML 结合完成深度数据挖掘等操作,这些是其他图计算框架所没有的。

同时,SparkGraphX 代码非常简洁,其实现架构大致分为三层,如图 8-1 所示。

(1)**存储层**:该层定义了 GraphX 的数据模型,包括顶点 RDD、边 RDD 和三元组 Triplets;介绍了 GraphX 点分割技术、不同的分区策略以及数据存储方式;介绍了图计算过程使用的数据存储结构,如路由表、重复顶点视图等。

(2)**操作层**:在抽象类 Graph 及其实现类 GraphImpl 两个类中定义了构建图操作、转换操作、结构操作、聚合操作和缓存操作等。另外,在 GraphOps 类中也实现了图基本属性操作和连接操作等。Graph 类是最重要的一个类，也是一个抽象类，Graph 类中一些没有具体实现的内容是由 GraphImpl 完成的 GraphOps 是一个协同工作类。

(3)算法层：GraphX 根据实现层和操作层实现了常用的算法，如 PageRank、统计三角形数、计算连通向量等，同时，提供了一个优化的 Pregel API 迭代算法，大部分的 GraphX 内置算法是用 Pregel 实现的。

GraphX 的框架如图 8-1 所示，其中存储层为操作层和算法层提供了基础数据及其存储方式，操作层大大精简了图计算的程序设计，算法层实现了基础的图算法，为后续的图计算应用提供了有力的支持。

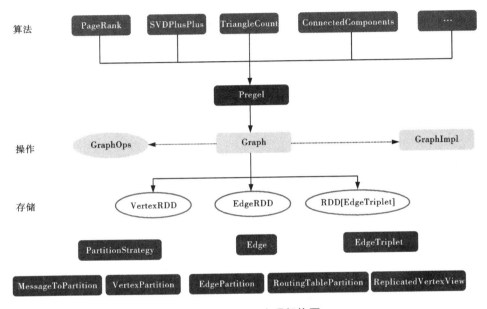

图 8-1　GraphX 实现架构图

8.2　GraphX 图存储

在 Spark 里抽象了一个通用的数据结构 RDD(resilient distributed dataset，弹性分布式数据集)来表示运算中需要的各种数据类型。本节将介绍 GraphX 的三种 RDD 数据模型，可以方便地表示图和存储图。GraphX 采用点分割方式存储图，在集群上均匀分布边，进而更均匀地平衡整个集群的数据。

8.2.1　GraphX 的 RDD

在 GraphX 中，图的基础类为 Graph，其主要包含两个弹性分布式数据集(RDD)：一个为边 RDD，另一个为顶点 RDD。可以利用给定的边 RDD 和顶点 RDD 构建一个图。一旦建立好图，就可以用函数 edges()和 vertices()来访问边和顶点的集合。GraphX 还特有一种数据结构——函数 triplets()返回 EdgeTriplet[VD,ED]类型的 RDD。

GraphX 基本的数据结构为顶点(Vertex)、边(Edge)和三元组(Triplets)。

① 顶点(Vertex):包含顶点 ID 和顶点数据(VD),可以表示为(顶点 ID,顶点数据 VD)
② 边(Edge):包含源顶点和目标顶点 ID 以及边数据(ED),可以表示(源顶点 ID,目标顶点 ID,边数据 ED)。
③ 三元组(Triplets):它是边的子类,在边的基础上存储了边的源顶点和目标顶点的数据,可以表示为(源顶点,目标顶点,边数据)。

(1)顶点 RDD(VertexRDD)

在 GraphX 中顶点数据抽象为 VertexRDD,VertexRDD 继承 RDD[(Vertex,VD)],RDD 的类型是 VertexId 和 VD,其中的 VD 是属性的类型。顶点分区定义如代码 8-1 所示:

代码 8-1

```
class VertexPartition[@specialized ( Long, Int, Double)    VD : ClassTag](
    val index: VertexIdToIndexMap,
    val values: Array[VD],
    val mask: BitSet,
    private val activeSet: Option[VertexSet] = None )
```

Index 表示顶点 ID 与顶点数据在顶点数据数组中的索引映射,values 表示存储顶点数据的数组,mask 边数过滤 index 中顶点的掩码,activeSet 表示活跃顶点的 ID。

(2)边 RDD(EdgeRDD)

在 GraphX 中边数据抽象为 EdgeRDD,该 EdgeRDD[ED,VD]继承来自 RDD[Edge[ED]],以各种分区策略将边划分成不同的块。在每个分区中,边属性和邻接结构分别进行存储,这使得更改属性值时能够实现最大限度的复用。边分区的定义如代码 8-2 所示。

代码 8-2

```
class EdgePartition[@specialized (Char, Int, Boolean, Byte, Long, Float, Double)    ED : ClassTag](
    val srcIds: Array[VertexId],
    val dstIds: Array[VertexId],
    val data: Array[ED],
    val index: PrimitiveKeyOpenHashMap[VertexId,Int] )
```

srcIds 存储所有源顶点的 ID,dstIds 存储所有目的顶点的 ID,data 存储所有边数据,index 为顶点 ID 在源顶点 ID 数组中的起始索引。

(3)三元组(Triplets)

Triplets 的属性有:源顶点 ID,源顶点属性、边属性、目标顶点 ID、目标顶点属性,其可以看成是对 Vertices 和 Edges 做了 join 操作。如果需要用顶点、顶点属性及顶点关联边属性,则可创建 Triplets 的 RDD。如图 8-2 所示。

图 8-2　Triplets 对 Vertices 和 Edge 进行的连接操作

8.2.2　GraphX 图分割

图分割方式一般有边分割和点分割两种分割方式，与边分割相比，点分割在性能上取得了重大提升，目前基本上被业界广泛接受并使用。

- 边分割(Edge Cut)：每个顶点都存储一次，但是有的边会被打断分到不同机器上。这样做的好处是节省储存空间；缺点是对图计算进行基于边的计算时，对于一条两个顶点被分到不同机器上的边来说，要跨机器通信传输数据，内网通信流量大。如图 8-3 左图有 3 个分区，其分区 1 中包含顶点 A 和顶点 C，分区 2 中包含顶点 B，而分区 3 中包含顶点 D，这些顶点在集群中只存储一次。

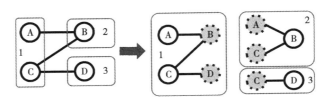

图 8-3　边分割示意图

- 点分割(Vertex Cut)：每条边只存储一次，都只会出现在一台机器上。邻居多的点会被复制到多台机器上，增加了存储开销，同时会引发数据同步问题。点分割的好处是可以大幅度减少内网通信量，如图 8-4 中右边图分为 3 个分区，其中分区 1 包含顶点 A、B 和边 AB，分区 2 包含顶点 B、C 和边 BC，分区 3 包含顶点 C、D 和边 CD，这些边在集群中只存储一次，而顶点可能重复存储。

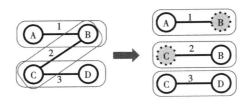

图 8-4　点分割示意图

虽然两种方法互有利弊，但是现在点分割更占优势，各种分布式计算框架都将自己底层的存储形式变成了点分割。其主要有以下两个原因：

(1) 磁盘价格下降，存储空间不再是问题，而内网的通信资源没有突破性进展，集群计算时内网带宽是宝贵的，时间比磁盘更珍贵。这点就类似于常见的空间换时间的策略。

（2）在当前的应用场景中，绝大多数网络是"无尺度网络"，遵循幂律分布，不同点的邻居数量相差非常悬殊。而边分割会使那些多邻居的点所相连的边大多数被分到不同的机器上，这样的数据分布会使得内网带宽更加捉襟见肘，于是边分割存储方式渐渐被抛弃了。

GraphX 使用的是 Vertex Cut，即对顶点进行切分，在集群上均匀分布边，进而更均匀地平衡整个群集的数据。第一次构建图时，要么用 Graph.apply()[与 Graph()等价]，要么用 GraphLoader，两者都使用了默认的初始边分区，但图整体上并不以任何逻辑形式分区。这会导致性能很差，此外，像 triangleCount()这样的一些函数要求图分区才能正确运算。

GraphX 支持边上的 4 种不同的 Partition(分区)策略：

（1）RandomVertexCut：边随机分布；

（2）CanonicalRandomVertexCut：要求两个顶点间如果有多条边则分在同一分区中；

（3）EdgePatition1D：从一个顶点连出去的边在同一分区；

（4）EdgePatition2D：边通过元组(srcId,dstId)划分为两维的坐标系统。

以图 8-5 为例对 Partition 进行说明。

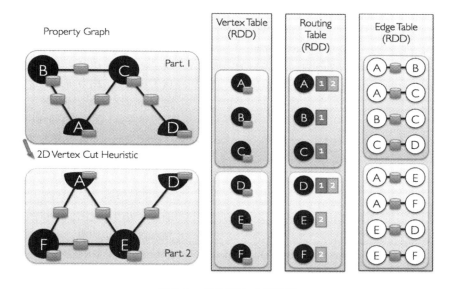

图 8-5　点分割方式储存图

图 8-5 左侧的属性图被分割成两个部分，Vertex Table 的信息表明其中 A、B、C 在一个分割区中，D、E、F 在另一个分割区中；Edge Table 表明每个分区中不同的边。除此之外，还有一个 Routing Table 部分，其记录了节点的路由信息，例如 A 在 part1 和 part2 中都出现了，也就是说在执行 mapVertices 和 mapEdges 等操作的时候内部结构不会发生改变。

8.3　GraphX 图操作

GraphX 常用的操作分为几类：构建图操作、基本属性操作、连接操作、转换操作、结构操作、聚合操作、缓存操作等，同时提供了基于谷歌 Pregel API 的迭代算法。基本上的图操作，只需要一个函数调用即可完成，精简了图计算的程序设计。

更详细全面的 GraphX 的 API 请参照官方文档。链接为：
http://spark.apache.org/docs/latest/api/scala/index.html#org.apache.spark.package
http://spark.apache.org/docs/latest/graphx-programming-guide.html#summary-list-of-operators

8.3.1 构建图操作

GraphX 常用的构建图操作如表 8-1 所示。

表 8-1 构建图操作

接口	描述
fromEdgeTuples[VD: ClassTag](rawEdges: RDD[(VetexId, VertexId)], defaultValue: VD, uniqueEdges: Option[PartitionStrategy] = None, edgeStorageLevel: StorageLevel = StorageLevel.MEMORY_ONLY, vertexStorageLevel: StorageLevel = StorageLevel.MEMORY_ONLY): Graph[VD, Int]	通过一组边构建图，其中边由源顶点和目标顶点组成，在参数中提供顶点和边的存储级别，默认情况下均存储在内存中 · defaultValue 为顶点的默认数据，用于当顶点在边 RDD 存在但是顶点 RDD 中不存在的时候，为顶点提供默认值 · uniqueEdges 参数用于提供一个分区策略，对生成的图结构进行分区操作，若提供了该参数，图中重复的边会被合并，重复边的属性相加得到合并后的属性，若不提供该参数，图中重复的边不做处理 · edgeStorageLevel 参数为边的存储级别，默认情况为存储在内存中 · vertexStorageLevel 参数为顶点的存储级别，默认情况为存储在内存中
fromEdges[VD: ClassTag, ED: ClassTag](edges: RDD[Edge[ED]], defaultValue: VD, edgeStorageLevel: StorageLevel = StorageLevel.MEMORY_ONLY, vertexStorageLevel: StorageLevel = StorageLevel.MEMORY_ONLY): Graph[VD, ED]	通过一组边构建图，其中边的数据包含了顶点数据和边的值，该接口提供了顶点的默认值，在参数中提供了顶点和边的存储级别，默认情况下均为存储在内存中 · edgeStorageLevel 参数为边的存储级别，默认情况为存储在内存中 · vertexStorageLevel 参数为顶点的存储级别，默认情况为存储在内存中
apply[VD: ClassTag, ED: ClassTag](vertices: RDD[(VetexId, VD)], edges: RDD[Edge[ED]], defaultVertexAttr: VD = null.asInstanceOf[VD], edgeStorageLevel: StorageLevel = StorageLevel.MEMORY_ONLY, vertexStorageLevel: StorageLevel = StorageLevel.MEMORY_ONLY): Graph[VD, ED]	该方法是 Graph 在创建图时使用的默认方法，在参数中提供了顶点和边的存储级别，默认情况下均存储在内存中 · RDD[(VetexId, VD)]顶点 RDD 包含顶点的 ID 和数据 · RDD[Edge[ED]]边 RDD 包含边的源顶点和目标顶点 ID 以及边的属性

其中，最常用的是 apply 操作，即根据创建的顶点 RDD 以及边 RDD，构建一个属性图 Graph[VD,ED]，以图 8-6 为例，实现过程如代码 8-3 所示，介绍图的构建过程。后续的图操作都是基于此代码的 myGraph 属性图来演示的。

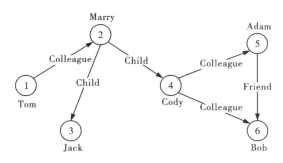

图 8-6　关系示例图

表 8-2　Vertex Table

Id	Property(V)
1	Tom
2	Marry
3	Jack
4	Cody
5	Adam
6	Bob

表 8-3　Edge Table

SrcId	DstId	Property(E)
1	2	Colleague
2	3	Child
2	4	Child
4	5	Colleague
4	6	Colleague
5	6	Friend

在 spark-shell 中实现构建图的操作如代码 8-3 所示。

代码 8-3

```
scala> import org.apache.spark.graphx._ //首先将 GraphX 导入
scala> val myVertices =
sc.parallelize(Array((1L,"Tom"),(2L,"Marry"),(3L,"Jack"),(4L,"Cody"),(5L,"Adam"),(6L,"Bob"))) //构造 VertexRDD

scala> val myEdges =
sc.parallelize(Array(Edge(1L,2L,"Colleague"),Edge(2L,3L,"Child"),Edge(2L,4L,"Child"),Edge(4L,5L,"Colleague"),Edge(4L,6L,"Colleague"),Edge(5L,6L,"Friend"))) //构造 EdgeRDD

scala> val myGraph=Graph(myVertices,myEdges) //构造图 Graph[VD,ED]
```

注意，当一个 Scala 类或者对象中定义了函数 apply()，在调用 apply() 时可以省略 apply，即 Graph.apply() 简写成 Graph()，所以 Graph() 看起来像一个构造函数，但实际上它是在调用 apply() 函数。

8.3.2 基本属性操作

GraphX 的基本属性操作如表 8-4 所示。

表 8-4 基本属性操作

接口	描述
vertices：VertexRDD[VD]	整个图的顶点 RDD
edges：Edge[ED，VD]	整个图的边 RDD
triplets：RDD[EdgeTriplet[VD，ED]]	整个图的三元组
numVertices：Long	整个图的顶点总数
numEdges：Long	整个图的边总数
inDegrees：VertexRDD[Int]	整个图所有顶点的入度，若顶点无入度，则不出现在结果中
outDegrees：VertexRDD[Int]	整个图所有顶点的出度，若顶点无出度，则不出现在结果中
degreesRDD(edgeDirection：EdgeDirection)：VertexRDD[Int]	计算相邻顶点的度，edgeDirection 参数控制收集方向
collectNeighborIds（edgeDirection：EdgeDirection）：VertexRDD[Array[VertexId]]	收集每个顶点的相邻顶点的 ID 数据，edgeDirection 用于控制收集的方向
collectNeighbors（edgeDirection：EdgeDirection）：VertexRDD[Array[(VertexId，VD)]]	收集每个顶点的相邻顶点的数据，当图中顶点的出入度较大时，可能会占用很大的存储空间，参数 edgeDirection 用于控制收集的方向
collectEdges(edgeDirection：EdgeDirection)：VertexRDD[Array[Edge[ED]]]	收集每个顶点边的数据，参数 edgeDirection 用于控制收集的方向
JoinVertices[U：ClassTag](table：RDD[(VertexId, U)])(mapFunc：(VertexId，VD，U) => VD)：Graph[VD，ED]	使用输入的顶点数据更新新生成的顶点数据。将当前图的数据和输入的顶点数据做内连接操作，过滤输入数据中不存在的顶点，并对过滤的结果数据使用自定义函数计算，如果输入数据中没有包含图中某些顶点数据，则在新图中使用原图的顶点数据
filter[VD2：ClassTag，ED2：ClassTag](preprocess：Graph[VD，ED] => Graph [VD2，ED2]，epred：(EdgeTriplet [VD2，ED2]) => Boolean = (x：EdgeTriplet[VD2，ED2]) => true，vpred：(VertexId，VD2) => true)：Graph[VD，ED]	根据条件对图进行过滤操作，首先使用预处理函数(preprocess)对图进行转换操作，生成新的顶点和边的数据，然后在新的图数据上使用 epred 和 vpred 函数分别对边和顶点进行过滤操作，最后返回过滤后的结果数据
pickRandomVertex()：VertexId	在图中随机获取一个顶点并返回该顶点的 ID

根据代码 8-3 定义的 myGraph 属性图进行以下基本属性操作。

1. 从构建图中查看顶点集合：

键入代码如代码 8-4 所示。

代码 8-4

```
scala> myGraph.vertices.collect
res0: Array[(org.apache.spark.graphx.VertexId, String)] = Array((1,Tom), (2,Marry), (3,Jack), (4,Cody), (5,Adam), (6,Bob))
```

2. 从构建图中查看边集合。

键入代码如代码 8-5 所示。

代码 8-5

```
scala> myGraph.edges.collect
res1: Array[org.apache.spark.graphx.Edge[String]] = Array(Edge(1,2,Colleague), Edge(2,3,Child), Edge(2,4,Child), Edge(4,5,Colleague), Edge(4,6,Colleague), Edge(5,6,Friend))
```

3. 从构建的图中查看 triplet 形式数据。

键入代码如代码 8-6 所示。

代码 8-6

```
scala> myGraph.triplets.collect
res2: Array[org.apache.spark.graphx.EdgeTriplet[String,String]] =
Array(((1,Tom),(2,Marry),Colleague), ((2,Marry),(3,Jack),Child), ((2,Marry),(4,Cody),Child), ((4,Cody),(5,Adam),Colleague), ((4,Cody),(6,Bob),Colleague), ((5,Adam),(6,Bob),Friend))
```

函数 triplets()返回 EdgeTriplet[VD, ED]类型的 RDD，包含边的源顶点和目标顶点的引用，可以很方便地对边和顶点的属性进行访问。EdgeTriplet 类提供了访问边（以及边属性数据）以及源顶点和目标顶点属性数据的方法，如表 8-5 所示。

表 8-5 EdgeTriplet 的关键字段

字段	描述
attr	边属性
srcId	边的源顶点 ID
srcAttr	边的源顶点属性数据
dstId	边的目标顶点 ID
dstAttr	边的目标顶点属性数据

4. Degrees 操作

GraphX 中，把 Degree 分成三种：inDegrees、outDegrees、degrees，分别表示计算图中的入度、出度和度数（入度和出度的和）。查看图入度的实例如代码 8-7 所示。

代码 8-7

```
scala> myGraph.inDegrees.collect
res3: Array[(org.apache.spark.graphx.VertexId, Int)] = Array((2,1), (3,1), (4,1), (5,1), (6,2))
```

代码 8-7 结果表明，若某个顶点没有入度，那么结果中不会出现该顶点。以代码 8-8 为例，找出所有节点中度数最大的节点，并显示出来。

代码 8-8

```
//定义 max 函数，找出两两节点中度数较大的节点
scala> def max(a :(VertexId,Int), b :(VertexId,Int)): (VertexId,Int)={
         if(a._2 > b._2) a else b
       }
max: (a: (org.apache.spark.graphx.VertexId, Int), b: (org.apache.spark.graphx.VertexId, Int))(org.apache.spark.graphx.VertexId, Int)

//使用 reduce 操作对两两元素进行归约操作，找出所有节点中度数最大的节点
scala> myGraph.degrees.reduce(max)
res4: (org.apache.spark.graphx.VertexId, Int) = (4,3)
```

根据图 8-6 可得，度为 3 的顶点 ID 为 2 和 4，当最大顶点度数的顶点有多个时，随机输出一个，所以结果显示顶点 4 的度最大为 3。

8.3.3 连接操作

许多情况下，需要将图与外部获取的 RDD 进行连接。比如将一个额外的属性添加到一个已经存在的图上，或者将顶点属性从一个图导出到另一图中。GraphX 的连接操作如表 8-6 所示。

表 8-6 连接操作

接口	描述
outerJoinVertices [U: ClassTag, VD2: ClassTag] (other: RDD[(VertexId, U)])(mapFunc:(VertexId, VD, Option[U]) => VD2)(implicit eq: VD =:= VD2 = null): Graph[VD2, ED]	通过该接口可以实现当前图和其他图的连接操作，并在连接结果上使用 mapFunc 函数进行计算，形成一个新图。该方法为 GraphX 核心操作接口。
joinVertices [U] (table: RDD [(VertexId, U)]) (mapFunc: (VertexId, VD, U) => VD): Graph[VD, ED]	此运算符连接输入 RDD 的顶点，并返回一个新图，新图的顶点属性通过用户自定义的 map 功能作用在被连接的顶点上。没有匹配的 RDD 保留原始值。

由基本属性操作的代码 8-7 可知，若顶点没有相应的度信息，则不会出现在结果中，在代码 8-9 中使用了 outerJoinVertices 操作，将没有度信息的顶点属性变为 0。

代码 8-9

```
scala> val outDegrees: VertexRDD[Int] = myGraph.outDegrees
outDegrees: org.apache.spark.graphx.VertexRDD[Int] = VertexRDDImpl[25] at RDD at
VertexRDD.scala:57
scala> val degreeGraph = myGraph.outerJoinVertices(outDegrees) { (id, oldAttr, outDegOpt)
       =>outDegOpt match {
          case Some(outDeg) => outDeg
          case None => 0    //没有度信息则为 0
       }
    }
degreeGraph: org.apache.spark.graphx.Graph[Int,String] =
org.apache.spark.graphx.impl.GraphImpl@11544ddd
scala> degreeGraph.vertices.collect
res5: Array[(org.apache.spark.graphx.VertexId, Int)] = Array((4,2), (1,1), (6,0), (3,0), (5,1), (2,2))
```

8.3.4 转换操作

和 RDD 的 map 操作类似，属性图的转换操作如表 8-7 所示。

表 8-7 转换操作

接口	描述
partitionBy（partitionStrategy：PartitionStrategy）：Graph[VD, ED]	根据分区策略对图的边进行分区操作
partitionBy(partitionStrategy：PartitionStrategy，numPartitions：Int)：Graph[VD, ED]	根据分区策略对图的边进行分区操作，和上一个操作相似
mapVertices[VD2：ClassTag](map：(VertexId, VD) => VD2)：Graph[VD2, ED]	对图中每个顶点的数据 VD 进行转换，生成新的顶点数据 VD2，从而生成一个新图，新图与原图具有相同结构
mapEdges[ED2：ClassTag]（map：Edge[ED] => ED2)：Graph[VD, ED2]	和 mapVertices 相似，mapEdges 是针对图中的每一条边数据 ED 进行转换，从而生成一个新图，新图与原图具有相同结构
mapEdges[ED2：ClassTag]（map：(PartitionID, Iterator[Edge[ED]]) => Iterator[ED2])：Graph[VD, ED2]	与 mapEdges 功能一致，不同之处在于 mapEdges 接口的方法每次只能处理一个边的数据，该方法可以处理一个分区的所有边数据。在该方法中传入的是该分区编号 partitionID 和针对该分区的 Iterator，返回的是包含新的边值（ED）的分区的 Iterator，并且新分区中的数据与原始分区中的数据是一一对应的
mapTriplets[ED2：ClassTag]（map：EdgeTriplets[VD, ED] => ED2)：Graph[VD, ED2]	使用该接口方法能够进行每条边的数据(ED)及边所连接的两个顶点数据(VD)进行计算，同时生成新的数据，不会改变图结构或图的值

续表 8-7

接口	描述
mapTriplets [ED2：ClassTag] (map：EdgeTriplets [VD, ED] => ED2, tripletFields：TripletFields)：Graph[VD, ED2]	与 mapTriplets 功能上一致，不同之处在于增加了参数 TripletFields，用于过滤不需要进行转换的 Triplets 对象，有助于提高处理效率
mapTriplets [ED2：ClassTag] (map：(PartitionID, Iterator[EdgeTriplets [VD, ED]]) => Iterator[ED2], tripletsFields：TripletFields)：Graph[VD, ED2]	与 mapTriplets 功能上一致，不同之处在于 mapTriplets 接口方法，每次只能处理一个 EdgeTriplet 对象，而该方法可以进行批量处理一个分区的所有 EdgeTriplets 对象。在该方法中传入的是该分区编号 PartitionID 和针对分区 EdgeTriplet 对象的 Iterator，返回的是包含新的 Iterator[ED2] 和 TripletField，并且新分区中的数据与原始分区的数据是一一对应的

以 mapTriplets 命令为例，对图 8-6 中满足条件的边进行增加属性，条件为：①属性中包含"Colleague"；②源顶点属性中包含字母"o"，然后以 triplets 形式输出。命令和结果如代码 8-10 所示：

代码 8-10

```
scala> myGraph.mapTriplets(t => (t.attr, t.attr=="Colleague" &&
t.srcAttr.toLowerCase.contains("o"))).triplets.collect
res6: Array[org.apache.spark.graphx.EdgeTriplet[String,(String, Boolean)]] =
Array(((1,Tom),(2,Marry),(Colleague,true)), ((2,Marry),(3,Jack),(Child,false)),
((2,Marry),(4,Cody),(Child,false)), ((4,Cody),(5,Adam),(Colleague,true)),
((4,Cody),(6,Bob),(Colleague,true)), ((5,Adam),(6,Bob),(Friend,false)))
```

mapTriplets 有两个可选参数，这里只用了第一个参数，这个参数是一个匿名函数，传入一个 EdgeTriplet 对象作为输入参数，返回一个包含二元组（String，Boolean）的 Edge 类型。

原始图 myGraph（每条边不存在额外的布尔类型属性）依然存在，因为调用 triplets()函数后生成的图对象并没有赋值给 val 或者 var 对象。但为了直观地看到转换，将代码 8-10 的返回结果转化成图 8-7。

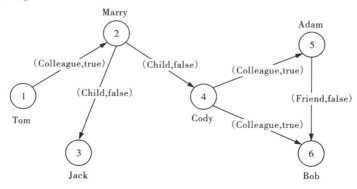

图 8-7 转换后的关系示意图

8.3.5 结构操作

GraphX 的结构操作如表 8-8 所示。

表 8-8 结构操作

接口	描述
reverse：Graph[VD,ED]	将图中所有边进行反转，即若某条边连接两个顶点 a 和 b，初始时边的方向为由 a 指向 b，经过反转操作后边的方向由 b 指向 a。
subgraph(epred：EdgeTriplet[VD,ED] => Boolean = (x => true), vpred：(VertexId, VD) => Booolean = ((v, d) => true))：Graph[VD,ED]	在图中对顶点和边数据按照要求进行过滤生成一个新图。首先先生成图的边三元组，然后根据对图中源顶点、目标顶点和边的判定条件过滤边三元组，从而生成新的边数据，顶点数据可以通过对原图的顶点过滤得到，最后使用新的边数据和顶点数据生成新图
mask [VD2：ClassTag, ED2：ClassTag] (other：Graph [VD2, ED2])：Graph [VD, ED]	在当前图中获取其他图中同样存在的顶点和边，获取的新图并保持顶点和边的数据与原图一致
groupEdges(merge：(ED, ED) => ED)：Graph [VD, ED]	将两个顶点之间的多条边合并成一条，在合并过程中先使用 partitionBy 方法进行分区操作，以保证获取正确的结果

subgraph 操作将顶点和边的预测作为参数，并返回一个图，以 subgraph 操作为例，选择满足边属性为 "Colleague"，实例如代码 8-11 所示，最终返回的图如图 8-8 所示。

代码 8-11

```
scala> val subGraph = myGraph.subgraph(each => each.attr == "Colleague")
subGraph: org.apache.spark.graphx.Graph[String,String] =
org.apache.spark.graphx.impl.GraphImpl@48cbb4c5

scala> subGraph.vertices.collect
res7: Array[(org.apache.spark.graphx.VertexId, String)] = Array((4,Cody), (1,Tom), (6,Bob), (3,Jack), (5,Adam), (2,Marry))

scala> subGraph.edges.collect
res8: Array[org.apache.spark.graphx.Edge[String]] = Array(Edge(1,2,Colleague), Edge(4,5,Colleague), Edge(4,6,Colleague))
```

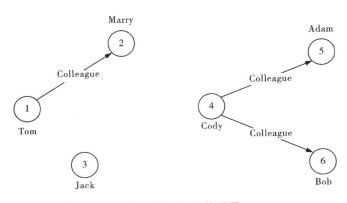

图 8-8 满足操作的子图

8.3.6 聚合操作

GraphX 的聚合操作如表 8-9 所示。

表 8-9 聚合操作

接口	描述
aggregateMessages[A : ClassTag] (sendMsg : EdgeContext[VD, ED, A] => Unit, mergeMsg : (A, A) => A, tripletFields : TripletField = TripletFields.All) : VertexRDD[A]	该方法是 GraphX 最重要的图操作方法之一,主要用来高效解决相邻边或相邻顶点之间的通信问题,例如:将与顶点相邻的边或顶点的数据聚集在顶点上,将顶点数据散发在相邻边上,它能够简单、高效地解决 PageRank 等图迭代应用。该方法计算分为三步:①由边三元组生成消息;②向边三元组的顶点发送消息;③顶聚合收到的消息。
aggregateMessagesWithActiveSet[A : ClassTag](sendMsg : EdgeContext[VD, ED, A] => Unit, mergeMsg : (A, A) => A, tripletFields : TripletFields, activeSetOpt : Option[(VertexRDD[_], EdgeDirection)]) : VertexRDD[A]	相对前一个方法 aggregateMessages 方法增加了 activeSetOpt 过滤参数,功能和计算过程类似。

本小节主要介绍 aggregateMessages 操作。aggregateMessages()方法是 Spark GraphX 中核心的聚合方法。为了理解在处理和聚集邻居顶点消息过程中的核心概念,这里仅考虑一个简单例子,即统计每个顶点的出度。选择间接处理每条边以及与边相关联的源顶点和目标顶点,让每条边发出消息到关联的源顶点,最终获得每条边的出度。

首先了解 aggregateMessages()函数,它主要是用于迭代算法,基于邻边和顶点发送过来的消息不断更新每个顶点的状态,该函数有两个参数——sendMsg 和 mergeMsg,分别提供了转换和聚合的能力。代码 8-12 给出了函数的定义。

代码 8-12

```
def aggregateMessages[Msg: ClassTag](
    sendMsg: EdgeContext[VD, ED, Msg] => Unit,
    mergeMsg: (Msg, Msg) => Msg,
    tripletFields: TripletFields = TripletFields.All)
  : VertexRDD[Msg]
```

注意这个函数的参数化类型：Msg。Msg 表示函数返回结果数据的类型，本例中要对顶点传出的边数进行统计，Msg 的具体类型选择 Int 类型。

sendMsg 函数以 EdgeContext 作为输入参数，无返回值，除此之外，它主要提供了两个消息的发送函数——sendToSrc 和 sendToDst，分别表示将 Msg 类型的消息发送给源顶点和目标顶点。可以将 sendMsg 函数看成是 map-reduce 中的 map 函数。因为要统计顶点的出度，所以需计算每个顶点发出的边数，应将边上包含整数 1 的消息发送到源顶点。

mergeMsg 函数可以把每个顶点收到的所有消息都汇集起来，形成一条合并的消息。这个函数定义了如何将顶点收到的所有消息转化为最终需要的结果。因此可将 mergeMsg 函数看成是 map-reduce 中的 reduce 函数。

aggregateMessages()方法返回一个 VertexRDD[Msg] 对象。VertexRDD 是一个包含二元组的 RDD，包括了顶点的 ID 以及该顶点的 mergeMsg 操作的结果。没有收到消息的顶点不包含在返回的 VertexRDD 中。

此外，aggregateMessages 采用了一个可选的 tripletsFields，该参数表示在 EdgeContext 所接受的数据，例如，只接受源顶点属性，而不接受目标顶点属性，那么只需使用 TripletFields.Src。该参数的默认值为 TripletFields.All，表示用户定义的 sendMsg 函数可以访问 EdgeContext 中的任何属性。

具体实例如代码 8-13 所示。

代码 8-13

```
scala> myGraph.aggregateMessages[Int](_.sendToSrc(1), _+_).collect
res9: Array[(org.apache.spark.graphx.VertexId, Int)] = Array((1,1), (2,2), (4,2), (5,1))
```

如果顶点不含有任何出边，则接收不到消息，因此不会出现在结果中。

8.3.7 缓存操作

在 Spark 中，RDD 默认并不保存在内存中。为了避免重复计算，当需要多次使用时，建议使用缓存。在迭代计算时，为了获得最佳性能，也可能需要清空缓存。默认情况下缓存的 RDD 和图表将保留在内存中，直到按照 LRU 顺序被删除。对于迭代计算，之前迭代的中间结果将填补缓存。虽然缓存最终将被删除，但是内存中不必要的数据还是会使垃圾回收机制变慢。有效策略是，一旦缓存不再需要，应用程序立即清空中间结果的缓存。

GraphX 的缓存操作如表 8-10 所示。

表 8-10 缓存操作

接口	描述
persist (newLevel: StorageLevel = StorageLevel.MEMORY_ONLY): Graph[VD, ED]	使用指定的存储级别存储顶点和边的数据，忽略在此之前数据所指定的存储级别
cache(): Graph[VD, ED]	将图缓存到内存中。在图的计算过程中，RDD 并不是一直都保存在内存中，然而在计算过程中，可能会多次用到图数据，为了避免开销，将图缓存到内存中
unpersist(blocking: Boolean = true): Graph[VD, ED]	释放存储中缓存的顶点数据，该方法多用于迭代生成新图之前对旧图数据的清理
unpersistVertices(blocking: Boolean = true): Graph[VD, ED]	释放内存中缓存的顶点数据，适用于只修改点的属性值，但会重复使用边进行计算地迭代操作。此方法可以释放先前迭代的顶点属性（当其不再需要的时候），提高 GC 性能
checkpoint(): Unit	对图计算过程中的结果进行检查点操作，这些结果会暂时保存在可靠的存储中

8.3.8 Pregel API

Spark GraphX 中提供了方便开发者的基于谷歌 Pregel API 的迭代算法，因此可以用 Pregel 的计算框架来处理 Spark 上的图数据。GraphX 的 Pregel API 提供了一个简明的函数式算法设计，用它可以在图中方便地迭代计算，如最短路径、关键路径、n 度关系等，也可以通过对一些内部数据集的缓存和释放缓存操作来提升性能。

Pregel 运算执行一系列的超步（superstep），每一个超步就是一轮单独的迭代。在每个超步内部，每个顶点的计算都是并行的，每个顶点会接收到它的邻居们在上一轮超步发送的消息的总和，然后计算顶点属性的新值。此外，在超步迭代的最后一步，每个顶点也会给它的邻居们发送消息。顶点也可以选择不发送消息，如果目标顶点没有从它的源顶点收到任何消息，它就不会参与下一个超步的运算。当没有消息发送时或是当前迭代次数大于默认迭代次数时，Pregel 运算符终止迭代并返回一个新的图。

图 8-9 展示了 Pregel API 完成一个超步的内部细节。上一个超步发送过来的消息会被顶点聚集在一起，然后由"消息合并"（mergeMsg）函数进行处理，这样每个顶点就只处理一条合并的消息（除非没有消息发送给这个顶点）。mergeMsg 函数返回结果消息但不会直接对顶点进行更新，而且会把返回的结果消息作为参数传递给顶点处理程序 vprog，vprog 以顶点和消息作为输入，返回新的顶点数据以便被框架更新到顶点中。最后，每个顶点会沿着出边方向发送消息，当然也可以选择不发送，如果目标顶点没有从源顶点收到任何消息，它就不会参与下一个超步的运算。

● A、B、C：图中的顶点。
● mergeMsg：上一个超步传递过来的顶点消息，会通过自定义的 mergeMsg 函数聚合成单一的消息。

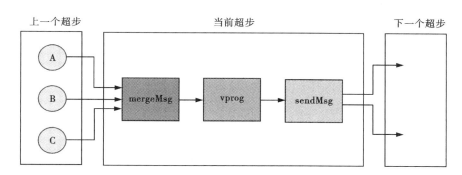

图 8-9　超步内部细节图

- vprog：自定义的 vprog 函数决定如何用函数 mergeMsg 传来的消息来更新顶点数据。
- sendMsg：自定义的 sendMsg 函数决定在下一个超步中哪些顶点会接受消息。

现在对 Pregel 的运行过程有大体的了解，代码 8-14 展示了 pregel 函数的定义。

代码 8-14

```
def pregel[A]
        (initialMsg: A,
         maxIter: Int = Int.MaxValue,
         activeDir: EdgeDirection = EdgeDirection.Out)
        (vprog: (VertexId, VD, A) => VD,
         sendMsg: EdgeTriplet[VD, ED] => Iterator[(VertexId, A)],
         mergeMsg: (A, A) => A)
        : Graph[VD, ED]
```

核心部分是三个函数：

(1) 节点处理消息的函数：vprog：(VertexId，VD,A) => VD。

用户自定义的函数，运行于每个节点上，和输入消息进行计算，生成新的顶点值，在第一次迭代时，vprog 在每个顶点上都执行一次，和默认输入消息进行计算，在之后的迭代时，vprog 只会在接收到消息的顶点上执行。

(2) 节点发送消息的函数：sendMsg：EdgeTriplet[VD,ED] => Iterator[(VertexId，A)]。

用户自定义的函数，运行于每个活跃的边三元组上，产生发送给下一次迭代的消息。

(3) 消息合并函数：mergeMsg：(A，A) => A。

用户自定义的函数，用于将两条发送给顶点的消息合并为一条消息。

第一个参数列表中的参数是完成一些配置工作，initialMsg 传给顶点初始化值，一般设置为 0 值，maxIter 定义迭代次数，activeDir 定义了过滤条件（终止条件），可以分成 EdgeDirection.Out，dgeDirection.In，EdgeDirection.Either，EdgeDirection.Both。

- EdgeDirection.Out——当 srcId 收到来自上一轮迭代的消息时，就会调用 sendMsg，这意味着把这条边当做 srcId 的"出边"。

- dgeDirection.In——当 dstId 收到来自上一轮迭代的消息时，就会调用 sendMsg，这意味着把这条边当做 dstId 的"入边"。
- EdgeDirection.Either——只要 srcId 或 dstId 收到来自上一轮迭代的消息时，就会调用 sendMsg。
- EdgeDirection.Both——只有 srcId 和 dstId 都收到来自上一轮迭代的消息时，才会调用 sendMsg。

可以利用 Pregel 找出距离根节点最远的顶点和距离值。在图 8-6 中，设定根节点为 1 (Tom)，具体实现如代码 8-15 所示。

代码 8-15

```
scala> val g=Pregel(myGraph.mapVertices((vid,vd) =>
0),0,activeDirection=EdgeDirection.Out)((id:VertexId, vd:Int, a:Int) =>
math.max(vd,a),(et:EdgeTriplet[Int,String]) => Iterator((et.dstId,et.srcAttr+1)),(a:Int,b:Int) =>
math.max(a,b))

scala> g.vertices.collect
res10: Array[(org.apache.spark.graphx.VertexId, Int)] = Array((1,0), (2,1), (3,2), (4,2), (5,3), (6,4))
```

结果表明，Id 为 6 的顶点与根节点的距离最远，距离值为 4。

Pregel 和 aggregateMessages() 函数都是 GraphX 图处理的基础，二者有着细微的差别。
- mergeMsg 消息聚合函数的区别：在 aggregateMessages 中，mergeMsg 函数将返回的消息结果直接对顶点进行更新，而 pregel 的 mergeMsg 函数将返回的消息结果传递给顶点处理程序 vprog。
- aggregateMessages 只需两个函数 sendMsg 和 mergeMsg，而 Pregel 有了额外的 vprog 顶点处理程序，它可以更灵活地定义处理逻辑。有时候，传递的消息和顶点数据二者类型不一致，这时候就需要 vprog。
- sendMsg 函数的定义：aggregateMessages 中是 EdgeContext[VD, ED, Msg] => Unit，而 pregel 中是 EdgeTriplet[VD, ED] => Iterator[(VertexId, A)]，EdgeTriplet 包含了边及其两个顶点的消息，EdgeContext 还额外包含了两个方法——sendToSrc 和 sendToDst。
- aggregateMessages 返回的是一个 VertexRDD 对象，而 pregel 直接返回一个新的 Graph 对象。
- Pregel 的终止条件是不再有需要发送的消息，所以要求有更灵活的终止条件的算法可以用 aggregateMessages() 实现。

对于用 pregel 方法找出距离根顶点最远的顶点和距离值，用 aggregateMessages() 函数也可以实现，代码 8-16 展示迭代的 aggregateMessages()，用于寻找与根顶点距离最远的顶点。

代码 8-16

```scala
//定义 sendMsg 函数
scala> def sendMsg(ec:EdgeContext[Int,String,Int]):Unit = {
    ec.sendToDst(ec.srcAttr+1)
    }
//定义 mergeMsg 函数
scala> def mergeMsg(a:Int,b:Int):Int = {
    math.max(a,b)
    }
scala> def propagateEdgeCount(g:Graph[Int,String]):Graph[Int,String] = {
    val verts = g.aggregateMessages[Int](sendMsg,mergeMsg)//生成新的顶点集
    val g2 = Graph(verts,g.edges)//根据新顶点集生成一个新图
    //将新图 g2 和原图 g 连接，查看顶点的距离值是否有变化
    val check = g2.vertices.join(g.vertices).
    map(x=>x._2._1-x._2._2).
    reduce(_+_)
    //判断距离变化，如果有变化，则继续递归，否则返回新的图对象
    if(check>0)
        propagateEdgeCount(g2)
    else
        g
    }
//初始化距离值，将每个顶点的值设置为 0
scala> val newGraph = myGraph.mapVertices((_,_)=>0)
scala> propagateEdgeCount(newGraph).vertices.collect
res11: Array[(org.apache.spark.graphx.VertexId, Int)] = Array((1,0), (2,1), (3,2), (4,2), (5,3), (6,4))
```

8.4 内置的图算法

本节主要介绍这些基础算法，包括 PageRank、三角形数、计算连通分量和标签传播算法。同时，也把图算法和机器学习结合起来，介绍唯——个完全属于 GraphX 模块的机器学习算法 SVDPlusPlus 的用法。

8.4.1 PageRank

Google 的创始人拉里·佩奇和谢尔盖·布林于 1998 年在斯坦福大学发明了 PageRank 算法。PageRank 是一种根据网页之间相互超链接计算的技术，Google 用它来体现网页的相关性和重要性，在搜索引擎优化操作中经常用来评估网页优化的成效因素之一。

PageRank 算法最初是用于搜索引擎页面排名，其主要作用就是找到图中最重要的节点。主要应用包括：

- 基于人到人的关系图中通过权值排名区分出关键人物；
- 基于"分享"的社交网络图中对其影响力做等级划分等。

虽然 PageRank 算法的定义是一个递归调用，但是可以直接通过迭代计算，退出迭代的条件是：当前迭代是算法计算结果中最稳定的且为最终状态，如图 8-10 所示。

算法流程：

(1) 用 $1/N$ 的页面排名值 (PR) 初始化每个顶点，N 为图中顶点总数。

(2) 循环：

① 每个顶点，沿着出边发送 PR 值 $1/M$，M 为当前顶点的出度。

② 当每个顶点从相邻顶点收到其发送的 PR 值后，合理计算这些 PR 值作为当前顶点的新 PR 值。

③ 图中顶点的 PR 值与上一个迭代相比没有显著变化，则退出迭代。

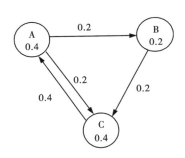

图 8-10　PageRank 迭代后稳定状态图

PageRank 简单计算：

假设一个只有由 4 个页面组成的集合：A、B、C 和 D。如果所有页面都链向 A，那么 A 的 PR (PageRank) 值将是 B、C 及 D 的和。

$$PR(A) = PR(B) + PR(C) + PR(D)$$

继续假设 B 也有链接到 C，并且 D 也有链接到 A 包括的 3 个页面。一个页面不能投票两次，所以 B 给每个页面半票。以同样的逻辑，D 投出的票只有三分之一算到了 A 的 PageRank 上。

$$PR(A) = \frac{PR(B)}{2} + \frac{PR(C)}{1} + \frac{PR(D)}{3}$$

换句话说，根据链出总数平分一个页面的 PR 值。

$$PR(A) = \frac{PR(B)}{L(B)} + \frac{PR(C)}{L(C)} + \frac{PR(D)}{L(D)}$$

如果应用在给社交网络上的用户推荐新人，这样就需要用到个性化 PageRank 算法进行个性化的定制。

个性化 PageRank 是 PageRank 的一个变种，目标是要计算所有节点相对于目标节点的相关度。从目标节点开始游走，每到一个节点都以 $1-d$ 的概率停止游走并从目标节点重新开始，或者以 d 的概率继续游走，从当前节点指向的节点中按照均匀分布随机选择一个节点往下游走。这样经过多轮游走之后，每个顶点被访问到的概率也会收敛，趋于稳定，这时就可以用概率来进行排名了。当然个性化 PageRank 算法也有一些缺点：①只有一个源顶点可以被指定；②不能指定每个顶点的权值。

在社交网络数据集中可以使用 PageRank 算法设计计算每个用户的网页级别。例如，一组用户/usr/local/spark-2.3.0-bin-hadoop2.7/data/graphx/users.txt，以及用户之间的关系/usr/local/spark-2.3.0-bin-hadoop2.7/data/graphx/followers.txt。计算过程如代码 8-17 所示。

代码 8-17

```scala
package org.apache.spark.examples.graphx
import org.apache.spark.graphx.GraphLoader
import org.apache.spark.sql.SparkSession
object PageRankExample {
  def main(args: Array[String]): Unit = {
    // 创建一个 SparkSession.
    val spark = SparkSession
      .builder
      //如果代码在本地计算机运行需要添加 master("local")
      .appName(s"${this.getClass.getSimpleName}").master("local")
      .getOrCreate()
    val sc = spark.sparkContext
    // 加载边数据，创建 Graph
    val graph = GraphLoader.edgeListFile(sc, "followers.txt")
    // 运行 PageRank
    val ranks = graph.pageRank(0.0001).vertices
    // 将排名与用户名连接，连接后输出结果
    val users = sc.textFile("users.txt").map { line =>
      val fields = line.split(",")
      (fields(0).toLong, fields(1))
    }
    val ranksByUsername = users.join(ranks).map {
      case (id, (username, rank)) => (username, rank)
    }
    println(ranksByUsername.collect().mkString("\n"))
    spark.stop()
  }
}
```

运行该程序得到如下结果：
(justinbieber, 0.15007622780470478)
(BarackObama, 1.4596227918476916)
(matei_zaharia, 0.7017164142469724)
(jeresig, 0.9998520559494657)
(odersky, 1.2979769092759237)
(ladygaga, 1.3907556008752426)

8.4.2 计算三角形数

通过计算三角形数可以衡量图或者子图的连通性,例如:在一个社交网络中,如果每个人都影响其他人(每个人都连接到其他人),这样就会产生大量的三角形关系,被称为社区发现。GraphX 在对三角形进行计数时,会把图当作无向图。图或者子图有越多的三角形,则连通性越好,这个性质可以确定小圈子,也可以用于提供推荐等。

Triangle Count 的算法思想如下:

- 计算每个节点的邻节点。
- 统计对每条边计算交集,并找出交集中 id 大于前两个节点 id 的节点。
- 对每个节点统计 Triangle 总数,注意只统计符合计算方向的 Triangle Count。

接着通过一个社区网站用户之间关联情况的实例介绍 Triangle Count 的用法。followers.txt 中为用户之间的关联情况,需要注意的是这些关联形成的图是有向的,字段之间用空格隔开。followers.txt 文档内容如图 8-11 所示。

```
2 1
4 1
1 2
6 3
7 3
7 6
6 7
3 7
```

图 8-11　followers.txt 文档

users.txt 中为社交网站的用户,该用户数据有三个字段,分别为序号、用户昵称,用户真实姓名,字段之间用逗号隔开。users.txt 文档内容如图 8-12 所示。

```
1,BarackObama,Barack Obama
2,ladygaga,Goddess of Love
3,jeresig,John Resig
4,justinbieber,Justin Bieber
6,matei_zaharia,Matei Zaharia
7,odersky,Martin Odersky
8,anonsys
```

图 8-12　users.txt 文件

本实例的具体的程序以及注释如代码 8-18 所示。

代码 8-18

```
scala> import org.apache.spark.graphx.{GraphLoader, PartitionStrategy}
import org.apache.spark.graphx.{GraphLoader, PartitionStrategy}

scala> val graph = GraphLoader.edgeListFile(sc,
"/usr/local/spark-2.3.0-bin-hadoop2.7/data/graphx/followers.txt",
true).partitionBy(PartitionStrategy.RandomVertexCut)
graph: org.apache.spark.graphx.Graph[Int,Int] =
org.apache.spark.graphx.impl.GraphImpl@428169d

scala> val triCounts = graph.triangleCount().vertices //对每个顶点计算三角形数
triCounts: org.apache.spark.graphx.VertexRDD[Int] = VertexRDDImpl[128] at RDD at
VertexRDD.scala:57
//将三角形数和用户名相联系
scala> val users =
sc.textFile("/usr/local/spark-2.3.0-bin-hadoop2.7/data/graphx/users.txt").map {line =>
     | val fields = line.split(",")
     | (fields(0).toLong, fields(1))
     | }
users: org.apache.spark.rdd.RDD[(Long, String)] = MapPartitionsRDD[133] at map at
<console>:27

scala> val triCountByUsername = users.join(triCounts).map { case (id, (username, tc)) =>
     | (username, tc)
     | }
triCountByUsername: org.apache.spark.rdd.RDD[(String, Int)] = MapPartitionsRDD[137] at map at
<console>:30
//输出结果
scala> println(triCountByUsername.collect().mkString("\n"))
(justinbieber,0)
(BarackObama,0)
(matei_zaharia,1)
(jeresig,1)
(odersky,1)
(ladygaga,0)
```

结果可由 followers.txt 和 users.txt 文档内容所构建的图 8-13 看出，只有 matei_zaharia、jeresig 和 odersky 组成了三角形。

8.4.3 计算连通分量

连通分量算法将图中的每个连通分量用其最小编号的顶点 ID 标记。例如，在社交网络中，连通分量类似集群，也就是朋友之间的小圈子。所以，使用连通分量算法能在社交网络中找到一些孤立的小圈子，并把它们在数据中心网络中区分开。在图 8-14 中找到连通分量，此图由 7 个顶点和 5 条边构成，其中有 3 个连通分量，每个连通分量可以认为是一个小圈子。

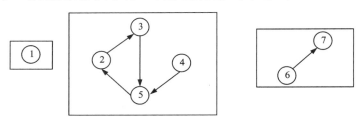

图 8-14　连通分量示例图

为了构建图 8-14，首先用 Graph() 函数创建图，给每个顶点属性赋空值。然后调用 connectedComponents() 函数，其返回一个与输入的图对象结构相同的新 Graph 对象，连通分量使用其中最小的顶点 ID 标识，而这个最小的 ID 会赋值给这个连通分量中的每个顶点属性。例如，上图中的顶点 ID 为 2，3，4，5 的顶点组成一个连通分量，那它们的组件 ID 为其中的最小顶点 ID，即为 2，那么这个连通分量中的每个顶点属性都为 2。

具体实现如代码 8-19 所示。

代码 8-19

```
scala> import org.apache.spark.graphx._    //将 GraphX 包导入
import org.apache.spark.graphx._
//构建连通分量示例图，并缓存
scala> val g=Graph(sc.makeRDD((1L to 7L).map((_,""))),
sc.makeRDD(Array(Edge(2L,5L,""),Edge(5L,3L,""),Edge(3L,2L,""),
Edge(4L,5L,""),Edge(6L,7L,"")))).cache

//使用连通分量算法，并通过 map 变换操作和 ID 分组显示结果
scala> g.connectedComponents.vertices.map(_.swap).groupByKey.map(_._2).collect
res12: Array[Iterable[org.apache.spark.graphx.VertexId]] = Array(CompactBuffer(1),
CompactBuffer(6, 7), CompactBuffer(4, 3, 5, 2))
```

8.4.4 标签传播算法

标签传播算法(label propagation algorithm,LPA)是一种基于图的半监督学习方法,主要用于社区发现。

LPA 算法思路简单清晰,其基本过程如下:

(1)初始化。为每个顶点随机地指定一个自己特有的标签,在 Spark 文档中,指明用顶点的 Id 作为初始标签。

(2)更新所有顶点的标签。在每一次迭代中,每个顶点将自己的标签发送给它所有邻居,每个顶点根据收到的邻居消息进行标签更新,直到所有顶点的标签不再发生变化为止。对于每一轮迭代,节点标签的更新规则如下:对于某一个顶点,考察其所有邻居顶点的标签,并进行统计,将出现个数最多的那个标签赋值给当前顶点。当个数最多的标签不唯一时,随机选择一个标签赋值给当前顶点。

由上述步骤可知,LPA 算法中比较关键的部分为标签的更新过程,而且 LPA 并不关心边的方向,把图当成无向图。算法的每个迭代过程中顶点的标签更新是基于它的邻接顶点的标签。顶点 x 在选择标签时,如果存在多组个数最多的标签,则随机选择其中一组标签进行更新。

然而,LPA 常常不是收敛的,算法会一直循环下去,对于这种情况,GraphX 仅仅提供了一个静态方法,即指定迭代次数,并没有提供一个带公差终止条件的动态方法。

org.apache.spark.graphx.lib.LabelPropagation 的 run()方法,把图对象作为第一个参数,第二个参数为最大的迭代次数。

将在图 8-15 中进行标签传播算法,这是个不收敛的例子,它的第五次迭代和第三次迭代结果相同。

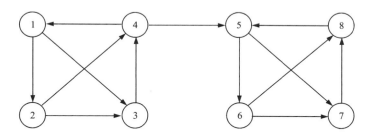

图 8-15　LPA 示例图

具体实现如代码 8-20 所示。

代码 8-20

```
scala> import org.apache.spark.graphx._
import org.apache.spark.graphx._

//构造 VertexRDD
scala> val v = sc.makeRDD(Array((1L,""),(2L,""),(3L,""),(4L,""),(5L,""),(6L,""),(7L,""),(8L,"")))
v: org.apache.spark.rdd.RDD[(Long, String)] = ParallelCollectionRDD[0] at makeRDD at
<console>:27

//构造 EdgeRDD
scala> val e = sc.makeRDD(Array(Edge(1L,2L,""),Edge(2L,3L,""),Edge(3L,4L,""),
Edge(4L,1L,""),Edge(1L,3L,""),Edge(2L,4L,""),Edge(4L,5L,""),
Edge(5L,6L,""),Edge(6L,7L,""),Edge(7L,8L,""),Edge(8L,5L,""),
Edge(5L,7L,""),Edge(6L,8L,"")))
e: org.apache.spark.rdd.RDD[org.apache.spark.graphx.Edge[String]] = ParallelCollectionRDD[1] at
makeRDD at <console>:27

//调用 LabelPropagation 的 run()方法,并根据顶点 Id 从小到大显示结果
scala> lib.LabelPropagation.run(Graph(v,e),5).vertices.collect.sortWith(_._1<_._1)
res13: Array[(org.apache.spark.graphx.VertexId, org.apache.spark.graphx.VertexId)] = Array((1,2),
(2,1), (3,2), (4,1), (5,2), (6,1), (7,2), (8,3))
```

8.4.5 SVD++

本算法主要用于推荐系统,是与机器学习相结合的,属于监督性学习。

以设计一个推荐系统进行影片推荐为例,拥有用户对已经观看的影片进行历史评分,评分范围是 1 星到 5 星。如图 8-16 所示,左边顶点表示用户,右边顶点表示影片,边表示评分,预测用户 4 给电影 3 所打的分数。

解决这种问题一般有两种主流的方法。第一种方法比较直接:对于需要处理的用户 4,找到和他有相同爱好的其他用户,然后向用户 4 推荐这些用户喜欢的影片,这种方法被称为邻居法,因为它使用了图中相邻用户的信息。这种方法的缺点是:有时比较难找到一个合适的邻居,同时这种方法也忽视了影片的一些潜在信息。

第二种主流的方法就是取挖掘一些隐性变量,以避免第一种方法需要找到目标用户准确匹配的其他用户的弊端。通过隐性变量,可以使用一个向量来表示每一部影片,向量表示电影拥有的不同特性,比如电影可以用一个二维向量来表示,第一个维度表示它属于科幻电影的程度,第二个纬度表示它属于浪漫电影的程度。

第二种方法使用自动挖掘出来的隐性变量,考虑到了全局的信息,即使那些与目标用户不相似的用户,其喜好也会对每部电影的隐性变量造成影响。这种方法的缺点在于不充分考虑用户自身的信息。SVD++算法就是在隐性变量的基础上进行改进而形成的。

第 8 章 Spark GraphX 287

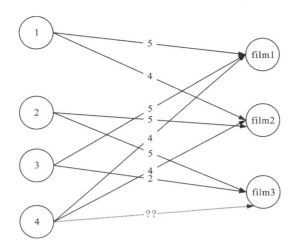

图 8-16 影片推荐示例图

具体实现如代码 8-21 所示，首先建立图形对象，然后调用 SVD++ 函数进行训练，Conf 参数的设置及意义如表 8-11 所示，训练之前参数就要确定下来，调参过程主要以经验为主，不断尝试。

代码 8-21

```
scala> import org.apache.spark.graphx._    //导入 GraphX 包
import org.apache.spark.graphx._

//构建图中的 EdgeRDD
scala> val edges = sc.makeRDD (Array(Edge(1L,5L,5.0), Edge(1L,6L,4.0), Edge(2L,6L,5.0),
Edge(2L,7L,5.0), Edge(3L,5L,5.0), Edge(3L,6L,2.0), Edge(4L,5L,4.0), Edge(4L,6L,4.0)))
edges: org.apache.spark.rdd.RDD[org.apache.spark.graphx.Edge[Double]] =
ParallelCollectionRDD[0] at makeRDD at <console>:27

//算法指定超参数，参考参数设定表
scala> val conf=new lib.SVDPlusPlus.Conf(2,10,0,5,0.007,0.007,0.005,0.015)
conf: org.apache.spark.graphx.lib.SVDPlusPlus.Conf =
org.apache.spark.graphx.lib.SVDPlusPlus$Conf@2674ca88

//运行 SVD++ 算法，获得返回的模型—输入图的再处理结果和数据集的平均打分情况
scala> val (g,mean)=lib.SVDPlusPlus.run(edges,conf)
g: org.apache.spark.graphx.Graph[(Array[Double], Array[Double], Double, Double),Double] =
org.apache.spark.graphx.impl.GraphImpl@3ce4eb42
mean: Double = 4.25
```

```
//定义 pred()函数，输入为模型的参数、用户 id 和需要预测的影片
scala> def pred (g:Graph[(Array[Double], Array[Double], Double, Double), Double ],
mean:Double, u:Long, i:Long)={
        val user=g.vertices.filter(_._1 == u).collect()(0)._2
        val item=g.vertices.filter(_._1 == i).collect()(0)._2
        mean+user._3+item._3+item._1.zip(user._2).map(x => x._1 * x._2).reduce(_+_)
    }
pred: (g: org.apache.spark.graphx.Graph[(Array[Double], Array[Double], Double, Double),Double],
mean: Double, u: Long, i: Long)Double

//SVD++的一部分初始化是使用随机数的，所以对于同一份输入结果每次程序的预测结果不
一定完全一样
scala> pred(g,mean,4L,7L)
res14: Double = 5.935786807208753
```

表 8-11 Conf 参数设定表

参数	示例	描述
Rank	2	隐性变量的个数
MaxIters	10	执行的迭代数，值越大越准确
minVal	0	最低评分
maxVal	5	最高评分
gamma1	0.007	每次迭代中偏差改变速度
gamma2	0.007	隐性变量的改变速度
gamma6	0.005	偏差的阻尼系数
gamma7	0.015	不同隐性变量相互影响程度

8.5 GraphX 实现经典图算法

有一些与图有关的算法在 GraphX 中还没有被提供，本节介绍几个经典的图算法在 GraphX 中的实现，包括 Dijkstra 算法、旅行推销员问题(TSP)和最小生成树算法。

8.5.1 Dijkstra 算法

从图中的某个顶点出发到达另外一个顶点的所经过的边的权重和最小的一条路径，称为最短路径。Dijkstra 算法使用了广度优先搜索解决赋权有向图或者无向图的单源最短路径问题(计算一个顶点到其他每个顶点的距离)。

算法流程如下：

（1）初始时令 $S = \{V_0\}$，$T = V - S = \{$其余顶点$\}$，对于 T 中顶点对应的距离值。

若存在 $<V_0, V_i>$，$d(V_0, V_i)$ 为 $<V_0, V_i>$ 弧上的权值

若不存在 $<V_0, V_i>$，$d(V_0, V_i)$ 为 ∞

（2）从 T 中选取一个与 S 中顶点有关联边且权值最小的顶点 W，加入到 S 中。

（3）对其余 T 中顶点的距离值进行修改：若加进 W 作中间顶点，从 V_0 到 V_i 的距离值缩短，则修改此距离值。

重复上述步骤 2、3，直到 S 中包含所有顶点，即 $W = V_i$ 为止。

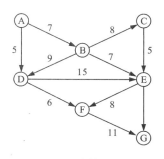

图 8-17　经典算法示例图

对于图 8-17，包含 7 个节点和 11 条路径，把节点 A 作为初始节点，在 IDEA 中运行 Dijkstra 算法，具体实现如代码 8-22 所示。

代码 8-22

```scala
import org.apache.log4j.{Level, Logger}
import org.apache.spark.SparkConf
import org.apache.spark.SparkContext
import org.apache.spark.graphx.{Edge, Graph, TripletFields, VertexId}
import scala.reflect.ClassTag
object Paths {            //单源最短路径
  def dijkstra[VD: ClassTag](g : Graph[VD, Double], origin: VertexId) = {
    //初始化，其中属性为（boolean, double，Long）类型，boolean 用于标记是否访问过，
    double 为顶点距离原点的距离，Long 是上一个顶点的 id
    var g2 = g.mapVertices((vid, _) => (false, if(vid == origin) 0 else Double.MaxValue, -1L))
    for(i <- 1L to g.vertices.count()) {
      //从没有访问过的顶点中找出距离原点最近的点
      val currentVertexId = g2.vertices.filter(!_._2._1).reduce((a,b) => if (a._2._2 < b._2._2) a else b)._1
      //更新 currentVertexId 邻接顶点的 'double' 值
      val newDistances = g2.aggregateMessages[(Double, Long)](
          triplet => if(triplet.srcId == currentVertexId && !triplet.dstAttr._1) {   //只给未确定的顶点发送消息
              triplet.sendToDst((triplet.srcAttr._2 + triplet.attr, triplet.srcId))
          },(x, y) => if(x._1 < y._1) x else y ,
          TripletFields.All)
      g2 = g2.outerJoinVertices(newDistances) {       //更新图形
        case (vid, vd, Some(newSum)) => (vd._1 ||
          vid == currentVertexId, math.min(vd._2, newSum._1), if(vd._2 <= newSum._1)
vd._3 else newSum._2)
```

```
            case (vid, vd, None) => (vd._1 || vid == currentVertexId, vd._2, vd._3)
        }
    }
    g.outerJoinVertices(g2.vertices)( (vid, srcAttr, dist) => (srcAttr, dist.getOrElse(false,
Double.MaxValue, -1)._2) )
}
def main(args: Array[String]): Unit ={
    val conf = new SparkConf().setAppName("ShortPaths").setMaster("local[4]")//指定四个
本地线程数目，来模拟分布式集群
    val sc = new SparkContext(conf) //屏蔽日志
    Logger.getLogger("org.apache.spark").setLevel(Level.WARN)
    Logger.getLogger("org.eclipse.jetty.server").setLevel(Level.OFF)
    val myVertices = sc.makeRDD(Array((1L, "A"), (2L, "B"), (3L, "C"), (4L, "D"), (5L, "E"), (6L,
"F"), (7L, "G")))
    val initialEdges = sc.makeRDD(Array(Edge(1L, 2L, 7.0), Edge(1L, 4L, 5.0),
        Edge(2L, 3L, 8.0), Edge(2L, 4L, 9.0), Edge(2L, 5L, 7.0),Edge(3L, 5L, 5.0), Edge(4L, 5L, 15.0),
Edge(4L, 6L, 6.0),Edge(5L, 6L, 8.0), Edge(5L, 7L, 9.0), Edge(6L, 7L, 11.0)))
    val myEdges = initialEdges.filter(e => e.srcId != e.dstId).flatMap(e => Array(e, Edge(e.dstId,
e.srcId, e.attr))).distinct()    //去掉自循环边，有向图变为无向图，去除重复边
    val myGraph = Graph(myVertices, myEdges).cache()
    println(dijkstra(myGraph, 1L).vertices.map(x => (x._1, x._2)).collect().mkString(" | "))
    }
}
```

代码解释：

Dijkstra 最短路径算法的实现，用了 var 变量定义 g2，这是因为迭代算法要把每一轮的迭代计算结果赋值给一个变量，以便在下一轮迭代中使用。

首先初始化变量 g2，去掉原来的图 g 的顶点数据，添加由 Boolean 和 Double 组成的键值对，Boolean 变量标识顶点是否被访问过，Double 表示源顶点到当前顶点的距离。

当计算出距离值后，调用 outerJoinVertices()函数更新距离值，生成一个新图，并赋值给 g2。然后 Dijkstra 函数中最后一行就是把新图 g2 的顶点属性重新保存到原来的图 g 中。

最后在主函数中定义图的顶点和边，然后选择初始节点，调用函数打印出输出结果即可。

结果输出为：

(4,(D,5.0)) | (1,(A,0.0)) | (5,(E,14.0)) | (6,(F,11.0)) | (2,(B,7.0)) | (3,(C,15.0)) | (7,(G,22.0))
结果说明：以(4,(D,5.0))为例，表示 ID 为 4 的顶点到顶点 A 的最短距离为 5.0。

8.5.2 TSP 问题

TSP 问题(traveling salesman problem,旅行商问题),由威廉·哈密顿爵士和英国数学家克克曼 T.P.Kirkman 于 19 世纪初提出。问题描述如下:有若干个城市,任何两个城市之间的距离都是确定的,现要求一旅行商从某城市出发必须经过每一个城市且只在一个城市逗留一次,最后回到出发的城市。问:如何事先确定一条最短的线路已保证其旅行的费用最少?

TSP 问题是一个在无向图中找到一个经过每一个顶点的最短路径,至今没有一个简单的确定算法来解决这种 NP-hard 问题。最简单的解决方法就是用贪心算法求解,但是由于贪心算法会产生偏离最优解的答案,并且不一定会到达所有的顶点。

算法流程如下:
(1)从某些节点开始;
(2)添加权重最小的临边到生成树;
(3)跳转到第 2 步。

根据图 8-17 的 TSP 算法具体实现如代码 8-23 所示。

代码 8-23

```scala
import org.apache.log4j.{Level, Logger}
import org.apache.spark.{SparkConf, SparkContext}
import org.apache.spark.graphx._
object TSP {
  def greedy[VD](g: Graph[VD, Double], origin: VertexId) = {
    var g2: Graph[Boolean, (Double, Boolean)] = g.mapVertices((vid, vd) => vid == origin).mapTriplets {
      et => (et.attr, false)
    }
    var nextVertexId = origin
    var edgesAreAvailable = true
    type tripletType = EdgeTriplet[Boolean, (Double, Boolean)]
    do {
      val availableEdges = g2.triplets.filter { et => !et.attr._2 && (et.srcId == nextVertexId && !et.dstAttr || et.dstId == nextVertexId && !et.srcAttr) }
      edgesAreAvailable = availableEdges.count > 0
      if (edgesAreAvailable) {
        val smallestEdge = availableEdges.min()(new Ordering[tripletType]() {
          override def compare(a: tripletType, b: tripletType) = {
            Ordering[Double].compare(a.attr._1, b.attr._1)
          }
        })
        nextVertexId = Seq(smallestEdge.srcId, smallestEdge.dstId).filter(_ != nextVertexId).head
```

```
            g2 = g2.mapVertices((vid, vd) => vd || vid == nextVertexId).mapTriplets { et =>
                (et.attr._1, et.attr._2 ||
                    (et.srcId == smallestEdge.srcId
                        && et.dstId == smallestEdge.dstId))
            }
        }
    } while (edgesAreAvailable)
    g2
}
def main(args: Array[String]): Unit = {
    val conf = new SparkConf().setAppName("ShortPaths").setMaster("local[4]")
    val sc = new SparkContext(conf) //屏蔽日志
    Logger.getLogger("org.apache.spark").setLevel(Level.WARN)
    Logger.getLogger("org.eclipse.jetty.server").setLevel(Level.OFF)
    val myVertices = sc.makeRDD(Array((1L, "A"), (2L, "B"), (3L, "C"), (4L, "D"), (5L, "E"), (6L, "F"), (7L, "G")))
    val initialEdges = sc.makeRDD(Array(Edge(1L, 2L, 7.0), Edge(1L, 4L, 5.0),
        Edge(2L, 3L, 8.0), Edge(2L, 4L, 9.0), Edge(2L, 5L, 7.0), Edge(3L, 5L, 5.0), Edge(4L, 5L, 15.0),
Edge(4L, 6L, 6.0),
        Edge(5L, 6L, 8.0), Edge(5L, 7L, 9.0), Edge(6L, 7L, 11.0)))
    val myEdges = initialEdges.filter(e => e.srcId != e.dstId).flatMap(e => Array(e, Edge(e.dstId, e.srcId, e.attr))).distinct()
    val myGraph = Graph(myVertices, myEdges).cache()
    println(greedy(myGraph, 1L).vertices.map(x => (x._1, x._2)).collect().mkString(" | "))
}
}
```

程序运行结果为:

(4, true) | (1, true) | (5, true) | (6, true) | (2, true) | (3, true) | (7, false)

结果说明:可以成功到达顶点 ID 为 4,1,5,6,2,3 的顶点,顶点 ID 为 7 的顶点没有到达。

8.5.3 最小生成树问题

最小生成树的定义为在连通网的所有生成树中,所有边的代价和最小的生成树,称为最小生成树。解决这个问题的主要方法有 Kruskal 和 Prime,这里主要用 Prime 求解。

Prime 算法也可以称为"加点法",每次迭代选择代价最小的边对应的点,加入到最小生成树中。算法从某一个顶点 s 开始,逐渐长大覆盖整个连通网的所有顶点。

设 $G = (V, E)$ 是连通带权图,$V = \{1, 2, \cdots, n\}$,构造 G 的最小生成树的 Prim 算法的基本思想是:

(1) 置 $S = \{1\}$;

(2) 只要 S 是 V 的真子集,就作如下的贪心选择:选取满足条件 $i \in S, j \in V - S$,且 $c[i][j]$

最小的边，将顶点 j 添加到 S 中，直到 $S=V$ 时为止；

（3）选取到的所有边恰好构成 G 的一棵最小生成树。

根据图 8-17 的 Prime 算法具体实现如代码 8-24 所示。

代码 8-24

```
import TSP.greedy
import org.apache.log4j.{Level, Logger}
import org.apache.spark.{SparkConf, SparkContext}
import org.apache.spark.graphx._
object Prime {
  //最小生成树
  def prime[VD: scala.reflect.ClassTag](g: Graph[VD, Double], origin: VertexId) = {
    //初始化,其中属性为（boolean, double,Long）类型，boolean 用于标记是否访问过，
    //double 为加入当前顶点的代价，Long 是上一个顶点的 id
    var g2 = g.mapVertices((vid, _) => (false, if (vid == origin) 0 else Double.MaxValue, -1L))
    for (i <- 1L to g.vertices.count()) {
      //从没有访问过的顶点中找出 代价最小的点
      val currentVertexId = g2.vertices.filter(!_._2._1).reduce((a, b) => if (a._2._2 < b._2._2) a else b)._1
      //更新 currentVertexId 邻接顶点的"double"值
      val newDistances = g2.aggregateMessages[(Double, Long)](
        triplet => if (triplet.srcId == currentVertexId && !triplet.dstAttr._1) { //只给未确定的顶点发送消息
          triplet.sendToDst((triplet.attr, triplet.srcId))
        },
        (x, y) => if (x._1 < y._1) x else y,
        TripletFields.All
      )
      //更新图形
      g2 = g2.outerJoinVertices(newDistances) {
        case (vid, vd, Some(newSum)) => (vd._1 || vid == currentVertexId, math.min(vd._2,
          newSum._1), if (vd._2 <= newSum._1) vd._3 else newSum._2)
        case (vid, vd, None) => (vd._1 || vid == currentVertexId, vd._2, vd._3)
      }
    }
    g.outerJoinVertices(g2.vertices)((vid, srcAttr, dist) => (srcAttr, dist.getOrElse(false,
      Double.MaxValue, -1)._2,
      dist.getOrElse(false, Double.MaxValue, -1)._3))
```

```
    }
    def main(args: Array[String]): Unit = {
        val conf = new SparkConf().setAppName("ShortPaths").setMaster("local[4]")
        val sc = new SparkContext(conf) //屏蔽日志
        Logger.getLogger("org.apache.spark").setLevel(Level.WARN)
        Logger.getLogger("org.eclipse.jetty.server").setLevel(Level.OFF)
        val myVertices = sc.makeRDD(Array((1L, "A"), (2L, "B"), (3L, "C"), (4L, "D"), (5L, "E"), (6L,
                "F"), (7L, "G")))
        val initialEdges = sc.makeRDD(Array(Edge(1L, 2L, 7.0), Edge(1L, 4L, 5.0),
                Edge(2L, 3L, 8.0), Edge(2L, 4L, 9.0), Edge(2L, 5L, 7.0), Edge(3L, 5L, 5.0),
                Edge(4L, 5L, 15.0), Edge(4L, 6L, 6.0),
                Edge(5L, 6L, 8.0), Edge(5L, 7L, 9.0), Edge(6L, 7L, 11.0)))
        val myEdges = initialEdges.filter(e => e.srcId != e.dstId).flatMap(e => Array(e,
                Edge(e.dstId, e.srcId, e.attr))).distinct()
        val myGraph = Graph(myVertices, myEdges).cache()
        println(prime(myGraph,1L).vertices.map(x => (x._1, x._2)).collect().mkString(" | "))
    }
}
```

运行结果：

(4,(D,5.0,1)) | (1,(A,0.0,-1)) | (5,(E,7.0,2)) | (6,(F,6.0,4)) | (2,(B,7.0,1)) | (3,(C,5.0,5)) | (7,(G,9.0,5))

结果说明：结果显示的是添加的边集边无先后顺序且无方向，如第一项(4,(D,5.0,1))表示为顶点 ID 为 4 的顶点和顶点 ID 为 1 的顶点相连，它们边的属性为 5.0，第二项(1,(A,0.0,-1))中-1 表示 A 不与其他节点相连。

8.6 GraphX 实例分析

本节通过两个实例来展示 GraphX 的具体应用场景。

8.6.1 寻找"最有影响力"论文

首先准备要用到的数据，本实例选用高能物理理论应用网络数据集，具体下载界面地址为：http://snap.stanford.edu/data/cit-HepTh.html。下载完成并解压后即可放到相应的目录中。本书中将 Cit-HepTh.txt 文件放在 Idea 对应的 project 中，Cit-HepTh.txt 文件格式如图 8-18 所示。

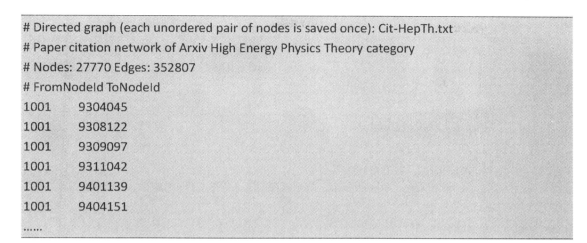

图 8-18　Cit-HepTh. txt 文件格式

每一行数据表示图中的一条边，每一条边有源顶点 ID 和目标顶点 ID，每个 ID 对应一篇论文。源顶点表示比较新的论文，目标顶点表示被引用的旧的论文，论文的引用关系用边来表示，即新论文引用旧论文。如代码 8-25 所示。

代码 8-25

```
scala> import org.apache.spark.graphx._   //导入 GraphX 包
scala> val graph=GraphLoader.edgeListFile(sc,"Cit-HepTh.txt")
scala> graph.inDegrees.reduce((a,b)=>if(a._2>b._2) a else b)
res15: (org.apache.spark.graphx.VertexId, Int) = (9711200,2414)
```

GraphLoader 是 GraphX 类库里面的对象，通过 import 将其导入，然后通过函数 edgeListFile 加载边列表格式的文件。edgeListFile 有两个参数，第一个是 SparkContext 参数 sc，sc 由 spark-shell 在初始化的时候创建，第二个参数是边列表文件的路径名称。

变量 graph 通过调用 inDegrees 函数可得到（顶点 ID，入度）的 VertexRDD，此 RDD 提供一个 reduce() 函数，此函数只有一个参数，该参数本身就是一个匿名函数，引用此函数就可以把 RDD 的两条数据归并成一个结果，归并的原则就是选取入度大的顶点。结论所示：ID 为 9711200 的论文被其他论文引用 2414 次，引用次数最多。

接下来，运用 graph 变量的 pageRank() 函数返回一个新的 Graph，其中每个点有 Double 类型的属性值（原始的图 edgeListFile 给顶点属性赋予一个默认值 1），参数 0.001 是为了平衡速度和最终结果准确度之间的一个容忍度数值。然后在结果集 v 上运行 reduce() 归并函数，找出 PR 值最高的顶点。具体实现如代码 8-26 所示。

代码 8-26

```
scala> graph.vertices.take(5) //首先查看图中的顶点数据格式,顶点属性默认值为 1
res16: Array[(org.apache.spark.graphx.VertexId, Int)] = Array((9405166,1), (108150,1), (110163,1), (204100,1), (9407099,1))

scala> val v=graph.pageRank(0.001).vertices

scala> v.reduce((a,b)=>if(a._2>b._2) a else b)
res17: (org.apache.spark.graphx.VertexId, Double) = (9207016,85.27317386053808)

scala> graph.vertices.take(5) //首先查看图中的顶点数据格式,顶点属性默认值为 1
res18: Array[(org.apache.spark.graphx.VertexId, Int)] = Array((9405166,1), (108150,1), (110163,1), (204100,1), (9407099,1))

scala> val v=graph.pageRank(0.001).vertices
scala> v.reduce((a,b)=>if(a._2>b._2) a else b)
res19: (org.apache.spark.graphx.VertexId, Double) = (9207016,85.27317386053808)
```

结果显示编号为 9207016 论文的 PR 值最高,是最具有影响力的论文。

接着实现个性化的 PageRank。以编号为 9207016 论文为例,要找到对其影响最大的论文,具体实现如代码 8-27 所示。

代码 8-27

```
scala> graph.personalizedPageRank(9207016,0.001).vertices.filter(_._1!=9207016).reduce((a,b)
=> if(a._2>b._2) a else b)
res20: (org.apache.spark.graphx.VertexId, Double) = (9201015,0.09211875000000003)
```

结果显示编号为 9201015 的论文是对编号为 9207016 的论文而言最重要的论文。

8.6.2 寻找社交媒体中的"影响力用户"

本实例是在 Twitter 数据中,寻找"影响力用户",简单而言就是找图中出度最大的节点。一个独立的推特用户可以通过他/她的推文影响到 N 个级别,即 followers of followers of followers……。本实例只考虑 2 级,即一个用户的 followers of followers。

数据文件 twitter-graph-data.txt 下载链接地址为:http://github.com/knoldus/spark-graphx-twitter/tree/master/src/main/resources。

在 txt 文件中每一行代表一个关系,前面一个是 followee 名称和 id,后一个是 follower 的名称和 id,其中用逗号隔开。图中的箭头是从 followee 指向 follower,所以也可以表示成寻找被关注最多的人。twitter-graph-data.txt 文件内容如图 8-19 所示。

```
((User47,86566510),(User83,15647839))
((User47,86566510),(User42,197134784))
((User89,74286565),(User49,19315174))
((User16,22679419),(User69,45705189))
((User37,14559570),(User64,24742040))
((User31,63644892),(User10,123004655))
((User10,123004655),(User50,17613979))
……
```

图 8-19 twitter-graph-data.txt 文件内容

由于图中没有给出每一条边的属性，所以默认就是 1，或者也可以赋值成其他的一些提示信息。具体实现如代码 8-28 所示。

代码 8-28

```scala
import java.io.PrintWriter
import org.apache.spark.graphx.{Edge, EdgeDirection, Graph, VertexId}
import org.apache.spark.rdd.RDD
import org.apache.spark.{SparkConf, SparkContext}
object Twitter_test {
  def main(args: Array[String]): Unit = {
    val conf = new SparkConf().setAppName("Twittter Influencer").setMaster("local[*]")
    val sparkContext = new SparkContext(conf)
    sparkContext.setLogLevel("ERROR")
    //文本文件的路径根实际存放的位置决定
    val twitterData = sparkContext.textFile("twitter-graph-data.txt")
    //分别从文本文件中提取 followee 和 follower 的数据
    val followeeVertices: RDD[(VertexId, String)] = twitterData.map(_.split(",")).map { arr =>
      val user = arr(0).replace("((", "")
      val id = arr(1).replace(")", "")
      (id.toLong, user)
    }
    val followerVertices: RDD[(VertexId, String)] = twitterData.map(_.split(",")).map { arr =>
      val user = arr(2).replace("(", "")
      val id = arr(3).replace("))", "")
      (id.toLong, user)
    }
    //接下来，使用 Spark GraphX API 从提取的数据创建图形
```

```
    val vertices = followeeVertices.union(followerVertices)
    val edges: RDD[Edge[String]] = twitterData.map(_.split(",")).map { arr =>
        val followeeId = arr(1).replace(")", "").toLong
        val followerId = arr(3).replace(")", "").toLong
        Edge(followeeId, followerId, "follow")
    }
    val defaultUser = ("") //提供了一个默认输入
    val graph = Graph(vertices, edges, defaultUser)
    //使用 Spark GraphX 的 Pregel API 和广度优先遍历算法
    val subGraph = graph.pregel("", 2, EdgeDirection.In)((_, attr, msg) =>
                    attr + "," + msg,
                    triplet => Iterator((triplet.srcId, triplet.dstAttr)),
                    (a, b) => (a + "," + b))
    //找到拥有最多 followers of followers 的用户
    val lengthRDD = subGraph.vertices.map(vertex => (vertex._1,
                    vertex._2.split(",").distinct.length - 2))
                    .max()(new Ordering[Tuple2[VertexId, Int]]() {
                        override def compare(x: (VertexId, Int), y: (VertexId, Int)): Int =
                        Ordering[Int].compare(x._2, y._2)
                    })
    val userId = graph.vertices.filter(_._1 == lengthRDD._1).map(_._2).collect().head
    println(userId + " has maximum influence on network with " + lengthRDD._2 + "
            influencers.")
    val pw=new PrintWriter("Twitter_graph.gexf");
    pw.close()
    sparkContext.stop()
  }
}
```

代码解释:首先就是导入数据并进行数据规格化,把 txt 文件中的逗号和括号都去除,把点和边都规格化了以后,再用 apply()函数来构造一个图,利用 pregel 来形成一个子图。

输出结果为:

User36 has maximum influence on network with 95 influencers.

同样地,如果想要找到最具影响力的用户到 N 级,那么只需将 Pregel API 中的迭代次数从 2 增加到 N。

8.7 本章小结

GraphX 凭借 Spark 整体的一体化流水线处理、社区热烈的活跃度及快速的改进速度,具有强大的竞争力。GraphX 框架本身是依托 Spark 平台构建的一个良好的图计算框架,若要用图计算解决实际问题，还需要将项目中实际遇到的诸多问题涉及的处理算法进行并行优化。本章对 SparkGraphX 中提供的一些图算法和实现进行了详细介绍，为图分布式计算提供了基础。

思考与习题

1. GraphX 的基本数据结构包含了哪些类型的 RDD？
2. 简述 GraphX 的存储方式。
3. 简述 GraphX 的实现架构。
4. aggregateMessages()方法和 Pregel API 之间有什么相同点和不同点？
5. 简述 PageRank 算法的计算流程。
6. 标签传播算法是如何实现的？
7. 扩展本章介绍的 Dijkstra 算法，实现包含路径记录的 Dijkstra 最短路径算法。
8. 本章实现了最小生成树的 Prime 算法，请实现另一个最小生成树 Kruskal 算法。
9. 下图中 5 个节点表示 5 个人，每个人有名字和年龄，边代表这些人之间的关系，每条边有其属性，并根据此图完成下列要求：

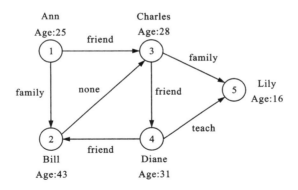

（1）构建关系图 graph；

（2）找出图中年龄大于 20 并小于 30 的顶点，并以"name is age"的形式输出结果，例如：Ann is 25；

（3）将图中所有顶点年龄加 15，并以"Id is (name,age)"输出，例如：1 is (Ann,40)；

（4）构建顶点年龄大于 30 的子图并输出子图所有的顶点和子图所有的边，输出顶点格式为"Ann is 25"形式，输出边格式为"1 to 3 attr friend"。

10. 设计一个书籍推荐系统，右图是一些用户对已阅读书籍的历史评分，评分范围是 0~10 分，现预测用户 4 会给 Book1 打多少分？

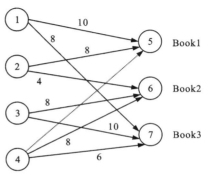

第 9 章　Spark 机器学习原理

spark.mllib 和 spark.ml 都是 spark.mllib 中可扩展的机器学习库。spark.mllib 是基于 RDD 的 API 库，spark.ml 则是基于 DataFrame 的更高层次的 API 库。在目标数据集结构复杂需要多次处理或者需要结合多个已经训练好的模型的数据进行综合计算时，使用 spark.mllib 使程序结构复杂。为克服这一缺点，Spark 引入了 ML Pipeline，Pipeline 将多种算法更容易地组合成流式应用，使得整个机器学习过程更加易用、简洁、规范和高效。

本章首先简洁地介绍 Spark 机器学习，然后介绍 Pipeline 的相关概念、原理和实例，最后介绍基于 spark.ml 的机器学习调优方法。

9.1　Spark 机器学习简介

Spark 的机器学习库由一系列的机器学习算法和实用程序组成，包括协同过滤、分类与回归、聚类、降维、关联规则等，还包括底层的优化方法：①底层基础，包括 Spark 的运行库、矩阵库、向量库，其中矩阵接口和向量接口采用数值计算库 Breeze 和基础线性代数库 BLAS；②算法库，包括分类、回归、聚类、协同过滤、梯度下降特征提取和变换等算法。

spark.ml 和 spark.mllib 都属于 Spark 的机器学习库，它们之间的主要区别如下：

（1）spark.ml 是升级版的 spark.mllib，最新的 Spark 版本优先支持 spark.ml，2.0 版本后，spark.mllib 进入维护阶段，只进行 bug 修复。

（2）spark.ml 支持 DataFrame 数据结构和 Pipelines，而 spark.mllib 仅支持 RDD 数据结构。DataFrame 是 Dataset 的子集，也就是 Dataset[Row]，而 DataSet 是对 RDD 的封装，对 SQL 之类的操作做了很多优化。spark.ml 在 DataFrame 上的抽象级别更高，数据和操作耦合度更低。

（3）spark.ml 明确区分了分类模型和回归模型，而 spark.mllib 并未在顶层做此类区分。

（4）spark.ml 通过 DataFrame 元数据区分连续和分类变量。

（5）spark.ml 中的随机森林算法支持更多的功能：包括重要度、预测概率输出等，而 spark.mllib 不支持。

官方文档推荐使用 Spark ML Pipeline，本书的示例代码均使用 spark.ml 的 API。目前 spark.ml（Spark2.3.0）提供图 9-1 所示的 API，在 Spark 后续版本中，新的机器学习算法将加入 spark.ml。

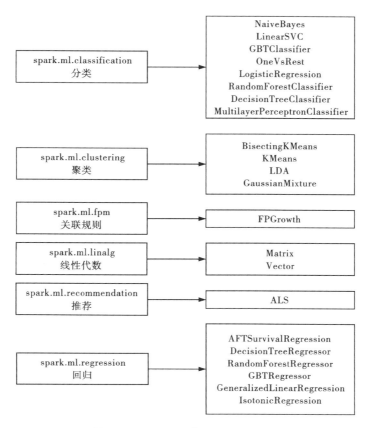

图 9-1　spark.ml 库（Spark2.3.0）

9.2　ML Pipeline

本节主要介绍 ML Pipeline 的相关内容，包括：Pipeline 的相关概念；Pipeline 的工作过程；Pipeline 的细节以及使用 Pipeline 的实例。

9.2.1　Pipeline 概念

Pipeline 的相关概念有：DataFrame、Transformer、Estimator、Parameter。

1. DataFrame

机器学习中的数据类型是多种多样的，比如向量、文本、图像、结构化数据。ML 的 API（spark.ml）使用 Spark SQL 中的 DataFrame 作为数据格式的原因有：DataFrame 中的数据按列存储，且 DataFrame 支持多种数据格式，例如，一个 DataFrame 支持在不同的列分别存储文本、特征向量、真实标签值和预测值；DataFrame 根据 RDD 显式或者隐式地创建，以 RDD 为基础，继承其快速迭代和容错的优点；DataFrame 的列可以被命名，比如将列命名为"text""features""label"等，类似传统的关系型数据库，方便使用和维护。

2. Transformer

Transformer 直译为转换器,分为特征转换器和学习模型转换器。通过执行 transforms() 操作,在原始 DataFrame 上附加一列或者多列新的数据,将一个 DataFrame 转换为另一个 DataFrame。例如:

一个 DataFrame 作为一个特征转换器的输入。转换器读取其中的一列(比如:文本),将其映射为新的一列(比如:特征向量),并把带有新列的 DataFrame 作为输出结果。

一个 DataFrame 作为一个学习模型转换器的输入。转换器读取特征向量所在的列,预测每一个特征向量对应的标签,带有预测标签列的 DataFrame 作为输出结果。

3. Estimator

Estimator 直译为评估器。其包括拟合和训练数据的所有算法。通过执行以 DataFrame 为输入的 fit() 操作,生成一个模型,该模型就是 Transformer。例如:LogisticRegression 是评估器,通过执行 fit() 操作,训练产生 LogisticRegressionModel,即转换器。

4. Parameter

Transformer 和 Estimator 使用统一的 API 设置参数,换言之,设置参数方法相同。设置参数方法有两种:一种是使用 setter 方法设置,另一种是使用 ParamMap 方法设置。

9.2.2 Pipeline 工作过程

Spark 机器学习库将多个 stage 有序组成的工作流定义为 Pipeline,每个 stage 完成一个任务,比如数据处理及转化、模型训练、参数设置或者数据预测等。stage 分为 Transformer 和 Estimator。Transformer 主要用于在一个 DataFrame 的基础上生成另一个 DataFrame,而 Estimator 主要用于数据拟合,用于生成一个 Transformer。下面将以处理文档数据的工作流为例,介绍 Pipeline 模型。

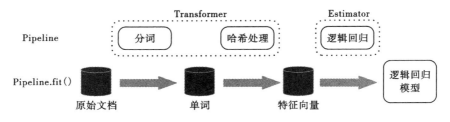

图 9-2 Pipeline 中训练数据的过程

在图 9-2 中,第一行表示 Pipeline 的三个 stage:分词(Tokenizer)、哈希处理(HashingTF)、逻辑回归(Logistic Regression)。其中,第一个和第二个是 Transformer(转换器),第三个是 Estimator(评估器)。第二行表示 Pipeline 中的数据流,圆柱代表 DataFrame。第一个 DataFrame 是原始文档,通过分词(Tokenizer)转换器的 transform() 操作,转换为单词,添加单词列转化为第二个 DataFrame。第二个 DataFrame 通过哈希处理(HashingTF)转换器的

transform()操作，转换为特征向量，添加特征向量列转化为第三个 DataFrame。最后，因为逻辑回归（Logistic Regression）是评估器，Pipeline 先调用逻辑回归的 fit()方法生成逻辑回归模型。如果 Pipeline 还有后续的 stage，将 DataFrame 传入下一个阶段之前，Pipeline 将先调用生成的逻辑回归模型的 transform()方法。Pipeline 执行 fit()操作后，生成 PipelineModel。

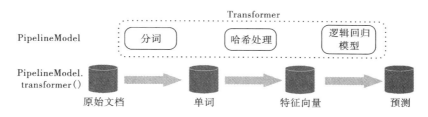

图 9-3　测试数据的 Pipeline 流程

在图 9-3 中，PipelineModel 和原始的 Pipeline 有相同的 stage。不同的是，原始 Pipeline 中的 Estimator（评估器）转变为 Transformer（转换器）。当测试数据输入 PipelineModel 中执行 transform()操作时，数据经过 Pipeline 的各个 stage。每个 stage 的 transform()更新数据集，并将结果传给下一个 stage。

Pipeline 和 PipelineModel 确保训练数据集和测试数据集经过相同的特征处理过程。

对 Pipeline 的工作过程，有三个细节需要说明，包括：DAG Pipeline、运行时类型检查、唯一的 Pipeline stage ID。

（1）DAG Pipeline

之前描述的 Pipeline 的 stage 都是有序的、线性的，每个 stage 的输入数据由前一个 stage 生成。实际情况是，数据流图是 DAG（有向无环图）时，Pipeline 是非线性的。在线性 Pipeline 中，每个 stage 的输入和输出的列名称（通常指定为参数）隐式指定。在非线性 Pipeline 中，必须按照拓扑顺序指定 stage。

（2）运行时类型检查

因为 Pipeline 支持多种数据类型的 DataFrame，所以不支持编译时类型检查。Pipeline 和 Pipeline 模型在运行 Pipeline 之前做运行时类型检查。这种运行时类型检查是根据 DataFrame 的列数据类型描述完成的。

（3）唯一的 Pipeline stage ID

组成 Pipeline 的 stage，必须有唯一的实例 ID，例如 HashingTF（Transformer）的实例 myHashingTF 不能在 Pipeline 中使用两次。但是可以创建两个 HashingTF（Transformer）实例 myHashingTF1 和 myHashingTF2，在同一个 Pipeline 中出现，因为不同的实例会创建不同的 ID。

9.2.3　Pipeline 实例

本小节中，将介绍两个实例——Transformer、Estimatior 和 Parameter 实例以及 Pipeline 构建使用实例。

1. Transformer、Estimator 和 Parameter 实例

本实例以训练逻辑回归分类模型、测试生成的逻辑回归分类模型为主，以显式创建 DataFrame、设置模型参数为辅，详细介绍 Pipeline 的主要组件及流程。如代码 9-1 所示。

代码 9-1

```scala
//导入必要的包
import org.apache.spark.ml.classification.LogisticRegression
import org.apache.spark.ml.linalg.{Vector, Vectors}
import org.apache.spark.ml.param.ParamMap
import org.apache.spark.sql.Row
import org.apache.spark.sql.SparkSession
object EstimatorTransformerParamExample {
  def main(args: Array[String]): Unit = {
    //SparkSession.builder 创建一个 SparkSession 实例，设置运行模式等配置信息
    val spark = SparkSession.builder
      .master("local")
      .appName("EstimatorTransformerParamExample")
      .getOrCreate()
    //创建训练集。createDataFrame()方法根据元组(label，vector)的序列，创建 DataFrame，
    //toDF()方法设置 DataFrame 的两列数据的列名，分别为"label"、"features"
    val training = spark.createDataFrame(Seq(
      (1.0, Vectors.dense(0.0, 1.1, 0.1)),
      (0.0, Vectors.dense(2.0, 1.0, -1.0)),
      (0.0, Vectors.dense(2.0, 1.3, 1.0)),
      (1.0, Vectors.dense(0.0, 1.2, -0.5))
    )).toDF("label", "features")
    //创建 LogisticRegression（Estimator）实例 lr
    val lr = new LogisticRegression()
    //打印参数、文档、默认值
    println(s"LogisticRegression parameters:\n ${lr.explainParams()}\n")
    //设置参数的第一种方式：setter 方法
    lr.setMaxIter(10)
      .setRegParam(0.01)
    //training 输入 lr 的方法 fit()中，训练生成 LogisticRegession 模型 model，属于
    //Transformer
    //设置的参数存储在 lr 中
```

```scala
    val model1 = lr.fit(training)
//打印 lr 在 fit()操作中使用的参数。打印结果中，参数以(名称，值)键值对的形式呈
//现，其中 LogisticRegression 实例的名称有唯一的 ID
    println(s"Model 1 was fit using parameters: ${model1.parent.extractParamMap}")
//设置参数的第二种方法：ParamMap 方法
//ParamMap 通过参数映射的方式，改变最大迭代次数
    val paramMap = ParamMap(lr.maxIter -> 20)
      .put(lr.maxIter, 30)    //设置参数值，修改 lr 之前设置的参数值
      .put(lr.regParam -> 0.1, lr.threshold -> 0.55)    //设置多个参数值
//ParamMap 也可以组合设置参数值
    val paramMap2 = ParamMap(lr.probabilityCol -> "myProbability")
    val paramMapCombined = paramMap ++ paramMap2
//使用 paramMapCombined 参数，训练生成新模型 model2，属于 Transformer
    val model2 = lr.fit(training, paramMapCombined)
    println(s"Model 2 was fit using parameters: ${model2.parent.extractParamMap}")
//创建测试集
    val test = spark.createDataFrame(Seq(
      (1.0, Vectors.dense(-1.0, 1.5, 1.3)),
      (0.0, Vectors.dense(3.0, 2.0, -0.1)),
      (1.0, Vectors.dense(0.0, 2.2, -1.5))
    )).toDF("label", "features")
//model2 调用 transform()方法，输入测试集 test，输出带有预测列的新的 DataFrame
    model2.transform(test)
      .select("features", "label", "myProbability", "prediction")
      .collect()
      .foreach{case Row(features: Vector, label: Double, prob: Vector, prediction: Double) =>
        println(s"($features, $label) -> prob=$prob, prediction=$prediction")
      }
    spark.stop()
  }
}
```

输出结果如图 9-4 所示，其中：第一部分，输出 LogisticRegression 的参数、文档以及默认值；第二部分，输出训练生成 model1 使用的参数，可以看出，setter 方法修改了参数值，此外，输出的参数中："logreg_208c46bfa8f2"为 LogisticRegression 的实例 lr 的唯一 ID；第三部分，输出训练生成 model2 使用的参数，可以看出，ParamMap 方法修改了参数值，并且 model2 中参数的 ID 同样是 "logreg_208c46bfa8f2"。这是因为：model1 和 model2 都是由 LogisticRegression (Estimator) 的实例 lr 训练生成的，在 Pipeline 中不能同时使用；第四部分，输出逻辑回归模型的预测结果。

LogisticRegression parameters:
 aggregationDepth: suggested depth for treeAggregate (>= 2) (default: 2)
elasticNetParam: the ElasticNet mixing parameter, in range [0, 1]. For alpha = 0, the penalty is an L2 penalty. For alpha = 1, it is an L1 penalty (default: 0.0)
family: The name of family which is a description of the label distribution to be used in the model.
Supported options: auto, binomial, multinomial. (default: auto)
featuresCol: features column name (default: features)
fitIntercept: whether to fit an intercept term (default: true)
labelCol: label column name (default: label)
lowerBoundsOnCoefficients: The lower bounds on coefficients if fitting under bound constrained optimization. (undefined)
lowerBoundsOnIntercepts: The lower bounds on intercepts if fitting under bound constrained optimization. (undefined)
maxIter: maximum number of iterations (>= 0) (default: 100)
predictionCol: prediction column name (default: prediction)
probabilityCol: Column name for predicted class conditional probabilities. Note: Not all models output well-calibrated probability estimates! These probabilities should be treated as confidences, not precise probabilities (default: probability)
rawPredictionCol: raw prediction (a.k.a. confidence) column name (default: rawPrediction)
regParam: regularization parameter (>= 0) (default: 0.0)
standardization: whether to standardize the training features before fitting the model (default: true)
threshold: threshold in binary classification prediction, in range [0, 1] (default: 0.5)
thresholds: Thresholds in multi-class classification to adjust the probability of predicting each class. Array must have length equal to the number of classes, with values > 0 excepting that at most one value may be 0. The class with largest value p/t is predicted, where p is the original probability of that class and t is the class's threshold (undefined)
tol: the convergence tolerance for iterative algorithms (>= 0) (default: 1.0E-6)
upperBoundsOnCoefficients: The upper bounds on coefficients if fitting under bound constrained optimization. (undefined)
upperBoundsOnIntercepts: The upper bounds on intercepts if fitting under bound constrained optimization. (undefined)
weightCol: weight column name. If this is not set or empty, we treat all instance weights as 1.0 (undefined)
Model 1 was fit using parameters: {
　　　logreg_208c46bfa8f2-aggregationDepth: 2,
　　　logreg_208c46bfa8f2-elasticNetParam: 0.0,
　　　logreg_208c46bfa8f2-family: auto,

```
    logreg_208c46bfa8f2-featuresCol: features,
    logreg_208c46bfa8f2-fitIntercept: true,
    logreg_208c46bfa8f2-labelCol: label,
    logreg_208c46bfa8f2-maxIter: 10,
    logreg_208c46bfa8f2-predictionCol: prediction,
    logreg_208c46bfa8f2-probabilityCol: probability,
    logreg_208c46bfa8f2-rawPredictionCol: rawPrediction,
    logreg_208c46bfa8f2-regParam: 0.01,
    logreg_208c46bfa8f2-standardization: true,
    logreg_208c46bfa8f2-threshold: 0.5,
    logreg_208c46bfa8f2-tol: 1.0E-6
}
Model 2 was fit using parameters: {
    logreg_208c46bfa8f2-aggregationDepth: 2,
    logreg_208c46bfa8f2-elasticNetParam: 0.0,
    logreg_208c46bfa8f2-family: auto,
    logreg_208c46bfa8f2-featuresCol: features,
    logreg_208c46bfa8f2-fitIntercept: true,
    logreg_208c46bfa8f2-labelCol: label,
    logreg_208c46bfa8f2-maxIter: 30,
    logreg_208c46bfa8f2-predictionCol: prediction,
    logreg_208c46bfa8f2-probabilityCol: myProbability,
    logreg_208c46bfa8f2-rawPredictionCol: rawPrediction,
    logreg_208c46bfa8f2-regParam: 0.1,
    logreg_208c46bfa8f2-standardization: true,
    logreg_208c46bfa8f2-threshold: 0.55,
    logreg_208c46bfa8f2-tol: 1.0E-6
}
([-1.0,1.5,1.3],1.0)->prob=[0.057073041710340625,0.9429269582896593], prediction=1.0
([3.0,2.0,-0.1],0.0)->prob=[0.9238522311704118,0.07614776882958811], prediction=0.0
([0.0,2.2,-1.5],1.0)->prob=[0.10972776114779748,0.8902722388522026], prediction=1.0
```

图 9-4　Transformer、Estimator 和 Parameter 实例输出

2. Pipeline 构建使用实例

构建一个 Pipeline 一般分为三步。第一步，定义组成 Pipeline 的 Transformer（转换器）和 Estimator（评估器）；第二步，使用 new Pipeline()创建一个 Pipeline 实例，并使用.setSatges(stage1，stage2，…)，配置说明 Pipeline 的处理流程；第三步，训练数据作为参数，调用 Pipeline 实例的 fit ()方法，按照 Pipeline 创建时配置的流程来处理训练数据，生成 PipelineModel。本部分以文档文本学习为例，说明 Pipeline 的构建、存储和使用过程。如代码 9-2 所示。

代码 9-2

```scala
//导入必要的包
import org.apache.spark.ml.{Pipeline, PipelineModel}
import org.apache.spark.ml.classification.LogisticRegression
import org.apache.spark.ml.feature.{HashingTF, Tokenizer}
import org.apache.spark.ml.linalg.Vector
import org.apache.spark.sql.Row
import org.apache.spark.sql.SparkSession
object PipelineExample {
  def main(args: Array[String]): Unit = {
    //SparkSession.builder 创建实例 spark，并设置运行模式等配置信息
    val spark = SparkSession.builder
      .master("local")
      .appName("PipelineExample")
      .getOrCreate()
    //创建训练集。createDataFrame()方法创建，列名为 id，text，label
    val training = spark.createDataFrame(Seq(
      (0L, "a b c d e spark", 1.0),
      (1L, "b d", 0.0),
      (2L, "spark f g h", 1.0),
      (3L, "hadoop mapreduce", 0.0)
    )).toDF("id", "text", "label")
    //实例化三个 stage：Tokenizer、HashingTF、LogisticRegression，设置参数
    val tokenizer = new Tokenizer()
      .setInputCol("text")
      .setOutputCol("words")
    val hashingTF = new HashingTF()
      .setNumFeatures(1000)
      .setInputCol(tokenizer.getOutputCol)
      .setOutputCol("features")
    val lr = new LogisticRegression()
      .setMaxIter(10)
      .setRegParam(0.001)
    //实例化 Pipeline，设置 stages 序列为 Array(tokenizer,hashingTF,lr)
    val pipeline = new Pipeline()
      .setStages(Array(tokenizer, hashingTF, lr))
    //pipeline 调用 fit()方法，输入训练集数据，生成 pipelineModel（Transformer）。
    val model = pipeline.fit(training)
    //保存 PipelineModel 到本地路径
```

```
    model.write.overwrite().save("/tmp/spark-logistic-regression-model")
    //保存未训练的 Pipeline 实例（Estimator）到本地路径
    pipeline.write.overwrite().save("/tmp/unfit-lr-model")
    //加载保存本地路径的 PipelineModel
    val sameModel = PipelineModel.load("/tmp/spark-logistic-regression-model")
    //创建测试集。createDataFrame()方法创建，列名为 id 和 text
    val test = spark.createDataFrame(Seq(
      (4L, "spark i j k"),
      (5L, "l m n"),
      (6L, "spark hadoop spark"),
      (7L, "apache hadoop")
    )).toDF("id", "text")
    //model 调用 transform()方法，输入测试集 test，输出带有预测列的新的 DataFrame
    model.transform(test)
      .select("id", "text", "probability", "prediction")
      .collect()
      .foreach { case Row(id: Long, text: String, prob: Vector, prediction: Double) =>
        println(s"($id, $text) --> prob=$prob, prediction=$prediction")
      }
    spark.stop()
  }
}
```

训练完成的 PipelineModel 调用.write.overwrite().save(保存路径)保存到磁盘中，即代码 9-2 中的。

```
model.write.overwrite().save("/tmp/spark-logistic-regression-model")
```

未训练的 Pipeline 实例也可以保存到磁盘，方便以后训练模型。方法是 Pipeline 的实例，调用.write.overwrite().save(保存路径)，即代码 9-2 中的：

```
pipeline.write.overwrite().save("/tmp/unfit-lr-model")
```

使用 PipelineModel. load(存储路径)方法加载调用保存在本地的 PipelineModel，即代码 9-2 中的：

```
val sameModel = PipelineModel.load("/tmp/spark-logistic-regression-model")
```

PipelineModel 加载以后，准备测试集，根据测试数据集生成 DataFrame，其包含两列，列名分别为 id 和 text，PipelineModel 调用 transform()方法，输入测试数据，输出预测结果，如图 9-5 所示。

```
(4, spark i j k) --> prob=[0.15964077387874118,0.8403592261212589], prediction=1.0
(5, l m n) --> prob=[0.8378325685476612,0.16216743145233875], prediction=0.0
(6, spark hadoop spark) --> prob=[0.06926633132976273,0.9307336686702373], prediction=1.0
(7, apache hadoop) --> prob=[0.9821575333444208,0.01784246665557917], prediction=0.0
```

图 9-5　Pipeline 构建使用实例输出

9.3　Spark 机器学习数据准备

实际的机器学习中，训练模型需要的数据格式往往是不一致的，可能存在缺失数据甚至存在错误数据。在建立模型之前，通常需要进行数据准备，对含噪声的数据进行处理。本节主要介绍用于数据准备的算法，数据准备的算法可以简单地分为特征提取、特征转换、特征选择。

9.3.1　特征提取

特征提取根据数据集中可用特征或信息扩展为新的特征或者变量。Spark ML 支持的特征提取 API 有 TF-IDF（词频、逆向文件频率）、Word2Vec（单词向量表示）、CountVectorizer（计数向量器）和 FeatureHasher（特征哈希器）等。本小节主要介绍 TF-IDF 和 Word2vec。

1. TF-IDF

词频-逆文本频率（TF-IDF），也称文档频率，是在文本挖掘中广泛使用的特征向量化方法，反映了语料库中一个词对文档的重要性，也可以体现一个文档中词语在语料库中的重要程度。关于 TF-IDF 的定义如下：

t 表示一个单词，d 表示一个文档（句子），D 表示多个文档（句子）构成的语料库。词频 $TF(t, D)$ 表示某一个给定的单词 t 在该文档（句子）d 中出现的频率。文档频率 $DF(t, D)$ 表示整个语料库 D 中单词 t 出现的频率。

如果仅使用词频 TF 来评估单词的重要性，很容易过分强调一些经常出现但没有包含太多与文档（句子）有关信息的单词，例如"一""该"和"的"。如果一个单词在整个语料库中出现得非常频繁，这意味着它没有携带特定文档（句子）的某些特殊信息，简而言之，该单词对整个文档（句子）的重要程度低。逆向文档频率是衡量一个单词对文档重要性的度量。某个单词的 IDF，可以由文档（句子）数目除以包含该单词的文档（句子）的数目，再将得到的商取对数得到。

$$IDF(t, D) = \log \frac{|D| + 1}{DF(t, D) + 1}$$

式中，$|D|$ 是在语料库中的文档（句子）总数。因为使用了对数，所以一个单词出现在所有的文档（句子）时，其 IDF 值变为 0。为了防止分母为 0，分母需要加 1。因此，TF-IDF 定义为 TF 和 IDF 的乘积。

$$TF\text{-}IDF(t, d, D) = TF(t, d) \cdot IDF(t, D)$$

HashingTF 与 CountVectorizer 都可以用于生成词频 TF 矢量。其中，HashingTF 是一个转换器（Transformer），它可以将特征词组转换成给定长度的（词频）特征向量组。在文本处理中，"特征词组"由一系列的特征词构成。HashingTF 利用 hashing trick 将原始的特征（raw feature）通过哈希函数映射到低维向量的索引（index）中。词频（TF）通过映射后的低维向量计算获得。通过这种方法避免了直接计算 term-to-index 而产生的巨大特征数量，直接计算 term-to-index 对一个比较大的语料库的计算来说开销是非常巨大的。但通过哈希函数降维的方法也可能存在哈希冲突：不同的原始特征通过哈希函数后可能会得到相同的值。为了降低出现哈希冲突的概率，可以增大哈希值的特征维数。

IDF 是 Spark 机器学习库中用于拟合数据集并生成 IDFModel 的 Estimator（估计器）。IDFModel 获取特征向量（通常由 HashingTF 或 CountVectorizer 创建）并缩放每个列。直观地降低了语料库中频繁出现的列的权重。

在本小节实例中，输入为句子。使用 Tokenizer（分词器）将句子分为单词。对于每个句子，使用 HashingTF（哈希处理器）将句子变换为特征向量。最后使用 IDF 缩放该特征向量。这种转换能提高文本特征的性能。转换得到的特征向量作为机器学习算法的输入。如代码 9-3 所示。

代码 9-3

```
//导入必要的包
import org.apache.spark.ml.feature.{HashingTF, IDF, Tokenizer}
import org.apache.spark.sql.SparkSession
object TfIdfExample {
  def main(args: Array[String]) {
    //SparkSession.builder 创建实例，并设置运行模式等配置信息
    val spark = SparkSession.builder
      .master("local")
      .appName("TfIdfExample")
      .getOrCreate()
    //创建数据集。createDataFrame()方法创建，列名为 label 和 sentence
    val sentenceData = spark.createDataFrame(Seq(
      (0.0, "Hi I heard about Spark"),
      (0.0, "I wish Java could use case classes"),
      (1.0, "Logistic regression models are neat")
    )).toDF("label", "sentence")
    //创建 Tokenizer（Transformer）实例，
    //并设置输入列（操作列）名为 sentence，输出列名为 words
    val tokenizer = new Tokenizer().setInputCol("sentence").setOutputCol("words")
    //调用 tokenizer 的 transform()方法，生成包含 words 列的新的 DataFrame
    val wordsData = tokenizer.transform(sentenceData)
    //创建 HashingTF（Transformer）实例，
    //并设置输入列（操作列）名为 words，输出列名为 rawFeatures，维数为 20
```

```
val hashingTF = new HashingTF()
  .setInputCol("words").setOutputCol("rawFeatures").setNumFeatures(20)
//调用 hashingTF 的 transform()方法，生成包含 rawFeatures 列的新的 DataFrame
val featurizedData = hashingTF.transform(wordsData)
//创建 IDF（Estimator）实例，
//并设置输入列（操作列）名为 rawFeatures，输出列名为 features
val idf = new IDF().setInputCol("rawFeatures").setOutputCol("features")
//调用 idf 的 fit()方法，训练生成 IDFModel（Transformer）
val idfModel = idf.fit(featurizedData)
//调用 IDFModel 的 transform()方法，生成包含 features 列的新的 DataFrame
val rescaledData = idfModel.transform(featurizedData)
//打印输出结果的 label 列和 feature 列，show()方法默认为 true，只显示前 20 个字符
rescaledData.select("label", "features").show(false)
spark.stop()
  }
}
```

输出结果如图 9-6 所示。

```
+-----+-----------------------------------------------------------------------------------------------------------+
|label|features                                                                                                   |
+-----+-----------------------------------------------------------------------------------------------------------+
|0.0  |(20,[0,5,9,17],[0.6931471805599453,0.6931471805599453,0.28768207245178085,1.3862943611198906])              |
|0.0  |(20,[2,7,9,13,15],[0.6931471805599453,0.6931471805599453,0.8630462173553426,0.28768207245178085,0.28768207245178085])|
|1.0  |(20,[4,6,13,15,18],[0.6931471805599453,0.6931471805599453,0.28768207245178085,0.28768207245178085,0.6931471805599453])|
+-----+-----------------------------------------------------------------------------------------------------------+
```

图 9-6　TF-IDF 实例输出

2. Word2Vec

Word2Vec 是一个 Estimator（估计器），它接收代表文档的单词序列作为输入，并训练生成一个 Word2VecModel。该模型将每个单词映射到唯一的固定大小的向量。

Word2VecModel 使用文档中包含单词的向量的平均值将文档转换为向量。此向量可以用作预测的特征或者文档相似性计算的特征。在以下实例中，输入为文档集合，每个文档由单词序列组成。对于每个文档，转换得到特征向量，可用于作为其他机器学习算法的输入。如代码 9-4 所示。

代码 9-4

```scala
//导入必要的包
import org.apache.spark.ml.feature.Word2Vec
import org.apache.spark.ml.linalg.Vector
import org.apache.spark.sql.Row
import org.apache.spark.sql.SparkSession
object Word2VecExample {
  def main(args: Array[String]) {
    //SparkSession.builder 创建实例，设置运行模式等配置信息
    val spark = SparkSession.builder
      .master("local")
      .appName("Word2Vec example")
      .getOrCreate()
    //数据集创建 DataFrame，列名为 text
    val documentDF = spark.createDataFrame(Seq(
      "Hi I heard about Spark".split(" "),
      "I wish Java could use case classes".split(" "),
      "Logistic regression models are neat".split(" ")
    ).map(Tuple1.apply)).toDF("text")
    //创建 Word2vec（Estimator）实例，
    //并设置输入列（操作列）名为 text，输出列名为 result，向量维数为 3，
    //setMinCount(0)设置为 0，词频少于设定值（0）的词会被丢弃
    val word2Vec = new Word2Vec()
      .setInputCol("text")
      .setOutputCol("result")
      .setVectorSize(3)
      .setMinCount(0)
    //word2Vec 调用 fit()方法，生成 Word2VecModel（Transformer）
    val model = word2Vec.fit(documentDF)
    //model 调用 transform()方法，将文档转变为向量
    val result = model.transform(documentDF)
    //打印输出结果
    result.collect().foreach { case Row(text: Seq[_], features: Vector) =>
      println(s"Text: [${text.mkString(", ")}] => \nVector: $features\n") }
    spark.stop()
  }
}
```

输出结果如图 9-7 所示。

```
Text: [Hi, I, heard, about, Spark] =>
Vector: [-0.028139343485236168,0.04554025698453188,-0.013317196490243079]

Text: [I, wish, Java, could, use, case, classes] =>
Vector: [0.06872416580361979,-0.02604914902310286,0.02165239889706884]

Text: [Logistic, regression, models, are, neat] =>
Vector: [0.023467857390642166,0.027799883112311366,0.0331136979162693]
```

图 9-7 Word2Vec 实例输出

9.3.2 特征转换

在机器学习中，特征的转换操作多种多样，需要花费精力编写此类处理程序。spark.ml 中提供了许多转换方法。包括 Tokenizer（分词转换器）、StopWordsRemover（移除停用词转换器）、NGram、Binarizer（二值化转换器）、PCA（主成分分析评估器）、PolynomialExpansion（多项式展开转换器）、DCT（离散余弦转换器）、StringIndexer（字符串索引评估器）、IndexToString（索引字符串转换转换器）、VectorIndexer（向量索引评估器）、Interaction（交互转换器）、Normalizer（正则化转换器）、StandardScaler（规范化评估器）、MinMaxScaler（最大值最小值缩放评估器）、MaxAbsScaler（最大值绝对值缩放评估器）、Bucketizer（离散化转换器/分箱器）、ElementwiseProduct（元素乘积转换器）、SQLTransformer（SQL 转换器）、VectorAssembler（向量组合转换器）、VectorSizeHint（向量大小提示）、QuantileDiscretizer（分位数离散化评估器）、Imputer（缺省值评估器）等。随着 Spark 版本更新，支持的特征方法也将更加丰富。本部分将对 Spark ML(2.3.0)支持的特征转换 API 作简要介绍，如表 9-1 所示。

表 9-1 特征转换 API

API	Stage 分类	功能
Tokenizer	Transformer	分词转换器，将文本转换为单词，其中 RegexTokenizer 基于正则表达式提供更多的划分选项，指定分隔符
StopWordsRemover	Transformer	移除停用词转换器，将文本中频繁出现，但不包含有用信息的词语删除，停用词表由参数 StopWords 说明，一些语言的默认停用词可以通过调用方法 StopWordsRemover.loadDefaultStopWords(language)，设置布尔参数 caseSensitive 参数，说明是否区分大小写，默认为否
NGram	Transformer	ngram 是一个由 n 个单词组成的序列，该转换器将一系列的字符串转换为 n-gram。参数 n 决定每个 n-gram 包含的单词数量。结果包含一系列 n-gram，其中每个 n-gram 代表一个由空格分割的 n 个连续单词。如果输入序列少于 n 个字符，则没有输出结果
Binarizer	Transformer	二值化转换器，通过设置阈值，将数字特征转换为 0 和 1 两个值

续表 9-1

API	Stage 分类	功能
PCA	Estimator	主成分分析评估器,是一种统计学方法,本质是线性空间中进行一个基变换。它是一个线性变换。这个变换把数据变换到一个新的坐标系中,使得任何数据投影的最大方差在第一个坐标(称为第一主成分)上,次大方差在第二个坐标(第二主成分)上,依次类推。主成分分析经常用于减少数据集的维数,同时保持数据集的对方差贡献最大的特征
PolynomialExpansion	Transformer	多项式展开转换器,将 n 维的原始特征组合扩展到多项式空间
DCT	Transformer	离散余弦转换器,将时域的 n 维实数序列转换成频域的 n 维实数序列的过程(有点类似离散傅里叶变换)
StringIndexer	Estimator	字符串-索引评估器,将字符串标签编码成标签索引。标签索引列的取值范围是[0, numLabels(字符串中所有出现的单词去掉重复的词后的总和)],按照标签出现频率排序,出现最多的标签索引为0。如果输入是数值型,先将数值映射到字符串,再对字符串进行索引化。如果之后的 Pipeline(例如:Estimator 或者 Transformer)需要用到索引化后的标签序列,则需要将这个 Pipeline 的输入列名字指定为索引化序列的名字。大部分情况下,通过 setInputCol 设置输入的列名。简而言之,将标签索引化,然后索引数值根据标签出现的频率进行排序
IndexToString	Transformer	索引-字符串转换器,与 StringIndexer 对应,IndexToString 将索引化标签还原成原始字符串。一个常用的场景是先通过 StringIndexer 产生索引化标签,然后使用索引化标签进行训练,最后再对预测结果使用 IndexToString 来获取其原始的标签字符串
VectorIndexer	Estimator	向量-索引评估器,对数据集特征向量中的类别特征(枚举类型)进行编号索引。它能够自动识别分类特征并将原始值转换为分类索引,具体做法如下:①获得一个向量类型的输入以及 maxCategories 参数;②基于原始向量数值识别哪些特征需要被类别化:特征向量中某一个特征不重复取值个数小于等于 maxCategories 则认为是可以重新编号索引的。某一个特征不重复取值个数大于 maxCategories,则该特征视为连续值,不会重新编号(不会发生任何改变);③对每一个分类特征从 0 ~ K(K <= maxCategories-1)建立索引;④对类别特征原始值用编号后的索引替换掉。索引后的类别特征可以帮助决策树等算法处理类别型特征、提供性能。简而言之,对每一列的数据编号,小于 maxCategories 的编号为 0 ~ maxCategories,大于 maxCategories 的不变,视为连续值
Interaction	Transformer	交互转换器,输入两个或者多个向量列,输出一个向量列,输出结果包括每个输入列的所有组合的乘积。例如,输入两个 3 维向量列,输出结果将是一个 9 维向量组成的列
Normalizer	Transformer	正则化转换器,将一组特征向量(通过计算 p-范数)规范化。参数为 p(默认值:2)来指定规范化中使用的 p-norm。规范化操作可以使输入数据标准化,对后期机器学习算法的结果也有更好的表现
StandardScaler	Estimator	规范化评估器,将输入的一组 Vector 特征向量规范化(标准化),使其有统一的标准差以及均值

续表 9-1

API	Stage 分类	功能
MinMaxScaler	Estimator	最大最小值缩放评估器,将每个特征的值缩放到特定的区间(通常为[0, 1])
MaxAbsScaler	Estimator	最大值绝对值缩放评估器,使用每个特征的最大值的绝对值将输入向量的特征值(各特征值除以最大绝对值)转换到[-1, 1]之间,并且不会破坏数据的稀疏性
Bucketizer	Transformer	离散化转换器/分箱器,将一列连续的特征转换为(离散的)特征区间,区间由用户指定。Splits(分箱数):分箱数为 $n+1$ 时,将产生 n 个区间。除了最后一个区间外,每个区间范围[x, y]由分箱的 x, y 决定。分箱必须是严格递增的
ElementwiseProduct	Transformer	元素乘积转换器,对输入向量的每个元素乘以权重(weight),即对输入向量的每个元素逐个进行放缩。表示输入向量 v 和变换向量 w 使用 Hadamard 乘积进行变换,最终产生一个新的向量
SQLTransformer	Transformer	SQL 转换器,实现对 sql 语句的转换。目前仅支持 sql 语法如"SELECT... FROM __THIS__...",其中 __THIS__ 代表输入数据的基础表。选择(select)语句(支持 sparksql 中的所有选择语句)可以指定要在输出中展示的字段、元素和表达式。用户可以对需要检索的列使用 Spark SQL 的内置函数和用户自定义函数(UDFS),例如: SELECT a, a + b AS a_b FROM __THIS__ SELECT a, SQRT(b) AS b_sqrt FROM __THIS__ where a > 5 SELECT a, b, SUM(c) AS c_sum FROM __THIS__ GROUP BY a, b
VectorAssembler	Transformer	向量组合转换器,将给定的若干列合并为单列向量。它可以将原始特征和特征转换器生成的特征向量,用于训练机器学习模型,例如逻辑回归和决策树模型。VectorAssmbler 可接受的输入列类型:数值型、布尔型、向量型。输入列的值将按指定顺序依次添加到一个新向量中
VectorSizeHint	Transformer	向量大小提示器,明确指定 VectorType 列的向量大小。例如,VectorAssembler 使用其输入列中的大小信息来为其输出列生成大小信息和元数据。虽然在某些情况下可以通过检查列的内容来获得此信息,但是在流数据帧中,在流启动之前内容不可用。VectorSizeHint 允许用户显式指定列的向量大小,以便 VectorAssembler 或其他需要知道向量大小的转换器可以将该列作为输入
QuantileDiscretizer	Estimator	分位数离散化评估器,将一列连续型的特征向量转换成分级分类型数据向量。分级的数量由 numBuckets 参数决定。分级的范围由渐进算法决定。渐进的精度由 relativeError 参数决定。当 relativeError 设置为 0 时,将会计算精确的分位点(计算代价较高)。分级的上下界为负无穷到正无穷,覆盖所有的实数值
Imputer	Estimator	缺省值评估器,使用缺省值所在列的平均值或者中值代替数据集中缺省值

本小节主要介绍 Binarizer（二值化转换器）和 MinMaxScaler（最大值最小值缩放评估器）的使用。其他 API 的使用方法类似。

1. Binarizer

二值化，通过设置阈值，将数字特征转换为 0 或 1 两个值。二值化转换器通常对 DataFrame 中的一列进行操作，因此，在创建一个 Binarizer 转换器时，通常需要设置：输入数据的列名；输出数据的列名以及阈值。数字特征大于阈值转换为 1，否则为 0。实例如代码 9-5 所示。

代码 9-5

```
//导入必要的包
import org.apache.spark.ml.feature.Binarizer
import org.apache.spark.sql.SparkSession
object BinarizerExample {
  def main(args: Array[String]): Unit = {
    //SparkSession.builder 创建实例，并设置运行模式等配置信息
    val spark = SparkSession.builder
      .master("local")
      .appName("BinarizerExample")
      .getOrCreate()
    //创建数据集，createDataFrame 方法创建 DataFrame，列名为 id 和 feature
    val data = Array((0, 0.1), (1, 0.8), (2, 0.2))
    val dataFrame = spark.createDataFrame(data).toDF("id", "feature")
    //创建 Binarizer（Transformer）实例，
    //设置输入列（操作列）名为 feature，输出列为 binarized_feature，阈值为 0.5
    val binarizer: Binarizer = new Binarizer()
      .setInputCol("feature")
      .setOutputCol("binarized_feature")
      .setThreshold(0.5)
    //调用 binarizer 的 transform()方法，生成结果。
    val binarizedDataFrame = binarizer.transform(dataFrame)
    //打印输出阈值以及二值化以后的结果
    println(s"Binarizer output with Threshold = ${binarizer.getThreshold}")
    binarizedDataFrame.show()
    spark.stop()
  }
}
```

输出结果如图 9-8 所示。

```
Binarizer output with Threshold=0.5
+---+-------+----------------+
| id| feature| binarized_feature|
+---+-------+----------------+
|  0|    0.1|             0.0|
|  1|    0.8|             1.0|
|  2|    0.2|             0.0|
+---+-------+----------------+
```

图 9-8 Binarizer 实例输出

2. MinMaxScaler

MinMaxScaler(最大最小值缩放)评估器,转换 Vector 行的数据集,将每个特征的值缩放到特定的区间(通常为[0,1]),参数有:

- min：默认值为 0,转换后所有特征值的下界
- max：默认值为 1,转换后所有特征值的上界

MinMaxScaler 计算数据集的汇总统计量,并生成一个 MinMaxScalerModel(Transformer)。该转换器将特征的每个值转换到指定范围内。对于特征 E,缩放以后的值的计算方法为:

$$\text{Rescaled}(e_i) = \frac{e_i - E_{\min}}{E_{\max} - E_{\min}} \times (\max - \min) + \min$$

当 $E_{\max} = E_{\min}$ 时,上式转换为:$\text{Rescaled}(e_i) = 0.5 \times (\max - \min)$。注意：原始特征中的 0 可能转换为非 0 的值,所以,输入为稀疏向量,输出可能是稠密向量。在实例中,读入一个 libsvm 格式的数据,然后将其转化特征的每个值转换到[0,1]之间。实例如代码 9-6 所示。

代码 9-6

```
//导入必要的包
import org.apache.spark.ml.feature.MinMaxScaler
import org.apache.spark.ml.linalg.Vectors
import org.apache.spark.sql.SparkSession
object MinMaxScalerExample {
  def main(args: Array[String]): Unit = {
    //SparkSession.builder 创建实例,并设置运行模式等配置信息
    val spark = SparkSession.builder
      .master("local")
      .appName("MinMaxScalerExample")
      .getOrCreate()
    //创建数据集, createDataFrame()方法创建 DataFrame, 列名为 id 和 features
    val dataFrame = spark.createDataFrame(Seq(
      (0, Vectors.dense(1.0, 0.1, -1.0)),
      (1, Vectors.dense(2.0, 1.1, 1.0)),
      (2, Vectors.dense(3.0, 10.1, 3.0))
    )).toDF("id", "features")
    //创建 MinMaxScaler（Estimator）实例,
```

```
        //设置输入列（操作列）名为 features，输出列为 scaledFeatures
        val scaler = new MinMaxScaler()
          .setInputCol("features")
          .setOutputCol("scaledFeatures")
        //调用 scaler 的 fit()方法，生成 MinMaxScalerModel（Transformer）
        val scalerModel = scaler.fit(dataFrame)
        //调用 scalerModel 的 transform()方法，生成结果
        val scaledData = scalerModel.transform(dataFrame)
        //打印最小值、最大值以及最大最小值缩放后的结果。
        println(s"Features scaled to range: [${scaler.getMin}, ${scaler.getMax}]")
        scaledData.select("features", "scaledFeatures").show()
        spark.stop()
      }
    }
```

输出结果如图 9-9 所示。

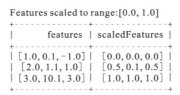

图 9-9　MinMaxScaler 实例输出

spark.ml 支持的特征转换操作随着 Spark 版本的更新仍在不断扩充，适应不同特征转换需求。

9.3.3　特征选择

特征选择(Feature Selection)，是指从已有的 M 个特征(Feature)中选择 N 个特征，使得系统的特定指标最优化，其中 N 不大于 M，即从原始特征中选择出一些最有效特征以降低数据集维度的过程，是提高学习算法性能的一个重要手段。Spark.ml 支持的特征选择方法有：VectorSlicer(向量索引选择)、RFormula(R 公式)和 ChiSqSelector(卡方特征选择)。

1. VectorSlicer

向量索引选择，属于 Transformer，其操作是：输入一个特征向量，输出原始特征向量子集作为新的特征向量。简而言之，从向量列中选取出有用特征。VectorSlicer 的输入数据是有明确索引的向量列，输出数据是通过选择这些索引得到的新的向量列。索引有两种：
- 整数索引，设置方法是 setIndices();
- 字符串索引，设置方法是 setNames()。这要求向量列必须具有 AttributeGroup，为了实现 Attritude 的 name 字段匹配(字符串匹配)。

设置索引时使用整数索引和字符串索引都可以，二者甚至可以同时使用，但必须选中至少一个特征。不允许选中重复的特征，为了保证索引和名称之间没有重叠。注意：如果选中了特征的名称，遇到空的属性值时会抛出异常。输出的向量首先根据选中索引对特征进行排序，然后对选中的名称进行排序。

假设有一个 DataFrame，列名为 userFeatures，具体内容如图 9-10 所示。

```
userFeatures
------------------
[0.0, 10.0, 0.5]
```

图 9-10 userFeatures

userFeatures 是包含三个用户特征的向量列。假设 userFeatures 的第一列为 0，因此，要删除第一列仅选择后两列。VectorSlicer 使用 setIndices(1,2)，选择后两列，生成名为 features 的新的向量列，如图 9-11 所示。

```
userFeatures         | features
---------------------|-----------------------
[0.0, 10.0, 0.5]     | [10.0, 0.5]
["f1", "f2", "f3"]   | ["f2", "f3"]
```

图 9-11 整数索引

假设，userFeatures 有隐藏输入属性，例如，["f1","f2","f3"]，可以使用 setName("f2","f3") 方法，选中后两列输出，如图 9-12 所示。

```
userFeatures      | features
------------------|-------------
[0.0, 10.0, 0.5]  | [10.0, 0.5]
```

图 9-12 字符串索引

接下来，介绍使用 VectorSlicer 实现向量选择的实例，如代码 9-7 所示。

代码 9-7

```
//导入必要的包
import java.util.Arrays
import org.apache.spark.ml.attribute.{Attribute, AttributeGroup, NumericAttribute}
import org.apache.spark.ml.feature.VectorSlicer
import org.apache.spark.ml.linalg.Vectors
import org.apache.spark.sql.{Row, SparkSession}
import org.apache.spark.sql.types.StructType
```

```scala
object VectorSlicerExample {
  def main(args: Array[String]): Unit = {
    //SparkSession.builder 创建实例，并设置运行模式等配置信息
    val spark = SparkSession.builder
      .master("local")
      .appName("VectorSlicerExample")
      .getOrCreate()
    //创建行向量数组
    //向量分为稠密向量（dense vector）和稀疏向量（sparse vector）
    //其中稀疏向量创建有两种方式：
    //Vector.sparse(向量大小，索引数组，与索引数组对应的数值数组)
    //Vector.sparse(向量大小, Seq((索引，数值), (索引，数值), …, (索引，数值))
    val data = Arrays.asList(
    //等同于 Vectors.dense(-2.0,2.3,0)
      Row(Vectors.sparse(3, Seq((0, -2.0), (1, 2.3)))),
      Row(Vectors.dense(-2.0, 2.3, 0.0))
    )
    //设置字符串索引
    val defaultAttr = NumericAttribute.defaultAttr
    val attrs = Array("f1", "f2", "f3").map(defaultAttr.withName)
    val attrGroup = new AttributeGroup("userFeatures",
    attrs.asInstanceOf[Array[Attribute]])
    //创建数据集。createDataFrame()方法创建 DataFrame，设置列名为 userFeatures
    val dataset = spark.createDataFrame(data,
    StructType(Array(attrGroup.toStructField())))
    //创建 VectorSlicer 实例，
    //设置输入列（操作列）名为 userFeatures，输出列名为 features
    val slicer = new VectorSlicer().setInputCol("userFeatures").setOutputCol("features")
    //设置整数索引 1，即取整数索引为 1 的数值（整数索引从 0 开始）
    //设置字符串索引为"f3"，即取字符串索引为"f3"的数值
    slicer.setIndices(Array(1)).setNames(Array("f3"))
    //调用 slicer 的 transform()方法，生成索引结果。
    val output = slicer.transform(dataset)
    output.show(false)
    spark.stop()
  }
}
```

输出结果如图 9-13 所示。

userFeatures 列中第一行数据(3, [0, 1], [-2.0, 2.3])表示的向量变换为稠密向量后，

```
+------------------------+-----------------+
|      userFeatures      |    features     |
+------------------------+-----------------+
| (3,[0,1],[-2.0,2.3])   | (2,[0],[2.3])   |
|     [-2.0,2.3,0.0]     |   [2.3,0.0]     |
+------------------------+-----------------+
```

图 9-13　VectorSlicer 实例输出

为[-2.0,2.3,0.0]，与第二行数据相同。实例中，取整数索引为 1 的数值和字符串索引为"f3"的值，等同于取向量中第二个位置的数值和第三个位置的数值。因此输出结果的 features 列中第一行为(2,[0],[2.3])，转换为稀疏向量表示为[2.3,0.0]，与第二行数据相同。

2. RFormula

R 公式选择器，属于 Estimator。顾名思义，通过 R 模型公式选择数据中的列。目前只支持 R 的部分操作，包括："~"、"."、":"、"+"和"-"。如表 9-2 所示。

表 9-2　R 的部分操作

操作符	作用
~	分割目标和对象
.	获取除目标以外的所有列
:	组合词（数字乘法，类别二值化）
+	连接词，+0 表示删除空格
-	删除，-1 表示删除空格

RFormula 生成一个特征向量列和一个 double 类型或者字符串类型的标签列。假设 a 和 b 是 double 类型的两列，操作符组合使用的实例如下：

①$y \sim a + b$ 表示模型 $y \sim w0 + w1 \times a + w2 \times b$，其中 $w0$ 是截距，$w1$ 和 $w2$ 是相关系数。

②$y \sim a + b + a:b - 1$ 表示模型 $y \sim w1 \times a + w2 \times b + w3 \times a \times b$，其中 $w1$、$w2$、$w3$ 是相关系数。

假设现在有一个包括 id、country、hour、clicked 四列的 DataFrame，如图 9-14 所示。

```
id | country | hour | clicked
---|---------|------|--------
 7 | "US"    |  18  |  1.0
 8 | "CA"    |  12  |  0.0
 9 | "NZ"    |  15  |  0.0
```

图 9-14　初始 DataFrame

使用 R 公式 clicked ~ country + hour，表示基于 country 和 hour 信息预测 clicked 值，通过转换可以得到如图 9-15 所示的结果。

```
id | country| hour  | clicked | features      | label
---|--------|-------|---------|---------------|------
 7 | "US"   | 18    | 1.0     | [0.0, 0.0, 18.0] | 1.0
 8 | "CA"   | 12    | 0.0     | [0.0, 1.0, 12.0] | 0.0
 9 | "NZ"   | 15    | 0.0     | [1.0, 0.0, 15.0] | 0.0
```

图 9-15　结果 DataFrame

上述功能的实现如代码 9-8 所示。

代码 9-8

```scala
//导入必要的包
import org.apache.spark.ml.feature.RFormula
import org.apache.spark.sql.SparkSession
object RFormulaExample {
  def main(args: Array[String]): Unit = {
    //SparkSession.builder 创建实例，设置运行模式等配置信息
    val spark = SparkSession.builder
      .master("local")
      .appName("RFormulaExample")
      .getOrCreate()
    //创建数据集。createDataFrame()方法创建数据集，列名为 id、country、hour、clicked
    val dataset = spark.createDataFrame(Seq(
      (7, "US", 18, 1.0),
      (8, "CA", 12, 0.0),
      (9, "NZ", 15, 0.0)
    )).toDF("id", "country", "hour", "clicked")
    //创建 RFormula 实例
    //设置 R 公式为：clicked ~ country + hour，特征列名为 features，标签列为 label
    val formula = new RFormula()
      .setFormula("clicked ~ country + hour")
      .setFeaturesCol("features")
      .setLabelCol("label")
    //调用 formula 的 fit 方法生成 RFormulaModel（Transformer），
    //再调用 transform()方法，生成结果
    val output = formula.fit(dataset).transform(dataset)
    //打印输出结果
    output.select("features", "label").show()
    spark.stop()
  }
}
```

输出结果如图 9-16 所示。

3. ChiSqSelector

卡方特征选择器，是一个 Estimator（评估器）。操作对象是：含类别特征的带标签数据。ChiSqSelector 根据分类的卡方独立性检验来对特征进行选择。目前支持 5 种选择方法：fpr、fdr、numTopFeatures、percentile 和 fwe。

```
+---------------+-----+
|       features| label|
+---------------+-----+
| [0.0,0.0,18.0]|  1.0|
| [1.0,0.0,12.0]|  0.0|
| [0.0,1.0,15.0]|  0.0|
+---------------+-----+
```

图 9-16　R 公式实例输出

- fpr：选择 p-value 值低于阈值的所有特征。控制选择的假阳性率。
- fdr：使用 Benjamini-Hochberg 方法（简称 BH 法），选择错误发现率低于阈值的所有特征。
- numTopFeatures：根据卡方检验选择固定数量的排名靠前的特征。这类似于选取具有最强预测能力的特征。
- percentile：与 numTopFeatures 操作类似。区别是只选取一定比例而不是固定数量的特征。
- fwe：选择 p-value 值小于阈值的所有特征。阈值设定为 1/numFeatures，以此控制选择的总体误差（family-wise error rate，FER）。默认情况下，选择方法的默认方法为 numTopFeatures，默认选取排名前 50 的特征。用户使用时，可以通过调用 setSelectorType 方法设置选择方法。

举例：如图 9-17 所示的 DataFrame，包含三列数据，列名为 id，features，clicked，其中 clicked 是预测值。

```
id | features            | clicked
---|---------------------|--------
 7 | [0.0, 0.0, 18.0, 1.0] | 1.0
 8 | [0.0, 1.0, 12.0, 0.0] | 0.0
 9 | [1.0, 0.0, 15.0, 0.1] | 0.0
```

图 9-17　初始 DataFrame

使用 ChiSqSelector，且设置 numTopFeatures = 1。根据预测目标 clicked，features 的第 3 列被选为最有效的特征。如图 9-18 所示，新增的 selectedFeatures 列表示选出的特征。

```
id | features              | clicked | selectedFeatures
---|-----------------------|---------|------------------
 7 | [0.0, 0.0, 18.0, 1.0] | 1.0     | [18.0]
 8 | [0.0, 1.0, 12.0, 0.0] | 0.0     | [12.0]
 9 | [1.0, 0.0, 15.0, 0.1] | 0.0     | [15.0]
```

图 9-18　结果 DataFrame

使用 ChiSqSelector 的实例代码如代码 9-9 所示。

代码 9-9

```scala
//导入必要的包
import org.apache.spark.ml.feature.ChiSqSelector
import org.apache.spark.ml.linalg.Vectors
import org.apache.spark.sql.SparkSession
object ChiSqSelectorExample {
  def main(args: Array[String]) {
    //SparkSession.builder 创建实例,设置运行模式等配置信息
  val spark = SparkSession.builder
      .master("local")
      .appName("ChiSqSelectorExample")
      .getOrCreate()
    //隐式将 RDD 转换成 DataFrame 需要的包
    import spark.implicits._
    val data = Seq(
      (7, Vectors.dense(0.0, 0.0, 18.0, 1.0), 1.0),
      (8, Vectors.dense(0.0, 1.0, 12.0, 0.0), 0.0),
      (9, Vectors.dense(1.0, 0.0, 15.0, 0.1), 0.0)
    )
    //隐式创建 DataFrame,列名为 id、feature、clicked。
    val df = spark.createDataset(data).toDF("id", "features", "clicked")
    //创建 ChiSqSelector (Estimator) 实例,
    //设置提取预测能力最强的第一个特征
    //设置特征列名为 features,设置标签列名为 clicked,设置输出列名为 selectedFeatures
    val selector = new ChiSqSelector()
      .setNumTopFeatures(1)
      .setFeaturesCol("features")
      .setLabelCol("clicked")
      .setOutputCol("selectedFeatures")
    //调用 selector 的 fit()方法,生成 ChiSqSelectorModel (Transformer),
    //再调用 transform()方法,生成结果
    val result = selector.fit(df).transform(df)
    //打印结果
    println(s"ChiSqSelector output with top ${selector.getNumTopFeatures} features
          selected")
    result.show()
    spark.stop()
  }
}
```

输出结果如图 9-19 所示。

```
+---+------------------+-------+----------------+
| id|          features|clicked| selectedFeatures|
+---+------------------+-------+----------------+
|  7|[0.0,0.0,18.0,1.0]|    1.0|          [18.0]|
|  8|[0.0,1.0,12.0,0.0]|    0.0|          [12.0]|
|  9|[1.0,0.0,15.0,0.1]|    0.0|          [15.0]|
+---+------------------+-------+----------------+
```

图 9-19　ChiSqSelector 实例输出

9.4　算法调优

本节介绍使用 spark.ml 中的工具对 ML 算法和 ML Pipeline 进行调优。交叉验证等方法可以帮助优化算法和 Pipeline 中的超参。本节由模型选择、交叉验证和 TrainValidationSplit 三部分组成。

9.4.1　模型选择

模型选择是机器学习的关键任务之一，针对给定任务，使用数据找出最佳的模型或者参数的过程称为调优(tuning)。可以对一个 Estimator(评估器)进行调优，也可以对包含多个算法、特征化操作和其他步骤的 Pipeline 进行调优。用户可以对 Pipeline 进行调优，而不需要对 Pipeline 中的每个 stage 分别调优。

spark.ml 支持使用交叉验证和 TrainValidationSplit 等工具进行模型选择。模型选择依赖以下组件：

- Estimator(评估器)：需要调优的算法或者 Pipeline；
- ParamMap 集合：提供参数选择；
- Evaluator：衡量模型在测试数据上的拟合程度。

模型选择的工作方式如下：

- 将输入数据划分为训练集和测试集；
- 对于每个(训练集，测试集)对，通过 ParamMap 进行迭代。对于每个 ParamMap，使用参数训练 Estimator 得到合适的模型，然后使用 Evaluator 评估模型的性能；
- 选择最佳效果的参数集合生成的模型。

对于回归模型，通常选择 RegressionEvaluator 作为 Evaluator，对二分类模型，通常选择 BinaryClassificationEvaluator 作为 Evaluator，对于多分类问题，通常选择 MulticlassClassificationEvaluator 作为 Evaluator。Evaluator 中默认的评估准则，可通过调用 setMetricName 方法重写。

9.4.2　交叉验证

spark.ml 中 CrossValidator API 用于交叉验证。CrossValidator 首先将数据集划分为多组，每组数据由训练集和测试集组成。例如，将数据分为 $k=3$ 个组，CrossValidator 将生成 3 组(训练集，测试集)，每一组训练数据占 2/3，测试数据占 1/3。使用 ParamMap 参数进行迭代，CrossValidator 使用 3 组(训练集，测试集)分别训练 Estimator 生成 3 个模型的平均评估指标。找出最佳的 ParaMap 以后，CrossValidator 将使用最佳的 ParaMap 参数和整个数据集重新训练 Estimator 生成模型。

本小节将通过一个实例介绍使用交叉验证进行模型调优的步骤，如代码 9-10 所示。

代码 9-10

```scala
//导入必要的包
import org.apache.spark.ml.{Pipeline, PipelineModel}
import org.apache.spark.ml.classification.{LogisticRegression, LogisticRegressionModel}
import org.apache.spark.ml.evaluation.BinaryClassificationEvaluator
import org.apache.spark.ml.feature.{HashingTF, Tokenizer}
import org.apache.spark.ml.linalg.Vector
import org.apache.spark.ml.tuning.{CrossValidator, ParamGridBuilder}
import org.apache.spark.sql.Row
import org.apache.spark.sql.SparkSession
object ModelSelectionViaCrossValidationExample {
  def main(args: Array[String]): Unit = {
    //SparkSession.builed 创建实例，设置运行模式等配置信息
    val spark = SparkSession.builder
      .master("local")
      .appName("ModelSelectionViaCrossValidationExample")
      .getOrCreate()
    //创建训练集。createDataFrame()创建 DataFrame，列名为 id，text，label
    val training = spark.createDataFrame(Seq(
      (0L, "a b c d e spark", 1.0),
      (1L, "b d", 0.0),
      (2L, "spark f g h", 1.0),
      (3L, "hadoop mapreduce", 0.0),
      (4L, "b spark who", 1.0),
      (5L, "g d a y", 0.0),
      (6L, "spark fly", 1.0),
      (7L, "was mapreduce", 0.0),
      (8L, "e spark program", 1.0),
      (9L, "a e c l", 0.0),
      (10L, "spark compile", 1.0),
      (11L, "hadoop software", 0.0)
    )).toDF("id", "text", "label")
    //创建 Pipeline 实例，包含三个 stage：Tokenizer、HashingTF、LogisticRegression
    val tokenizer = new Tokenizer()
      .setInputCol("text")
      .setOutputCol("words")
    val hashingTF = new HashingTF()
      .setInputCol(tokenizer.getOutputCol)
      .setOutputCol("features")
```

```
val lr = new LogisticRegression()
    .setMaxIter(10)
val pipeline = new Pipeline()
    .setStages(Array(tokenizer, hashingTF, lr))
//创建 ParamGridBuilder 实例，创建参数网格
//设置 hashingTF.numFeatures 有三个可能值，lr.regParam 有 2 个可能值
//参数网格将有 3 * 2 = 6 个参数组合设置供 CrossValidator 选择。
val paramGrid = new ParamGridBuilder()
    .addGrid(hashingTF.numFeatures, Array(10, 100, 1000))
    .addGrid(lr.regParam, Array(0.1, 0.01))
    .build()
//创建 CrossValidator（Estimator）实例
//将 Pipeline 实例"嵌入"交叉验证实例中，Pipeline 中的任务都可以使用参数网格；
//BinaryClassificationEvaluator 使用的默认的评估指标是 AUC（areaUnderROC）。
val cv = new CrossValidator()
    .setEstimator(pipeline)
    .setEvaluator(new BinaryClassificationEvaluator)
    .setEstimatorParamMaps(paramGrid)
    .setNumFolds(2)
    .setParallelism(2)
//调用 cv 的 fit()方法，训练生成 CrossValidatorModel（Transformer）。
//得到最优参数集。
val cvModel = cv.fit(training)
//创建测试集。createDataFrame()创建 DataFrame，仅包含两列，分别为 id 和 text
//模型预测产生 label 列
val test = spark.createDataFrame(Seq(
    (4L, "spark i j k"),
    (5L, "l m n"),
    (6L, "mapreduce spark"),
    (7L, "apache hadoop")
)).toDF("id", "text")
//调用 cvModel 的 transform()方法，生成 probability 列和 prediction 列
//打印输出结果
cvModel.transform(test)
    .select("id", "text", "probability", "prediction")
    .collect()
    .foreach { case Row(id: Long, text: String, prob: Vector, prediction: Double) =>
      println(s"($id, $text) --> prob=$prob, prediction=$prediction")
```

```
    }
    //打印输出 lrModel 最优参数值。在 Pipeline 中，LogisticRegressionModel 的索引值为 2
    val bestModel = cvModel.bestModel.asInstanceOf[PipelineModel]
    val lrModel = bestModel.stages(2).asInstanceOf[LogisticRegressionModel]
    println(lrModel.getRegParam)
    println(lrModel.numFeatures)
    spark.stop()
  }
}
```

输出结果由测试集的预测结果和 lrModel 最优参数集组成。输出结果如图 9-20 所示。

```
(4, spark i j k) --> prob=[0.6286595162202399,0.37134048377976003], prediction=0.0
(5, l m n) --> prob=[0.3454025683005015,0.6545974316994986], prediction=1.0
(6, mapreduce spark) --> prob=[0.3372901203884568,0.6627098796115432], prediction=1.0
(7, apache hadoop) --> prob=[0.2749420301605646,0.7250579698394354], prediction=1.0
(lrModel.getRegParam --> ,0.1)
(lrModel.numFeatures --> ,10)
```

图 9-20　交叉验证实例输出

9.4.3　TrainValidationSplit

spark.ml 提供 TrainValidationSplit API 进行超参调优。与 CrossValidator 不同的是，TrainValidationSplit 创建单一的(训练集，测试集)数据集对。相对于 CrossValidator 的 k 次评估，TrainValidationSplit 只对每个参数组合评估一次。因此评估代价相对较低，但在训练集不够大时，其结果没有使用 CrossValidator 的理想。

该方法通过设置 trainRatio 参数，将数据集分为两类——训练集和测试集。例如，设置 trainRatio = 0.75，则 TrainValidationSplit 将数据集分为两部分，训练集占 75%，测试集占 25%。

和 CrossValidator 一样，TrainValidationSplit 使用最佳的参数 ParaMap 和整个数据集训练 Estimator。在本小节实例中，将通过如代码 9-11 所示实例介绍如何使用 TrainValidationSplit 进行超参调优。

代码 9-11

```
//导入必要的包
import org.apache.spark.ml.evaluation.RegressionEvaluator
import org.apache.spark.ml.regression.LinearRegression
import org.apache.spark.ml.tuning.{ParamGridBuilder, TrainValidationSplit}
import org.apache.spark.sql.SparkSession
object ModelSelectionViaTrainValidationSplitExample {
  def main(args: Array[String]): Unit = {
    //SparkSession.builder 创建实例，设置运行模式等配置信息
```

```scala
val spark = SparkSession.builder
  .master("local")
  .appName("ModelSelectionViaTrainValidationSplitExample")
  .getOrCreate()
//创建数据集。加载本地路径文件,按"libsvm"类型文件读取,创建 DataFrame。
val data = spark.read.format("libsvm")
  .load("data/mllib/sample_linear_regression_data.txt")
//使用 randomSplit 方法,将 DataFrame 分为训练集和测试集
val Array(training, test) = data.randomSplit(Array(0.9, 0.1), seed = 12345)
//创建 LinearRegression (Estimator) 实例。设置最大迭代次数
val lr = new LinearRegression()
  .setMaxIter(10)
//创建 ParamGridBuilder 实例,创建参数网格
//TrainValidationSplit 将使用 Evaluator 尝试所有参数值的组合,并确定使用最佳模型
val paramGrid = new ParamGridBuilder()
  .addGrid(lr.regParam, Array(0.1, 0.01))
  .addGrid(lr.fitIntercept)
  .addGrid(lr.elasticNetParam, Array(0.0, 0.5, 1.0))
  .build()
//创建 TrainValidationSplit 实例
//TrainValidationSplit 需要设置的参数包括:
//一个 Estimator,一组 Estimator 的 ParamMap,一个 Evaluator
val trainValidationSplit = new TrainValidationSplit()
  .setEstimator(lr)
  .setEvaluator(new RegressionEvaluator)
  .setEstimatorParamMaps(paramGrid)
  //设置 80%的数据用于训练,20%的数据用于验证
  .setTrainRatio(0.8)
  //设置最多并行评估两个参数设置
  .setParallelism(2)
//调用 TrainValidationSplit (Estimator) 的 fit()方法,
//训练生成 TrainValidationSplitModel(Transformer)
val model = trainValidationSplit.fit(training)
//使用最优参数组合的模型预测测试集的结果,并打印输出。
model.transform(test)
  .select("features", "label", "prediction")
  .show()
spark.stop()
  }
}
```

输出结果如图 9-21 所示。

```
+--------------------+--------------------+--------------------+
|            features|               label|          prediction|
+--------------------+--------------------+--------------------+
|(10,[0,1,2,3,4,5,...| -23.51088409032297| -1.6659388625179559|
|(10,[0,1,2,3,4,5,...| -21.432387764165806|  0.3400877302576284|
|(10,[0,1,2,3,4,5,...| -12.977848725392104|  0.02335359093652395|
|(10,[0,1,2,3,4,5,...| -11.827072996392571|  2.5642684021108417|
|(10,[0,1,2,3,4,5,...| -10.945919657782932| -0.1631314487734783|
|(10,[0,1,2,3,4,5,...| -10.58331129986813|   2.517790654691453|
|(10,[0,1,2,3,4,5,...| -10.288657252388708| -0.9443474180536754|
|(10,[0,1,2,3,4,5,...|  -8.822357870425154|  0.6872889429113783|
|(10,[0,1,2,3,4,5,...|  -8.772667465932606| -1.485408580416465|
|(10,[0,1,2,3,4,5,...|  -8.605713514762092|  1.110272909026478|
|(10,[0,1,2,3,4,5,...|  -6.544633229269576|  3.0454559778611285|
|(10,[0,1,2,3,4,5,...|  -5.055293333055445|  0.6441174575094268|
|(10,[0,1,2,3,4,5,...|  -5.039628433467326|  0.9572366607107066|
|(10,[0,1,2,3,4,5,...|  -4.937258492902948|  0.2292114538379546|
|(10,[0,1,2,3,4,5,...|  -3.741044592262687|  3.343205816009816|
|(10,[0,1,2,3,4,5,...|  -3.731112242951253| -2.6826413698701064|
|(10,[0,1,2,3,4,5,...|  -2.109441044710089| -2.1930034039595445|
|(10,[0,1,2,3,4,5,...|  -1.8722161156986976|  0.49547270330052423|
|(10,[0,1,2,3,4,5,...|  -1.1009750789589774| -0.9441633113006601|
|(10,[0,1,2,3,4,5,...|  -0.48115211266405217| -0.6756196573079968|
+--------------------+--------------------+--------------------+
only showing top 20 rows
```

图 9-21　TrainValidationSplit 超参调优实例输出

9.5　本章小结

本章首先介绍了 Spark 与机器学习相关的库 spark.ml 和 spark.mllib 的区别和联系，其次详细介绍了 spark.ml 中的 Pipeline 以及 spark.ml 在机器学习数据准备阶段支持的方法，最后介绍了 Spark 机器学习库中算法调优的方法，为 Spark 机器学习模型和算法提供了基础。

思考与习题

1. 简述 Spark 在机器学习方面的优势。
2. 简述 spark.ml 和 spark.mllib 的区别与联系。
3. 简述 Pipeline 的原理。
4. 简述 Transformer 和 Estimator 的区别与联系。
5. 保存到本地且未训练的 Pipeline 如何调用？以代码 9-2 为例说明。
6. 使用特征转换中的 API：MaxAbsScaler，输入代码 9-6 中的 DataFrame，输出结果。
7. 使用 StringIndexer 和 IndexToString，完成字符串索引，以及根据索引值获取字符串。
8. 使用 TrainValidationSplit 找出代码 9-1 中的最佳参数。

第 10 章 Spark 机器学习模型

Spark.ml 支持许多机器学习模型。本章将介绍 spark.ml 机器学习库支持的算法模型及示例，包括分类模型、回归模型、决策树模型、聚类模型及关联规则挖掘。本章将选择各个模型中的经典算法，介绍算法原理及在 spark.ml 中的使用方法。

10.1 spark.ml 分类模型

分类问题属于监督学习。在分类问题中，输出是一个离散的值，比如使用训练生成的模型推断测试数据的类别，是一种定性输出，也叫离散变量预测。比如预测明天天气是多云、晴还是雨，就是一个分类任务。

10.1.1 spark.ml 分类模型简介

目前 spark.ml 支持的分类模型有：逻辑回归、决策树、随机森林、GBT（梯度提升树）、多层感知器、线性支持向量机、OneVsRest、朴素贝叶斯。其各功能如表 10-1 所示。

表 10-1 spark.ml 支持的分类模型

API	功能介绍
LogisticRegression	逻辑回归分类器，常用参数为： maxIter：Int //最大迭代次数 regParam：Double //正则化参数 elasticNetParam：Double //弹性网络参数 family：String //设置描述类别标签分布的家族名称，有 auto（自动选择）、binomial（二项）、multinomial（多项）三个选项，默认为 auto
DecisionTreeClassifier	决策树分类器，常用参数为： maxDepth：Int //决策树最大深度
RandomForestClassifier	随机森林分类器，常用参数为： maxDepth：Int //决策树最大深度
GBTClassifier	GBT（梯度提升树）分类器，常用参数为： maxDepth：Int //决策树最大深度 maxIter：Int //最大迭代次数

续表 10-1

API	功能介绍
MultilayerPerceptronClassifier	多层感知器分类器，常用参数为： maxIter：Int //最大迭代次数
LinearSVC	线性支持向量机分类器，常用参数为： maxIter：Int //最大迭代次数 regParam：Double //正则化参数
OneVsRest	OneVsRest 分类器，常用参数为： classifier：ClassifierType//用于将多分类问题转化为二分类问题的分类器
NativeBayes	朴素贝叶斯分类器

本节将重点介绍朴素贝叶斯分类模型的原理及其在 spark.ml 中的使用方法。

10.1.2 朴素贝叶斯分类器

spark.ml(Spark 2.3.0)支持多项式朴素贝叶斯和伯努利朴素贝叶斯。本小节将重点介绍朴素贝叶斯分类器的原理及其在 spark.ml 中的实现。

1. 贝叶斯定理

贝叶斯定理是关于随机事件 A 和 B 的条件概率（或边缘概率）的一则定理。通常，事件 A 在事件 B 发生的条件下发生的概率 $P(A|B)$，与事件 B 在事件 A 发生的条件下发生的概率 $P(B|A)$ 是不一样的，然而这两者的关系可用贝叶斯定理描述。贝叶斯定理的相关术语定义为：

（1）$P(A)$ 是 A 的先验概率或边缘概率。之所以称为"先验"，是因为它不考虑任何 B 方面的因素。

（2）$P(A|B)$ 是已知 B 发生后 A 发生的条件概率，也由于得自 B 的取值而被称作 A 的后验概率。

（3）$P(B|A)$ 是已知 A 发生后 B 发生的条件概率，也由于得自 A 的取值而被称作 B 的后验概率。

（4）$P(B)$ 是 B 的先验概率或边缘概率，也被称作标准化常量（*normalized constant*）。

贝叶斯定理的基本公式为：

$$P(A|B) = \frac{P(AB)}{P(B)}$$

其中，$P(A|B)$ 表示在 B 发生条件下，A 发生的概率。$P(AB)$ 表示 A 和 B 同时发生的概率。通常 $P(A|B)$ 容易直接计算得出，而 $P(B|A)$ 则难以直接计算得出，贝叶斯定理打通了从 $P(A|B)$ 获得 $P(B|A)$ 的道路，$P(B|A)$ 可用贝叶斯定理表示为：

$$P(B|A) = \frac{P(A|B)P(B)}{P(A)}$$

2. 朴素贝叶斯分类器

朴素贝叶斯分类器是一个基于贝叶斯定理的概率分类器,其中"朴素"是指,对于模型中的每个特征,都假定它们分配到每个类别的概率是独立分布,并且不考虑特征间的相关性。朴素贝叶斯基于两个假设:

(1)假定每个特征分配到某个类别的概率是独立分布的(各个特征之间条件独立)。

(2)特征分布假设,即参数的估计来自数据。

基于上述假设,属于某个类别的概率表示为若干概率乘积的函数,这些概率包括某个特征在给定某个类别的条件下出现的概率(条件概率),以及该类别的概率(先验概率)。这样使得模型训练非常直接且易于处理。类别的先验概率和特征的条件概率通过训练数据的概率估计得到。朴素贝叶斯分类过程就是在给定特征和类别概率的情况下选择最可能的类别。spark.ml 中的 NaiveBayes API 支持的参数如表 10-2 所示。

表 10-2 NaivesBayes API 支持的参数

参数名称	参数含义	参数取值
featuresCol	存储训练数据集特征的列名	取值类型:String
labelCol	标签列名	取值类型:String
modelType	分类模式	取值类型:String 默认取值:multinomial 取值说明: multinomial:多项式模型 bernoulli:伯努利模型
predictionCol	存储预测结果的列名	取值类型:String
probabilityCol	存储类别预测结果的条件概率的列名	取值类型:String
rawPredictionCol	原始预测值(置信度)列名	取值类型:String
smoothing	平滑指数(防止分子分母出现0的情况)	取值类型:Double 默认取值:1.0
threshold	多分类预测的阈值,调整预测结果在各个类别的概率	取值类型:DoubleArray
weightCol	权重列名	取值类型:String

以医院接收门诊患者为例,说明朴素贝叶斯分类器。

问题描述:通过已有的 6 位患者的特征,包括症状和职业以及所患疾病类别,判断第 7 位给定特征(打喷嚏的建筑工人)的患者,最有可能所患疾病的类别。

训练数据如表 10-3 所示。

表 10-3　NaiveBayes 算法示例数据

症状	职业	疾病
打喷嚏	护士	感冒
打喷嚏	农夫	过敏
头痛	建筑工人	脑震荡
头痛	建筑工人	感冒
打喷嚏	教师	感冒
头痛	教师	脑震荡

以计算患有感冒的概率为例，根据贝叶斯定理可得：

$$P(感冒|打喷嚏 \times 建筑工人) = \frac{P(打喷嚏 \times 建筑工人|感冒) \times P(感冒)}{P(打喷嚏 \times 建筑工人)}$$

假定"打喷嚏"和"建筑工人"两个特征是条件独立的，则：

$$P(感冒|打喷嚏 \times 建筑工人) = \frac{P(打喷嚏|感冒) \times P(建筑工人|感冒) \times P(感冒)}{P(打喷嚏) \times P(建筑工人)}$$

计算结果为：

$$P(感冒|打喷嚏 \times 建筑工人) = \frac{0.66 \times 0.33 \times 0.5}{0.5 \times 0.33} = 0.66$$

因此，这个打喷嚏的建筑工人，有 66% 的概率患上感冒。同理可计算该患者患上过敏或脑震荡的概率。通过比较概率，判定该患者最有可能的疾病类别。

所以，贝叶斯分类器的基本方法是在统计资料的基础上，依据某些特征，计算样本数据属于各个类别的概率，从而实现分类。

10.1.3　朴素贝叶斯分类器程序示例

本示例程序基于 Spark 自带的朴素贝叶斯分类器示例程序，演示了如何通过 spark.ml 的 NativeBayes API 将输入数据分成 0 或 1 两个类。

1. 输入数据（部分）

输入数据（部分）如图 10-1 所示。数据为 libsvm 格式，libsvm 格式为：

label 1：value 2：value

label：类别的标识，值根据训练数据的类别指定，比如-10, 0, 15。如果是用于训练回归模型的数据，label 是目标值，则不能随意指定。

value：训练的数据，在分类问题中，其为特征值，数据之间用空格隔开。

比如：-15 1：0.708 2：1056 3：-0.3333，-15 是类别标识，1、2 是特征序号，0.708、1056 是特征值。

```
0 128:51 129:159 130:253 131:159 132:50 155:48
1 159:124 160:253 161:255 162:63 186:96 187:244
```

图 10-1　NaiveBayes 示例输入

2. 示例代码

示例代码如代码 10-1 所示。

代码 10-1

```scala
//导入相关类
import org.apache.spark.ml.classification.NaiveBayes
import org.apache.spark.ml.evaluation.MulticlassClassificationEvaluator
import org.apache.spark.sql.SparkSession
object NaiveBayesExample {
  def main(args: Array[String]): Unit = {
    //创建 SparkSession，设置运行环境为本地模式
    val spark = SparkSession
      .builder
      .master("local")
      .appName("NaiveBayesExample")
      .getOrCreate()
    //把以 libsvm 格式存储的数据加载为 DataFrame
    val data = spark.read.format("libsvm").load("data/mllib/sample_libsvm_data.txt")
    //把数据集划分为训练集和测试集（30%用于测试）
    val Array(trainingData, testData) = data.randomSplit(Array(0.7, 0.3), seed = 1234L)
    //训练一个朴素贝叶斯模型
    val model = new NaiveBayes()
      .fit(trainingData)
    //用训练好的模型对测试集进行分类
    val predictions = model.transform(testData)
    predictions.show()
    //比较测试集的预测列和标签列，并计算测试误差
    val evaluator = new MulticlassClassificationEvaluator()
      .setLabelCol("label")
      .setPredictionCol("prediction")
      .setMetricName("accuracy")
    //打印分类的精确度
    val accuracy = evaluator.evaluate(predictions)
    println(s"Test set accuracy = $accuracy")
    //停止 SparkContext
    spark.stop()
  }
}
```

3. 输出结果

程序输出结果如图 10-2 所示。输出结果包括 5 列，label 列为每条数据的实际类别；features 列为特征；rawPrediction 列为原始预测概率，即当前数据分别属于所有类别的置信度；probability 列是一个矩阵，对应当前数据分别属于所有类别的概率；prediction 列是模型预测的当前数据所属的类别。在输出结果中，label 列（实际类别）和 prediction 列（预测类别）完全一致，所以对于测试数据集，预测准确度（Test set accuracy）为 1.0。

```
+-----+--------------------+--------------------+-------------+----------+
|label|            features|       rawPrediction|  probability|prediction|
+-----+--------------------+--------------------+-------------+----------+
|  0.0|(692,[95,96,97,12...|[-173678.60946628...|    [1.0,0.0]|       0.0|
|  0.0|(692,[98,99,100,1...|[-178107.24302988...|    [1.0,0.0]|       0.0|
|  0.0|(692,[100,101,102...|[-100020.80519087...|    [1.0,0.0]|       0.0|
|  0.0|(692,[124,125,126...|[-183521.85526462...|    [1.0,0.0]|       0.0|
|  0.0|(692,[127,128,129...|[-183004.12461660...|    [1.0,0.0]|       0.0|
|  0.0|(692,[128,129,130...|[-246722.96394714...|    [1.0,0.0]|       0.0|
|  0.0|(692,[152,153,154...|[-208696.01108598...|    [1.0,0.0]|       0.0|
|  0.0|(692,[153,154,155...|[-261509.59951302...|    [1.0,0.0]|       0.0|
|  0.0|(692,[154,155,156...|[-217654.71748256...|    [1.0,0.0]|       0.0|
|  0.0|(692,[181,182,183...|[-155287.07585335...|    [1.0,0.0]|       0.0|
|  1.0|(692,[99,100,101,...|[-145981.83877498...|    [0.0,1.0]|       1.0|
|  1.0|(692,[100,101,102...|[-147685.13694275...|    [0.0,1.0]|       1.0|
|  1.0|(692,[123,124,125...|[-139521.98499849...|    [0.0,1.0]|       1.0|
|  1.0|(692,[124,125,126...|[-129375.46702012...|    [0.0,1.0]|       1.0|
|  1.0|(692,[126,127,128...|[-145809.08230799...|    [0.0,1.0]|       1.0|
|  1.0|(692,[127,128,129...|[-132670.15737290...|    [0.0,1.0]|       1.0|
|  1.0|(692,[128,129,130...|[-100206.72054749...|    [0.0,1.0]|       1.0|
|  1.0|(692,[129,130,131...|[-129639.09694930...|    [0.0,1.0]|       1.0|
|  1.0|(692,[129,130,131...|[-143628.65574273...|    [0.0,1.0]|       1.0|
|  1.0|(692,[129,130,131...|[-129238.74023248...|    [0.0,1.0]|       1.0|
+-----+--------------------+--------------------+-------------+----------+
Test set accuracy = 1.0
```

图 10-2　NaiveBayes 示例输出

10.2　回归模型

回归问题属于监督学习。在回归问题中，输出是一个连续的值，给定一个新的测试数据，根据训练好的模型推断它所对应的输出值（实数）是多少，是一种定量输出，也叫连续变量预测。比如预测明天的气温是多少摄氏度，就是一个回归任务。

10.2.1 spark.ml 回归模型简介

spark.ml(Spark 2.3.0)支持的回归模型有线性回归、广义线性回归、决策树回归、随机森林回归、梯度提升树回归、AFT 生存回归、保序回归。各模型的功能如表 10-4 所示。

表 10-4 spark.ml 支持的回归模型

API	功能介绍
LinearRegression	线性回归，常用参数为： maxIter：Int //最大迭代次数 regParam：Double //正则化参数 elasticNetParam：Double //弹性网络参数
GeneralizedLinearRegression	广义线性回归，常用参数为： family：String //描述模型的误差分布的类型名称，支持的值有 gaussian、binomial、poisson、gamma、tweedie，默认是 gaussian link：String //链接函数(关联线性预测器和分布函数均值的函数)名称，支持的值有 identity、log、inverse、logit、probit、cloglog、sqrt，仅在 family 参数不为 tweedie 时需要设置这个参数 maxIter：Int //最大迭代次数 regParam：Double //正则化参数
DecisionTreeRegressor	决策树回归，常用参数为： maxDepth：Int //决策树最大深度
RandomForestRegressor	随机森林回归，常用参数为： maxDepth：Int //决策树最大深度
GBTRegressor	GBT 回归，常用参数为： maxDepth：Int //决策树最大深度
IsotonicRegression	保序回归，常用参数为： isotonic：Boolean //输出递增序列(true)或递减序列(false)，默认为 true
AFTSurvivalRegression	生存回归，常用参数为： maxIter：Int //最大迭代次数 quantileProbabilities：DoubleArray //分位数(是指将一个随机变量的概率分布范围分为几个等份的数值点，比如中位数)概率数组，数组值范围属于(0,1)，且数组不能为空

本节将介绍线性回归的原理及其在 spark.ml 中的使用方法。

10.2.2 线性回归

在统计学中，线性回归是利用线性回归方程的最小平方函数对一个或多个自变量和因变量之间关系进行建模的一种回归分析。在回归分析中，只包括一个自变量和一个因变量，且二者的关系可用一条直线近似表示，则其称为一元线性回归分析。如果回归分析中包括两个或两个以上的自变量，且因变量和自变量之间是线性关系，则称其为多元线性回归分析。

spark.ml 中的 LinearRegression API 支持的参数如表 10-5 所示。

表 10-5 LinearRegression API 支持的参数

参数名称	参数含义	参数取值
elasticNetParam	弹性网络混合参数，用于调节 L_1 和 L_2 之间的比例，两种正则化比例加起来是 1。默认为 0，只使用 L_2 正则化，设置为 1 就是只用 L_1 正则化	取值类型：Double 取值范围：[0, 1]
featuresCol	特征列名	取值类型：String
fitIntercept	是否拟合截距	取值类型：Boolean 默认取值：true
labelCol	标签列名	取值类型：String
loss	指定要优化的损失函数	取值类型：String 默认取值：squaredError 取值说明： squaredError //平方误差损失函数 huber //Huber 损失函数
maxIter	最大迭代次数	取值类型：Int 取值说明：≥0
predictionCol	平滑指数（防止分子分母出现 0 的情况）	取值类型：String
regParam	正则化参数	取值类型：Double
solver	选择求解器算法	取值类型：String 默认取值：auto 取值说明： l-bgfs normal auto
standardization	是否在训练模型前标准化特征	取值类型：Boolean
tol	迭代算法收敛性	取值类型：Double 取值范围：≥0
weightCol	权重列名	取值类型：String 取值说明：如果不设置这个参数的值，所有示例的权重将被当成 1.0 处理

现通过一个简单的例子说明一元回归分析的概念。

问题描述：给定一组房屋面积数据（自变量 x）和对应房价数据（因变量 y）的值，x 和 y 呈线性相关关系，数据如表 10-6 所示。

表 10-6　线性回归算法示例数据

房屋面积 x（单位：平方米）	房价 y（单位：元/平方米）
150	6450
200	7450
250	8450
300	9450
350	11450
400	15450
600	18450

需要找到一条直线，使得所有已知点到这条直线的距离之和最短。房价和房屋面积之间的关系用线性方程表示为：

$$f(x) = ax + b$$

该方程表示面积为 x 时，房价为 $f(x)$。其中 a 为回归系数，即直线的斜率，b 为直线的截距。确定 a 和 b 系数值的关键在于衡量 $f(x)$ 与 y 的差别，通常使用均方误差衡量。均方误差对应实际点到直线的欧氏距离。基于均方误差最小化进行模型求解的方法称为"最小二乘法"，拟合结果如图 10-3 所示。

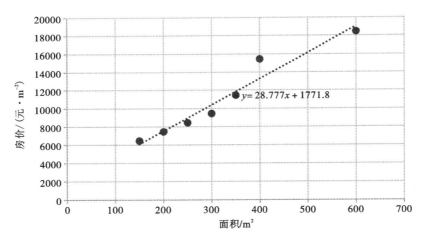

图 10-3　拟合结果

10.2.3 线性回归程序示例

本示例程序基于 Spark 自带的线性回归示例程序。该示例程序演示了如何用 spark.ml 的 LinearRegression API 训练一个弹性网络正则化线性回归模型并提取模型的概要统计数据，比如系数、截距、迭代次数等。

1. 输入数据（部分）

输入数据（部分）如图 10-4 所示。数据格式为：label 1：value 2：value 3：value
label：相当于函数因变量 $f(x)$ 的值；1：value：代表自变量 $x1$ 的取值，2：value：代表自变量 $x2$ 的取值，依次类推。

```
-9.490009878824548 1:0.4551273600657362 2:0.36644694351969087 3:-0.38256108933468047
0.2577820163584905 1:0.8386555657374337 2:-0.1270180511534269 3:0.499812362510895
-4.438869807456516 1:0.5025608135349202 2:0.14208069682973434 3:0.16004976900412138
```

图 10-4　LinearRegressor 示例输入

2. 示例代码

示例代码如代码 10-2 所示。

代码 10-2

```
//导入相关类
import org.apache.spark.ml.regression.LinearRegression
import org.apache.spark.sql.SparkSession
object LinearRegressionWithElasticNetExample {
  def main(args: Array[String]): Unit = {
    //创建 SparkSession，设置运行环境为本地模式
    val spark = SparkSession
      .builder
      .appName("LinearRegressionWithElasticNetExample")
      .master("local")
      .getOrCreate()
    //把以 libsvm 格式存储的数据加载为 DataFrame
    val training = spark.read.format("libsvm")
      .load("data/mllib/sample_linear_regression_data.txt")
    //新建线性回归示例
    val lr = new LinearRegression()
      .setMaxIter(10) //最大迭代次数 10
```

```
  .setRegParam(0.3) //正则化参数 0.3
  .setElasticNetParam(0.8) //弹性网络参数 0.8
//训练线性回归模型
val lrModel = lr.fit(training)
//打印线性回归的系数和截距
println(s"Coefficients: ${lrModel.coefficients} Intercept: ${lrModel.intercept}")
//提取训练集上的模型摘要并打印评估指标
val trainingSummary = lrModel.summary
//打印迭代次数
println(s"numIterations: ${trainingSummary.totalIterations}")
//打印每次迭代的结果
println(s"objectiveHistory: [${trainingSummary.objectiveHistory.mkString(",")}]")
//输出残差（label - predicted）
trainingSummary.residuals.show()
//打印均方根误差 RMSE
println(s"RMSE: ${trainingSummary.rootMeanSquaredError}")
//打印 R 平方系数
println(s"r2: ${trainingSummary.r2}")
//停止 SparkContext
spark.stop()
  }
}
```

3. 输出结果(部分)

程序输出结果如图 10-5 所示。从上到下依次是：系数矩阵、截距、迭代次数、迭代历史数据、残差（实际值-预测值）、均方根误差（$RMSE$）、R^2（R 平方系数）。

$RMSE$ 是预测值与真实值的偏差的平方与预测次数比值的平方根，计算公式为：

$$RMSE = \sqrt{\frac{\sum_{i=1}^{n}(X_{\text{label},i} - X_{\text{prediction},i})^2}{n}}$$

n 代表预测次数，$X_{\text{label},i}$ 代表真实值，$X_{\text{prediction},i}$ 代表预测值。$RMSE$ 越小表示预测精度越高。

R^2 也是一种衡量模型预测准确度的指标，计算公式为：

$$R^2 = 1 - \frac{\frac{1}{n} \times \sum_{i=1}^{n}(\hat{y}_i - y_i)^2}{\frac{1}{n} \times \sum_{i=1}^{n}(\bar{y}_i - y_i)^2}$$

n 代表预测次数，$\hat{y}_i$ 代表预测值，$\bar{y}_i$ 代表所有真实值的平均值。R^2 的取值范围在 [0, 1] 之间，结果越接近 1 说明模型准确度越高，等于 1 时说明模型完全正确。

```
Coefficients: [0.0,0.32292516677405936,-0.3438548034562218,1.9156017023458414,0.052880
58680386263,0.765962720459771,0.0,-0.15105392669186682,-
0.21587930360904642,0.220253
69188813426]
Intercept: 0.1598936844239736
numIterations: 7
objectiveHistory:
[0.4999999999999994,0.4967620357443381,0.4936361664340463,0.4936351537897608,0.49
36351214177871,0.4936351206252014,0.4936351206216114]
+--------------------+
|           residuals|
+--------------------+
|  -9.889232683103197|
|  0.5533794340053554|
|  ......            |
+--------------------+
RMSE: 10.189077167598475
r2: 0.022861466913958184
```

图 10-5　LinearRegressor 示例输出

10.3　决策树

决策树是通过一系列规则对数据进行分类的过程。它提供一种在何种条件下会得到何种值的类似规则的方法。决策树算法属于监督学习，即原数据必须包含预测变量和目标变量。

10.3.1　spark.ml 决策树模型简介

决策树是一个由内部节点、叶子节点和有向边组成的树结构（二叉树或非二叉树）。内部节点表示一个特征或属性，叶节点表示一个类，形式上如图 10-6 所示。决策的过程从根节点开始，测试待分类项中相应的特征属性，并按照其值选择输出分支，直到到达叶节点，将叶节点存放的类别作为决策结果。一个典型的判断是哺乳动物的决策树，如图 10-6 所示。在此决策树中，如果选择"是否哺乳"作为第一个判断的特征就会导致错误判断，如鸭嘴兽是一种卵生哺乳动物。因此选择哪个特征作为分裂节点需要借助特征选择算法进行计算。

决策树分为分类决策树（目标变量为分类型数值）和回归决策树（目标变量为连续型变量）。分类树和回归树的区别在于，分类决策树叶节点所含样本中，其输出变量的众数就是分类结果；回归树的叶节点所含样本中，其输出变量的平均值就是预测结果。分类树使用信息增益或增益比率来划分节点；每个节点样本的类别情况投票决定测试样本的类别。回归树使用最大均方差划分节点；每个节点样本的均值作为测试样本的回归预测值。

构造决策树通常分为 3 个步骤——特征选择、决策树生成和决策树的修剪。决策树生成有 3 种常用算法，分别是 ID3 算法、C4.5 算法、CART 算法。其中 ID3 与 C4.5 算法仅支持生成分类决策树，CART 算法支持生成分类与回归决策树。ID3 使用信息增益（熵）来进行特征选择；C4.5 是对 ID3 的改进，它使用信息增益率来进行特征选择；CART 用于分类时，使用基尼系数进行特征选择；CART 用于回归时，使用方差进行特征选择。

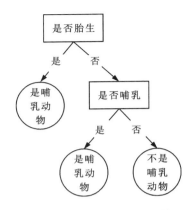

图 10-6　判断哺乳动物的决策树

决策树及其集合是分类和回归的机器学习任务的流行方法。决策树因为其易于解释，能处理分类特征，便于扩展到多分类环境，不需要特征缩放（将所选特征的值都缩放到一个大致相似的范围。这样做的目的是为了加快收敛，减少采用梯度下降算法迭代的次数），并且能够捕获非线性和特征交互的优点而被广泛使用。诸如随机森林和提升树的树集合算法是处理分类和回归问题的最佳选择。

spark.ml 支持使用连续和离散特征进行二分类和多分类以及回归的决策树。spark.ml 中的决策树模型按行对数据分区，允许分布式训练数百万甚至数十亿示例。

spark.ml Decision Tree API 相对 spark.mllib Decision Tree API 的改进是：

（1）支持 ML Pipeline；

（2）决策树被分成分类与回归两种 API；

（3）使用 DataFrame 元数据来区分连续和离散特征。

决策树的 Pipelines API 提供了比原始 API 更多的功能。

特别地，对于分类，可获取每个类的预测概率（条件概率）；对于回归，可获取有偏差的预测样本方差。本节将介绍 spark.ml 中决策树分类模型和决策树回归模型的使用方法。

spark.ml 的 DecisionTreeClassifier API 支持的参数如表 10-7 所示。

表 10-7　DecisionTreeClassifier API 支持的参数

参数名称	参数含义	参数取值
checkPointInterval	设置检查点间隔（≥1）或取消检查点（-1）。比如 10 表示每 10 次迭代会在缓存中设置一个检查点。如果没有在 SparkContext 中设置检查点目录，该参数会被忽略	取值类型：Int 取值范围：≥1 或等于 -1
featuresCol	存储特征列名	取值类型：String
impurity	选择信息增益计算的标准	取值类型：String 默认取值：gini 取值说明： entropy //信息熵 gini //基尼系数
labelCol	标签列名	取值类型：String

续表 10-7

参数名称	参数含义	参数取值
maxBins	用于连续特征离散化和选择如何在每个节点上依据特征进行划分的最大容器数量	取值类型：Int 默认取值：32 取值说明：≥2 并大于每个类别特征的类别数
maxDepth	决策树最大深度	取值类型：Int 默认取值：5 取值范围：≥0 取值说明：深度为 0 代表 1 个叶子节点，深度为 1 代表一个内部节点和 2 个叶子节点
minInfoGain	在树节点处考虑拆分的最小信息增益	取值类型：Double 默认取值：0.0 取值范围：≥0
minInstancePerNode	分割后每个子节点必须具有的最小示例数。如果一次分割后分割左节点或右节点的示例数小于该参数值，则这次分割会被废弃	取值类型：Int 默认取值：1 取值范围：≥1
predictionCol	预测列名	取值类型：String
probabilityCol	预测类的条件概率列名	取值类型：String
rawPredictionCol	原始预测列名	取值类型：String
seed	随机种子	取值类型：Long
thresholds	用于调整多分类问题中预测每个类的概率的阈值	取值类型：DoubleArray 取值说明：数组长度必须和类别数量一致，且数组元素取值最多允许一个值等于 0，其他值必须大于 0

10.3.2 决策树分类

ID3 与 C4.5 均能用于构造分类决策树，C4.5 是对 ID3 算法的改进。本小节将介绍详细 ID3 算法的原理，并辅以示例进行说明。

1. ID3 算法

ID3 算法是在每次需要分裂时，计算每个属性的信息增益，然后选择增益最大的属性进行分裂。算法描述为：

输入：训练数据集 D、特征集 A、阈值 ε。

输出：决策树 T。

(1) 若 D 中的所有示例属于同一类 C_k，则 T 为单节点树，并将类 C_k 作为该节点的类标记，返回 T。

(2) 若 $A = \phi$，则 T 为单节点树，并将 D 中示例数最大的类 C_k 作为该节点的类标记，返回 T，否则，计算 A 中各特征对 D 的信息增益，选择信息增益最大的特征 A_g 分裂。

(3) 如果 A_g 的信息增益小于阈值 ε，则置 T 为单节点树，并将 D 中示例数最大的类 C_k 作为该节点的类标记，返回 T；否则，对 A_g 的每一可能值 a_i，依据 $A_g = a_i$ 将 D 分割为若干非空子集 D_i，将 D_i 中示例数最大的类作为标记，构建子节点，由节点及其子节点构成树 T，返回 T。

(4) 对第 i 个子节点，以 D_i 为训练集，以 $A - \{A_g\}$ 为特征集，递归地调用步骤 1 到步骤 3，返回子树 T_i。

2. ID3 算法示例

以一个天气预报的例子来说明 ID3 算法。天气数据如表 10-8 所示，决策目标是 play basketball 或者 not play basketball。

表 10-8　天气数据

Weather	Temperature	Windy	Play?
Sunny	Hot	No	No
Sunny	Hot	Yes	No
Cloudy	Hot	No	Yes
Rainy	Mild	No	No
Rainy	Cool	No	No
Rainy	Cool	Yes	No
Cloudy	Cool	Yes	Yes
Sunny	Mild	No	Yes
Sunny	Cool	No	Yes
Sunny	Mild	Yes	Yes
Cloudy	Mild	Yes	Yes
Rainy	Mild	Yes	No

表 10-8 中一共有 12 个样例，包括 6 个正例和 6 个反例。信息熵计算为：

$$\text{Entropy}(S) = -\frac{6}{12}\log_2\frac{6}{12} - \frac{6}{12}\log_2\frac{6}{12} = 1.0$$

在决策树分类问题中，信息增益就是决策树在进行属性选择划分前和划分后信息熵的差值。假设利用属性 Weather 来分类，那么如图 10-7 所示。

划分后，数据被分为三部分，各个分支的信息熵计算过程为：

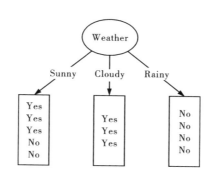

图 10-7 利用属性 Weather 划分第一个节点

$$\text{Entropy}(\text{Sunny}) = -\frac{3}{5}\log_2\frac{3}{5} - \frac{2}{5}\log_2\frac{2}{5} = 0.970951$$

$$\text{Entropy}(\text{Cloudy}) = -\frac{3}{3}\log_2\frac{3}{3} - 0 \times \log_2 0 = 0$$

$$\text{Entropy}(\text{Rainy}) = -\frac{0}{4}\log_2\frac{0}{4} - \frac{4}{4}\log_2\frac{4}{4} = 0$$

划分后的信息熵为:

$$\text{Entropy}(S|T) = \frac{5}{12} \times 0.970951 + \frac{3}{12} \times 0 + \frac{4}{12} \times 0 = 0.404563$$

$Entropy(S|T)$ 代表在特征属性 T(此处为 $Weather$)的条件下样本的条件熵。最终得到特征属性 T 带来的信息增益为:

$$IG(T) = \text{Entropy}(S) - \text{Entropy}(S|T) = 0.595437$$

信息增益的计算公式为:

$$IG(S|T) = \text{Entropy}(S) - \sum_{\text{value}(T)} \frac{|S_v|}{S} \text{Entropy}(S_v)$$

其中 S 为全部样本集合，value(T) 是属性 T 所有取值的集合，v 是 T 的其中一个属性值，Sv 是 S 中属性 T 的值为 v 的样例集合，$|Sv|$ 为 Sv 中所含样例数。计算每一个特征的信息增益，然后选择信息增益最大的特征进行划分。

在决策树的每一个非叶子节点划分之前，先计算每一个属性所带来的信息增益，选择最大信息增益的属性来划分，因为信息增益越大，区分样本的能力就越强，越具有代表性，因此，这是一种自顶向下的贪心策略。

10.3.3 决策树分类程序示例

本示例程序基于 Spark 自带的决策树分类示例程序，程序首先将测试数据划分为训练集和测试集，再使用训练集训练一个决策树分类模型，然后把测试集输入到训练好的模型中，输出评估指标和决策树。

1. 输入数据(部分)

输入数据(部分)如图 10-8 所示。数据格式:标签 特征序号:特征值。

```
0 128:51 129:159 130:253 131:159 132:50 155:48
1 159:124 160:253 161:255 162:63 186:96 187:244
```

图 10-8 DecisionTreeClassifier 示例输入

2. 示例代码

示例代码如代码 10-3 所示。

代码 10-3

```scala
//导入相关类
import org.apache.spark.ml.Pipeline
import org.apache.spark.ml.classification.DecisionTreeClassificationModel
import org.apache.spark.ml.classification.DecisionTreeClassifier
import org.apache.spark.ml.evaluation.MulticlassClassificationEvaluator
import org.apache.spark.ml.feature.{IndexToString, StringIndexer, VectorIndexer}
import org.apache.spark.sql.SparkSession

object DecisionTreeClassificationExample {
  def main(args: Array[String]): Unit = {
    //创建 SparkSession,设置运行模式为本地
    val spark = SparkSession
      .builder
      .appName("DecisionTreeClassificationExample")
      .master("local")
      .getOrCreate()
    //把以 libsvm 格式存储的数据加载为 DataFrame
    val data = spark.read.format("libsvm").load("data/mllib/sample_libsvm_data.txt")
    //索引标签,添加元数据到标签列
    //训练整个数据集来包含所有索引中的标签
    val labelIndexer = new StringIndexer()
      .setInputCol("label")
      .setOutputCol("indexedLabel")
      .fit(data)
    //自动识别分类特征并设置索引
    val featureIndexer = new VectorIndexer()
      .setInputCol("features")
```

```scala
      .setOutputCol("indexedFeatures")
      //将具有超过 4 个值的特征视为连续的
      .setMaxCategories(4)
      .fit(data)
   //把数据划分成训练数据集和测试数据集,30%用作测试
   val Array(trainingData, testData) = data.randomSplit(Array(0.7, 0.3))
   //训练一个决策树模型
   val dt = new DecisionTreeClassifier()
      .setLabelCol("indexedLabel")
      .setFeaturesCol("indexedFeatures")
   //把索引标签转换回原始标签
   val labelConverter = new IndexToString()
      .setInputCol("prediction")
      .setOutputCol("predictedLabel")
      .setLabels(labelIndexer.labels)
   //把 pipeline 中的索引和数链接起来
   val pipeline = new Pipeline()
      .setStages(Array(labelIndexer, featureIndexer, dt, labelConverter))
   //训练决策树模型
   val model = pipeline.fit(trainingData)
   //用测试数据集测试决策树
   val predictions = model.transform(testData)
   //选择要显示的列和总行数(此处为 5 行)
   predictions.select("predictedLabel", "label", "features").show(5)
   //比较真实值和预测值,并计算误差
   val evaluator = new MulticlassClassificationEvaluator()
      .setLabelCol("indexedLabel")
      .setPredictionCol("prediction")
      .setMetricName("accuracy")
   val accuracy = evaluator.evaluate(predictions)
   println(s"Test Error = ${(1.0 - accuracy)}")
   //打印决策树
   val treeModel = model.stages(2).asInstanceOf[DecisionTreeClassificationModel]
   println(s"Learned classification tree model:\n ${treeModel.toDebugString}")
   //停止 SparkContext
   spark.stop()
  }
}
```

3. 输出结果

输出结果如图10-9所示。从上到下依次是5行测试数据的预测值和真实值,以及数据包含的特征、分类准确度,通过学习得到的决策树(if-else 形式)。

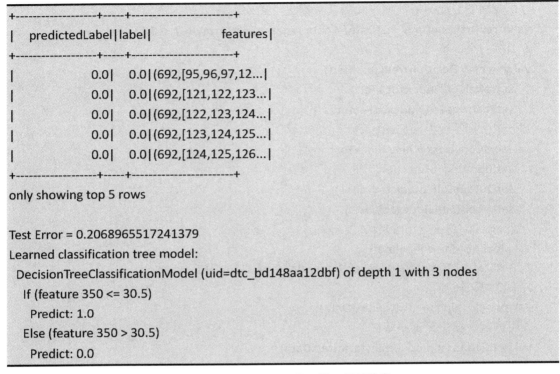

图 10-9　DecisionTreeClassifier 示例输出

生成的决策树如图 10-10 所示。

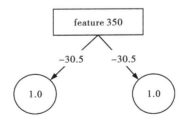

图 10-10　DecisionTreeClassifier 示例决策树

10.3.4　决策树回归

本小节将介绍 CART(classification and regression tree)算法构造回归决策树。回归决策树的内部节点的特征取值为"是"或"否",为二叉树结构。所谓回归,就是根据特征向量来决定对应的输出值。回归树就是将特征空间划分成若干单元,每一个划分单元有一个特定的输出。因为每个节点都是"是"和"否"的判断,所以划分的边界是平行于坐标轴的。对于测试数据，只要按照特征将其归到某个单元，就能得到对应的输出值。

spark.ml 的 DecisionTreeRegressor API 支持的参数如表 10-9 所示。

表 10-9 DecisionTreeRegressor 参数列表

参数名称	参数含义	参数取值
checkPointInterval	弹性网络混合参数	取值类型：Double 取值范围：[0, 1]
featuresCol	特征列名	取值类型：String
impurity	指定计算信息增益的标准	取值类型：String 默认取值：variance //方差 取值说明：目前回归树只支持 variance 作为计算信息增益的标准
labelCol	标签列名	取值类型：String
maxBins	用于离散化连续特征和选择如何在每个节点上依据特征进行划分的最大容器数量	取值类型：Int 默认取值：32 取值说明：大于等于 2 并大于每个类别特征的类别数
maxDepth	决策树最大深度	取值类型：Int 取值说明：≥0
minInfoGain	在树节点处考虑拆分的最小信息增益	取值类型：Double 默认取值：0.0 取值范围：≥0
minInstancePerNode	分割后每个子节点必须具有的最小实例数。如果一次分割后分割左节点或右节点的实例数小于该参数值，则这次分割会被废弃	取值类型：Int 默认取值：1 取值范围：≥1
predictionCol	存储预测值的列名	取值类型：String
seed	随机种子	取值类型：Long
varianceCol	存储预测列的偏差样本方差的列名	取值类型：String

1. CART 算法

CART 算法是在决策树每次需要分裂时，计算每个属性（特征）的方差，然后选择方差最大的属性进行分裂。

输入：训练数据集；
输出：回归树 f(x)。

在训练数据集所在的输入空间中，递归地将每个区域划分为两个子区域并计算每个子区域对应出值，构建二叉决策树。

（1）选择第 j 个变量 $x^{(j)}$ 和它的取值 s，作为划分变量和划分点，并定义两个区域：$R_1(j,s) = \{x \mid x^{(j)} \leq s\}$ 和 $R_2(j,s) = \{x \mid x^{(j)} > s\}$，找出使 $R_1(j,s)$ 和 $R_2(j,s)$ 的输出值 y 均方差值最小的划分变量和划分点，作为最优划分变量和最优划分点。表达式为：

$$\min_{(j,s)} \left[\sum_{x_i \in R_1(j,s)} (y_i - c_1)^2 + \sum_{x_i \in R_2(j,s)} (y_i - c_2)^2 \right]$$

其中，c_1 和 c_2 分别为 $R_1(j,s)$ 和 $R_2(j,s)$ 输出值 y 的均值，表达式为：

$$c_m = \frac{1}{N_m} \sum_{x_i \in R_m(j,s)} y_i, x \in R_m, m = 1,2$$

其中，N_m 是 R_m 对应的输出值 y 的个数。c_m 是区域 R_m 对应的输出值。

（2）继续对两个子区域调用步骤（1），直到不能继续划分。

（3）将输入空间划分为 M 个区域 $R_1, R_2, \cdots, R_M$，生成决策树。

$$f(x) = \sum_{m=1}^{M} c_m I(x \in R_m)$$

其中 I 为指示函数，$I = \begin{cases} 1, \text{if}(x \in R_m) \\ 0, \text{if}(x \notin R_m) \end{cases}$

2. CART 算法示例

为了便于理解，举一个简单示例说明 CART 算法的执行过程。数据如表 10-10 所示，目标是得到一棵最小二乘回归树。

表 10-10　*CART 算法示例数据*

x	1	2	3	4	5	6	7	8	9	10
y	5.56	5.7	5.91	6.4	6.8	7.05	8.9	8.7	9	9.05

（1）选择最优划分变量 j 与最优划分点 s

在本数据集中，只有 1 个变量 x，因此最优划分变量是 x。接下来考虑 9 个划分点 $\{1.5, 2.5, 3.5, 4.5, 5.5, 6.5, 7.5, 8.5, 9.5\}$（划分变量是两个相邻取值区间 $[a^i, a^{i+1})$ 内任一点均可）。

对上述 9 个划分点依次计算 c_m（R_m 中 y 的均值）。

例如，取 $s = 1.5$。此时 $R_1 = \{1\}$，$R_2 = \{2,3,4,5,6,7,8,9,10\}$，这两个区域输出值的均值分别为：$c_1 = 5.56$，$c_2 = \frac{1}{9} \times (5.7 + 5.91 + 6.4 + 6.8 + 7.05 + 8.9 + 8.7 + 9 + 9.05) = 7.50$。依此类推对所有划分点 s 计算 c_1 和 c_2，得到如表 10-11 所示结果。

表 10-11 s 对应的 c_1, c_2

s	1.5	2.5	3.5	4.5	5.5	6.5	7.5	8.5	9.5
c_1	5.56	5.63	5.72	5.89	6.07	6.24	6.62	6.88	7.11
c_2	7.5	7.73	7.99	8.25	8.54	8.91	8.92	9.03	9.05

损失函数 $L(s)$ 为:

$$L(s) = \sum_{x_i \in R_1} (y_i - c_1)^2 + \sum_{x_i \in R_2} (y_i - c_2)^2$$

把 c_1, c_2 的值代入到上式, 有:

$$L(1.5) = (5.56 - 5.56)^2 + (5.7 - 7.5)^2 + (5.91 - 7.5)^2 + \cdots = 0 + 15.72 = 15.72$$

同理, 可得表 10-12 所示结果。取 $s = 6.5$ 时, $L(s)$ 最小。因此, 第一次划分变量为 x, 最低划分点 $s = 6.5$。

表 10-12 计算 $L(s)$

s	1.5	2.5	3.5	4.5	5.5	6.5	7.5	8.5	9.5
$L(s)$	15.72	12.07	8.36	5.78	3.91	1.93	8.01	11.73	15.74

(2) 用选定的 (j, s) 划分区域, 并计算输出值。

两个区域分别是: $R_1 = \{1, 2, 3, 4, 5, 6\}$, $R_2 = \{7, 8, 9, 10\}$, 对应输出值 $c_1 = 6.24$, $c_2 = 8.91$。

(3) 对两个子区域继续调用步骤(1)、步骤(2)。划分变量为 x, 对 R_1 继续进行划分, 得到表如 10-13 所示的结果。

表 10-13 继续划分 R_1

x	1	2	3	4	5	6
y	5.56	5.7	5.91	6.4	6.8	7.05

取划分点 $\{1.5, 2.5, 3.5, 4.5, 5.5\}$, 则输出值 c_1 和 c_2 如表 10-14 所示。

表 10-14 划分 R_1 得到的 c_1, c_2

s	1.5	2.5	3.5	4.5	5.5
c_1	5.56	5.63	5.72	5.89	6.07
c_2	6.37	6.54	6.75	6.93	7.05

计算 L(s), 得到如表 10-15 所示的结果。

表 10-15　对 R_1 计算 $L(s)$

s	1.5	2.5	3.5	4.5	5.5
L(s)	1.3087	0.754	0.2771	0.4368	1.0644

$s=3.5$ 时 $L(s)$ 最小。因此 R_1 的最优划分点为 $s=3.5$。之后的过程不再赘述。

(4) 生成回归树

假设两次划分后停止,第一次划分的划分点为 $s=6.5$,第二次划分的划分点为 $s=3.5$。回归树将变量值大于划分点的数据划分为左子树,将变量值小于等于划分点的数据划分为右子树,叶子节点的值为划分区域对应 y 的均值,则生成的回归树为:

$$T = \begin{cases} 8.91 & x > 6.5 \\ 6.75 & 3.5 \leq x \leq 6.5 \\ 5.72 & x \leq 3.5 \end{cases}$$

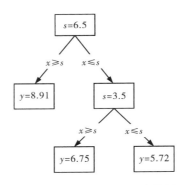

图 10-11　两次划分后的决策树

10.3.5　决策树回归程序示例

本示例程序基于 Spark 自带的决策树回归示例程序。以 LibSVM 格式加载数据集,将其拆分为训练集和测试集,使用训练集进行训练模型,然后使用测试集进行评估。使用特征变换器来对分类特征进行索引,将元数据添加到决策树算法可识别的 DataFrame 中。

1. 输入数据(部分)

输入数据(部分)如图 10-12 所示。数据格式:标签 特征序号:特征值。

```
0 128:51 129:159 130:253 131:159 132:50 155:48
1 159:124 160:253 161:255 162:63 186:96 187:244
```

图 10-12　DecisionTreeRegressor 示例输入

2. 示例代码

示例代码如代码 10-4 所示。

代码 10-4

```scala
//导入相关类
import org.apache.spark.ml.Pipeline
import org.apache.spark.ml.evaluation.RegressionEvaluator
import org.apache.spark.ml.feature.VectorIndexer
import org.apache.spark.ml.regression.DecisionTreeRegressionModel
import org.apache.spark.ml.regression.DecisionTreeRegressor
import org.apache.spark.sql.SparkSession
object DecisionTreeRegressionExample {
  def main(args: Array[String]): Unit = {
    //设置运行环境为本地模式
    val spark = SparkSession
      .builder
      .appName("DecisionTreeRegressionExample")
      .master("local")
      .getOrCreate()
    //把以 LIBSVM 格式存储的数据加载为 DataFrame
    val data = spark.read.format("libsvm").load("data/mllib/sample_libsvm_data.txt")
    //自动识别分类特征并设置索引
    val featureIndexer = new VectorIndexer()
      .setInputCol("features")
      .setOutputCol("indexedFeatures")
      //将具有>4 个不同值的特征视为连续的
      .setMaxCategories(4)
      .fit(data)
    //将数据拆分为训练集和测试集（30%用于测试）
    val Array(trainingData, testData) = data.randomSplit(Array(0.7, 0.3))
    //新建一个决策树模型
    val dt = new DecisionTreeRegressor()
      .setLabelCol("label")
      .setFeaturesCol("indexedFeatures")
    //链接 pipeline 中的索引和树
    val pipeline = new Pipeline()
      .setStages(Array(featureIndexer, dt))
    //训练决策树模型
    val model = pipeline.fit(trainingData)
    //用测试集来评估训练好的模型
    val predictions = model.transform(testData)
    //选择要显示的列和总行数（这里设置为 5 行）
```

```
    predictions.select("prediction", "label", "features").show(5)
    //比较 prediction 和 label 列的数据并计算预测误差
    val evaluator = new RegressionEvaluator()
       .setLabelCol("label")
       .setPredictionCol("prediction")
       .setMetricName("rmse")
    //打印均方根误差
    val rmse = evaluator.evaluate(predictions)
    println(s"Root Mean Squared Error (RMSE) on test data = $rmse")
    //打印生成的决策树
    val treeModel = model.stages(1).asInstanceOf[DecisionTreeRegressionModel]
    println(s"Learned regression tree model:\n ${treeModel.toDebugString}")
    //停止 SparkContext
    spark.stop()
  }
}
```

3. 输出结果

输出结果如图 10-13 所示。从上到下依次是截取的 5 行测试数据集通过模型预测的结果，RMSE，通过学习得到的决策树（if-else 形式）。

```
+----------+-----+--------------------+
|prediction|label|            features|
+----------+-----+--------------------+
|       1.0|  0.0|(692,[98,99,100,1...|
|       0.0|  0.0|(692,[123,124,125...|
|       0.0|  0.0|(692,[124,125,126...|
|       0.0|  0.0|(692,[124,125,126...|
|       0.0|  0.0|(692,[126,127,128...|
+----------+-----+--------------------+
only showing top 5 rows

Root Mean Squared Error (RMSE) on test data = 0.18569533817705186
Learned regression tree model:
  DecisionTreeRegressionModel (uid=dtr_c82216c7f4d1) of depth 2 with 5 nodes
    If (feature 434 <= 70.5)
      If (feature 99 in {0.0})
```

```
Else (feature 99 not in {0.0})
    Predict: 1.0
Else (feature 434 > 70.5)
    Predict: 1.0
```

图 10-13　DecisionTreeRegressor 示例输出

生成的决策树如图 10-14 所示。

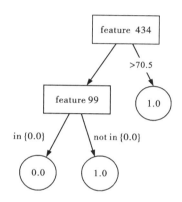

图 10-14　DecicionTreeRegressor 示例决策树

10.4　聚类模型

聚类问题属于无监督学习算法,在数据挖掘领域具有广泛的实用性。聚类也称为簇类,其定义是:给定一个元素集合,将数据集合通过聚类算法划分成 k 个子集,要求每个子集内部的元素之间相异度尽可能低,不同子集的元素相异度尽可能高,每一个子集就称为一个簇。聚类算法以某种相似度度量方式(如欧式距离)作为近似度的评判依据,最终将具有一定相似性的数据划为一类。如图 10-15 和图 10-16 所示,是把 8 个数据点聚类成 2 个簇或 3 个簇的结果。

目前聚类算法众多,根据基本思想的不同,将聚类算法分为:划分算法、层次算法、密度算法、图论聚类法、网格算法和模型算法等。聚类已经被广泛运用于图像处理、客户精准营销、生物信息学等多个领域,通过聚类,在对数据分类前进行预先探索,以提高分类结果的准确性。spark.ml(Spark 2.3.0)支持四种聚类算法,分别为 K-means、Bisecting K-means(二分 k 均值算法)、GMMs(高斯混合模型)、LDA(主题模型算法)。

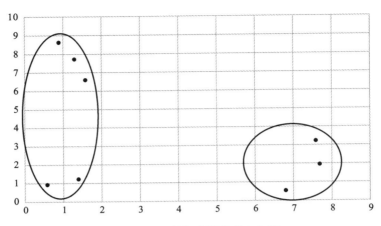

图 10-15 把数据点聚类成 2 个簇

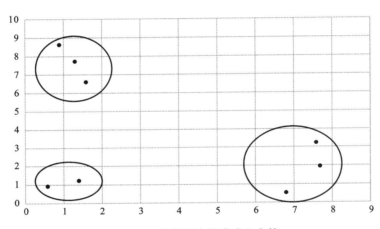

图 10-16 把数据点聚类成 3 个簇

10.4.1　spark.ml 聚类模型简介

spark.ml(Spark 2.3.0)中支持的聚类模型如表 10-16 所示。

表 10-16　spark.ml 聚类模型

API	功能介绍
KMeans	K 均值，常用参数为： k：Int // 目标聚类数 maxIter：Int // 最大迭代次数 seed：Long // 随机数种子(随机选取中心点)
LDA	LDA 主题模型算法，常用参数为： k：Int // 推断的主题(聚类)数 maxIter：Int // 最大迭代次数

续表 10-16

API	功能介绍
BisectingKMeans	二分 K 均值，常用参数为： k：Int //目标聚类数 maxIter：Int //最大迭代次数 seed：Long //随机数种子（随机选取中心点）
GaussianMixture	高斯混合模型，常用参数为： k：Int //模型中独立高斯随机变量的数量 maxIter：Int //最大迭代次数 seed：Long //随机数种子（随机选取中心点）

本节将详细介绍 K-means 算法的原理以及 spark.ml 中 KMeans API 的使用方法。K-means 算法是一个试图通过重复移动聚类中心，同时根据数据元素到中心点的欧氏距离对其进行划分直到收敛的过程。K-means 原理易于理解，并且聚类效果较好，因此使用十分广泛。

1. K-means 算法的执行过程

（1）从数据集中随机选取 k 个点作为中心点；

（2）对数据集中的每个点 x，分别计算它到 k 个中心点的欧式距离并将其划分到与其距离最短的中心点对应的簇中；

（3）对每个簇计算数据值的均值，将均值对应的点作为簇的新中心点；

（4）重复步骤（2）和（3）直到中心点不再变化或者误差平方和最小（误差平方和即簇内所有点到中心点的欧式距离之和）。

spark.ml 的 K-means API 支持的参数如表 10-17 所示。

表 10-17 K-Means API 支持的参数

参数名称	参数含义	参数取值
featuresCol	存储特征的列名	取值类型：String
k	要创建的聚类数量，如果数据点数量小于 k 也会返回小于 k 个的聚类数量	取值类型：Int 默认取值：2 取值范围：≥1
maxIter	最大迭代次数	取值类型：Int 取值范围：≥0
predictionCol	预测结果列名	取值类型：String
seed	随机种子，用于随机选取中心点	取值类型：Long
tol	迭代算法的收敛容差	取值类型：Double 取值范围：≥0

10.4.2 K-means 算法示例

给定 8 个点：(23, 12), (6, 6), (15, 0), (15, 28), (20, 9), (8, 9), (20, 11), (8, 13), 使用 K-means 算法进行聚类, 设定 $k=2$。

步骤为：

(1) 随机选取 2 个中心点, 本例中: 选择 (23, 12), (6, 6), 作为第一次划分的中心点。

(2) 计算每个点到中心点的距离, 如表 10-18 所示, 生成第一次划分的结果, 如图 10-17 所示。

表 10-18 第一次划分的依据

点(坐标)	D_1(距离第一个中心点的距离)	D_2(距离第二个中心点的距离)
(23.00, 12.00)	0.00	18.03
(6.00, 6, 00)	18.03	0.00
(15.00, 0.00)	14.42	10.82
(15.00, 28.00)	17.89	23.77
(20.00, 9.00)	4.24	14.32
(8.00, 9.00)	15.30	3.61
(20.00, 11.00)	3.16	14.87
(8.00, 13.00)	15.03	7.28

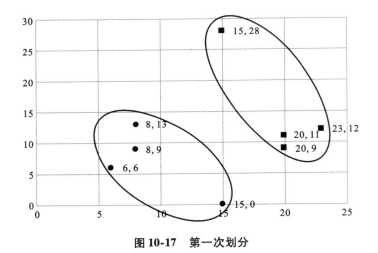

图 10-17 第一次划分

(3) 计算每一簇中数据值的均值, 生成新的中心点 (19.50, 15.00), (9.25, 7.00), 作为第二次划分的中心点。

(4) 计算每个点到新的中心点的距离, 如表 10-19 所示, 生成第二次划分的结果, 如图 10-18 所示。

表 10-19 第二次划分的依据

点(坐标)	D_1(距离第一个中心点的距离)	D_2(距离第二个中心点的距离)
(23.00, 12.00)	4.61	14.63
(6.00, 6.00)	16.22	3.40
(15.00, 0.00)	15.66	9.06
(15.00, 28.00)	13.76	21.77
(20.00, 9.00)	6.02	10.93
(8.00, 9.00)	12.97	2.36
(20.00, 11.00)	4.03	11.47
(8.00, 13.00)	11.67	6.13

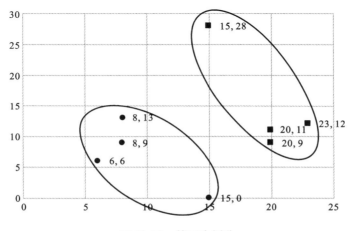

图 10-18 第二次划分

(5) 计算每一簇中数据值的均值, 生成新的中心点(19.50, 15.00), (9.25, 7.00)。与第二次划分的中心点相比没有变化。聚类完成, 最终聚类结果如图 10-19 所示(包含中心点)。

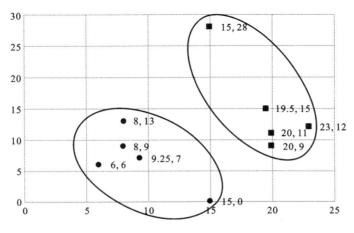

图 10-19 聚类结果

10.4.3 K-means 程序示例

本示例程序使用 K-means API 方法对测试数据集进行聚类划分。

1. 输入数据（部分）

输入数据（部分）如图 10-20 所示。数据格式：

$$label\ 1：value\ 2：value\ 3：value$$

label 为数据点编号，1：value、2：value、3：value 表示数据点三个维度的数值。

```
0 1:0.0 2:0.0 3:0.0
1 1:0.1 2:0.1 3:0.1
2 1:0.2 2:0.2 3:0.2
3 1:9.0 2:9.0 3:9.0
4 1:9.1 2:9.1 3:9.1
5 1:9.2 2:9.2 3:9.2
```

图 10-20　K-means 示例输入

2. 示例代码

示例代码如代码 10-5 所示。

代码 10-5

```scala
//导入相关类
import org.apache.spark.ml.clustering.KMeans
import org.apache.spark.ml.evaluation.ClusteringEvaluator
import org.apache.spark.sql.SparkSession
object KMeansExample {
  def main(args: Array[String]): Unit = {
    //设置运行环境为本地模式
    val spark = SparkSession
      .builder
      .appName(s"${this.getClass.getSimpleName}")
      .master("local")
      .getOrCreate()
    //把以 libsvm 格式存储加载为 DataFrame
    val dataset = spark.read.format("libsvm").load("data/mllib/sample_kmeans_data.txt")
    //训练一个 K-means 模型，设置 K=2 并设置一个随机数种子
    val kmeans = new KMeans().setK(2).setSeed(1L)
    val model = kmeans.fit(dataset)
    //用训练好的模型对数据集进行聚类
```

```
      val predictions = model.transform(dataset)
      //评估聚类结果
      val evaluator = new ClusteringEvaluator()
      val silhouette = evaluator.evaluate(predictions)
      //打印通过欧氏距离得出的轮廓系数
      println(s"Silhouette with squared euclidean distance = $silhouette")
      //打印聚类中心点
      println("Cluster Centers: ")
      model.clusterCenters.foreach(println)
      //停止 SparkContext
      spark.stop()
   }
}
```

3. 输出结果

输出结果如图 10-21 所示。Silhouette with squared euclidean distance 值表示轮廓系数，范围为[1，1]，即簇中的点之间的平均相似度，输出结果中的轮廓系数非常接近 1.0，说明聚类效果好。Cluster Centers 为聚类结果中心点的坐标。

```
Silhouette with squared euclidean distance = 0.9997530305375207
Cluster Centers:
[0.1,0.1,0.1]
[9.1,9.1,9.1]
```

图 10-21　K-means 示例输出

10.5　频繁模式挖掘

频繁模式挖掘(frequent pattern mining)通常是大规模数据分析的第一步，多年以来它都是数据挖掘领域的活跃的研究主题。常见的频繁项集挖掘算法有两类，一类是 Apriori 算法，另一类是 FP-Growth。Apriori 通过不断地构造候选集、筛选候选集挖掘出频繁项集，需要多次扫描原始数据。当原始数据较大时，磁盘 I/O 次数太多，效率比较低下。FP-Growth 不同于 Apriori 的"试探"策略，算法只需扫描原始数据两遍，通过 FP-tree 数据结构对原始数据进行压缩，效率较高。FP 代表频繁模式(Frequent Pattern)，算法主要分为两个步骤：FP-tree 构建、挖掘频繁项集。在本节中，主要介绍关联规则挖掘算法 FP-Growth，以及使用 spark.ml 中的 FPGrowth API 完成频繁模式挖掘。在之后的 Spark 版本更新中，将会加入更多的关联规则算法，比如用于序列模式挖掘算法 PrefixSpan(Spark 2.3.2)。

10.5.1 FP-Growth

在详细介绍 FP-Growth 的实现之前，首先介绍概念：关联分析、项集、支持度、置信度、K-项频繁集。
- 关联分析：寻找大规模数据集中数据之间的隐含关系。
- 项集：包含 0 项或者多个项的集合。K-项集表示包含 K 个项的集合。
- 支持度：支持度表示项集 $\{X,Y\}$ 在总项集里出现的概率或者项集出现次数；
- 置信度：表示在先决条件 X 发生的情况下，由关联规则"$X \rightarrow Y$"推出 Y 的概率。即在含有 X 的项集中，含有 Y 的可能性。置信度是针对关联规则定义的。
- K-项频繁集：表示支持度大于等于支持度的含有 K 个项的集合。

FP-Growth 算法是基于 Apriori 原理的，通过将数据集存储在 FP(frequent pattern)树上发现频繁项集，但不能发现数据之间的关联规则。FP-Growth 算法只需要对数据集进行两次扫描，而 Apriori 算法在求每个潜在的频繁项集时都需要扫描一次数据集，所以说 FP-Growth 算法是高效的。

1. FP-Growth 等关联规则算法的应用场景

(1) 优化货架商品摆放，或优化物流仓库存储的内容；
(2) 商品推荐、交叉销售和捆绑销售；
(3) 异常识别。

2. FP-Growth 算法发现频繁项集的过程

(1) 构建 FP 树；
(2) 从 FP 树中挖掘频繁项集。

3. spark.ml 中 FPGrowth(评估器)的参数

(1) minSupport(最小支持度)；
(2) minConfidence(最小置信度)；
(3) numPartitions(计算分区数，默认不设置)。

FPGrowthModel(转换器)的方法主要有 transform() 和 freqItemsets(频繁项集格式为 DataFrame("items"[Array], "freq"[long]))。

FP 表示的是频繁模式，其通过链接来连接相似元素，被连起来的元素被看成是一个链表。将事务数据表中的各个事务对应的数据项按照支持度排序后，把每个事务中的数据项按降序依次插入到一棵以 NULL 为根节点的树中，同时在每个节点处记录该节点出现的支持度。

4. FP-Growth 的一般流程

(1) 先扫描一遍数据集，得到频繁项为 1 的项集，定义最小支持度(总项集中出现最少次数)，删除小于最小支持度的项目，然后将原始数据集中的项目按降序进行排列。
(2) 第二次扫描，创建 FP 树。

(3)对于满足支持度的项目(按照从下往上的顺序)找到其条件模式基(CPB, conditional patten base),递归调用树结构,删除小于最小支持度的项。如果最终呈现单一路径的树结构,则直接列举所有组合;非单一路径的则继续调用树结构,直到形成单一路径即可。

10.5.2 FP-Growth 算法示例

数据清单如表 10-20 所示(第一列为购买记录 ID,第二列为物品项目)。

表 10-20 物品计数结果

Tid	Item
1	I1,I2,I5
2	I2,I4
3	I3,I4,I5
4	I1,I2,I4,I5
5	I4,I5

第一步,扫描数据集,对每个物品计数,如表 10-21 所示。

表 10-21 数据清单

I1	I2	I3	I4	I5
2	3	1	4	4

设定最小支持度(即物品最少出现次数)为 2,按降序重新排列物品集(出现次数小于 2 的物品需要删除,删除 I3),如表 10-22 所示。

表 10-22 重新排列物品清单(最小支持度为 2)

I4	I5	I2	I1
4	4	3	2

根据项目(物品)出现的次数重新调整物品清单,如表 10-23 所示。

表 10-23 根据出现次数调整物品清单

Tid	Item
1	I5,I2,I1
2	I4,I2
3	I4,I5
4	I4,I5,I2,I1
5	I4.I5

第二步，构建 FP 树。项头表按照项目出现次数从上之下降序排序。FP 树中，根节点为 NULL，将调整以后的物品清单一条一条加入树中，树中节点表示项目，每条记录中的元素构成一条从根节点到叶子节点的路径。若有几条记录具有相同的前 m 个项目，则它们在 FP 树中共享前 m 个项目代表的节点。树中每个节点的计数等于路径经过该节点的记录的个数。

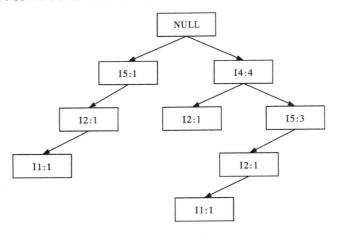

图 10-22　FP 树

每个节点由节点代表的项目名、计数组成，如图 10-22 所示。

第三步，按照项目出现顺序升序排序，找出满足支持度的项目的条件模式基。如表 10-24 所示。

表 10-24　满足支持度的项目的条件模式基

Item	条件模式基
I1	{（I5 I2：1），（I4 I5 I2：1）}
I2	{（I5 I2：1），（I4：1），（I4 I5：1）}
I5	{（I4：3）}
I4	?

对于 I1，因为其条件模式基为 {（I5 I2：1），（I4 I5 I2：1）}，条件模式基调用 FP-Growth，生成条件 FP 树如图 10-23 所示。

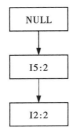

图 10-23　条件 FP 树

条件 FP 树为单一路径的树，则得到频繁模式：I5 I1：2，I2 I1：2，I5 I2 I1：2。对于 Item 中的其他项目，相同计算过程得到结果，支持度满足 2 的频繁模式，如表 10-25 所示。

表 10-25 频繁模式

Item	频繁模式
I1	I5 I1：2，I2 I1：2，I5 I2 I1：2
I2	I4 I2：2
I5	I4 I5：3
I4	?

综上所述，满足支持度的频繁模式为：{［I4：4］，［I5：4］，［I2：3］，［I1：2］，［I5 I4：3］，［I4 I2：2］，［I5 I1：2］，［I2 I1：2］，［I5 I2 I1：2］}。

10.5.3 FP-Growth 程序示例

本示例程序使用 spark.ml 的 FPGrowth（评估器）API，找出前一小节示例数据中的频繁模式。程序目标是找出支持度大于等于 0.4（即出现次数大于等于 2），置信度大于等于 0.6 的频繁项。示例代码如代码 10-6 所示。

代码 10-6

```scala
//导入 FPGrowth 和 SparkSession 的包
import org.apache.spark.ml.fpm.FPGrowth
import org.apache.spark.sql.SparkSession
object FPGrowthExample {
  def main(args: Array[String]): Unit = {
    //SparkSession.builder 创建示例，设置运行模式等配置信息
    val spark = SparkSession.builder
      .master("local")
      .appName(s"${this.getClass.getSimpleName}")
      .getOrCreate()
    //隐式将 RDD 转换为 DataFrame 需要的包
    import spark.implicits._
    //隐式创建 DataFrame，列名为 items
    val dataset = spark.createDataset(Seq(
      "I1 I2 I5",
      "I2 I4",
      "I3 I4 I5",
      "I1 I2 I4 I5",
      "I4 I5")
```

```
).map(t => t.split(" ")).toDF("items")
//创建 FPGrowth 示例,
//设置 Items 列(输入列)名为 items,最小支持度为 0.4,最小置信度为 0.6
val fpgrowth = new FPGrowth().setItemsCol("items")
    .setMinSupport(0.4).setMinConfidence(0.6)
//调用 fit()方法,生成 FPGrowthModel(Transformer)
val model = fpgrowth.fit(dataset)
//调用 model 的 freqItemsets.show 打印输出频繁项集
model.freqItemsets.show()
//调用 model 的 associationRules.show 打印关联规则
model.associationRules.show()
//调用 model 的 transform 方法,生成结果,show 方法
model.transform(dataset).show()
spark.stop()
  }
}
```

输出结果包括:

(1)满足设定条件的频繁项集如图 10-24 所示。

(2)置信度如图 10-25 所示。

```
+------------+----+
|       items|freq|
+------------+----+
|        [I2]|   3|
|    [I2, I5]|   2|
|    [I2, I4]|   2|
|        [I5]|   4|
|    [I5, I4]|   3|
|        [I1]|   2|
|    [I1, I2]|   2|
|[I1, I2, I5]|   2|
|    [I1, I5]|   2|
|        [I4]|   4|
+------------+----+
```

```
+----------+----------+------------------+
|antecedent|consequent|        confidence|
+----------+----------+------------------+
|      [I5]|      [I4]|              0.75|
|  [I1, I5]|      [I2]|               1.0|
|      [I2]|      [I5]|0.6666666666666666|
|      [I2]|      [I4]|0.6666666666666666|
|      [I2]|      [I1]|0.6666666666666666|
|      [I4]|      [I5]|              0.75|
|  [I2, I5]|      [I1]|               1.0|
|      [I1]|      [I2]|               1.0|
|      [I1]|      [I5]|               1.0|
|  [I4, I2]|      [I5]|               1.0|
+----------+----------+------------------+
```

图 10-24 满足设定条件的频繁项集   图 10-25 置信度

(3)预测结果如图 10-26 所示。

```
+----------------+----------+
|           items|prediction|
+----------------+----------+
|    [I1, I2, I5]|      [I4]|
|        [I2, I4]|  [I5, I1]|
|    [I3, I4, I5]|        []|
|[I1, I2, I4, I5]|        []|
|        [I4, I5]|        []|
+----------------+----------+
```

图 10-26 预测结果

预测结果表示，销售记录清单中的第 1 条记录的消费者，可能对商品 I4 感兴趣，第 2 条记录的消费者，可能对商品 I1、I5 感兴趣。

10.6 本章小结

本章介绍了 spark.ml 支持的算法模型，包括分类模型、回归模型、决策树、聚类模型以及关联规则挖掘。分类模型和回归模型中分别介绍了朴素贝叶斯模型的原理及其 API 使用方法和线性回归模型的原理及其 API 使用方法；决策树既可用于分类，也可用于回归，在决策树分类中，主要介绍了 ID3 算法及其 API 使用方法；在决策树回归中，主要介绍了 CART 算法及其 API 使用方法；聚类模型和关联规则挖掘中分别介绍了 K-means 算法和 FP-Growth 算法及其 API 使用方法。

思考与习题

1. spark.ml 提供的机器学习模型。
2. 简述分类与回归的区别、分类与聚类的区别。
3. 简述回归树与分类树的区别。
4. 使用 spark.ml 中的线性回归模型预测房价。以某市二手房房价为研究对象，从某交易网站上爬取某市二手房房价的数据，建立对房价(每平米均价)进行预测分析的回归模型。以总面积、房间数、是否近地铁、位于哪个区这四个因素来作为影响因子。数据集下载地址为：http://aibigdata.csu.edu.cn 或 https://pan.baidu.com/s/1HNeedhjypsX5mmroTqj5bw(密码：eynt)。
5. 使用 spark.ml 的决策树分类器 API 根据下表构造一个决策树。

计数	年龄阶段	收入水平	学生	信誉	是否购买 iphone
64	青年	高	否	良	否
64	青年	高	否	优	否
128	中年	高	否	良	是
60	老年	中	否	良	是
64	老年	低	是	良	是
64	老年	低	是	优	否
64	中年	低	是	优	是
128	青年	中	否	良	否
64	青年	低	是	良	是
132	老年	中	是	良	是
64	青年	中	是	优	是
32	中年	中	否	优	是
32	中年	高	是	良	是
64	老年	中	否	优	否

6. 使用 spark.ml 中 K-means 算法的 API 划分表中数据点，设定 $k=2$。

	X	Y
P1	0	0
P2	1	2
P3	3	1
P4	8	8
P5	9	10
P6	10	7

7. 使用 spark.ml 中 FP-Growth 算法的 API，找出频繁项集（min_sup = 60%）。

TID	购买的商品
T100	M, O, N, K, E, Y
T200	D, O, N, K, E, Y
T300	M, A, K, E
T400	M, U, C, K, Y
T500	C, O, O, K, , E

参考文献

[1] 王家林,段智华,夏阳. Spark 大数据商业实战三部曲[M]. 北京:清华大学出版社,2018.
[2] 黄东军. Hadoop 大数据实战权威指南[M]. 北京:电子工业出版社,2017.
[3] 王家林,段智华. Spark SQL 大数据实例开发教程[M]. 北京:机械工业出版社,2017.
[4] 郭景瞻. 图解 Spark 核心技术与案例实战[M]. 北京:电子工业出版社,2017.
[5] 时金魁,黄光远. Spark GraphX 实战[M]. 北京:电子工业出版社,2016.
[6] 周志湖,牛亚真. Scala 开发快速入门[M]. 北京:清华大学出版社,2016.
[7] 张帜,庞国明,胡佳辉,等. Neo4j 权威指南[M]. 北京:清华大学出版社,2017.
[8] 吴茂贵,郁明敏,朱凤元,等. 深度实践 Spark 机器学习[M]. 北京:机械工业出版社,2018.
[9] 蔡立宇,黄章帅,周济民. Spark 机器学习[M]. 北京:人民邮电出版社,2015.
[10] 张安站. Spark 技术内幕[M]. 北京:机械工业出版社,2016.
[11] 纪涵,靖晓文,赵政达. Spark SQL 入门与实践指南[M]. 北京:清华大学出版社,2018.
[12] Jason Swartz. Learning Scala[M]. 南京:东南大学出版社,2015.
[13] 黄美灵. Spark MLlib 机器学习[M]. 北京:电子工业出版社,2016.
[14] 王家林,段智华. Spark 内核机制解析及性能调优[M]. 北京:机械工业出版社,2017.
[15] 王家林,徐香玉. Spark 大数据实例开发教程[M]. 北京:机械工业出版社,2016.
[16] 王家林,管祥青. Scala 语言基础与开发实战[M]. 北京:机械工业出版社,2016.
[17] 穆玉伟,靳晓辉. Hadoop 高级编程构建与实现大数据解决方案[M]. 北京:清华大学出版社,2014.
[18] 韩燕波,刘晨,苏申. Spark Streaming 实时流处理入门与精通[M]. 北京:电子工业出版社,2017.
[19] 林子雨,赖永炫,陶继平. Spark 编程基础[M]. 北京:人民邮电出版社,2018.
[20] 陈欢,林世飞. Spark 最佳实践[M]. 北京:人民邮电出版社,2016.
[21] 吴今朝. Spark 与 Hadoop 大数据分析[M]. 北京:机械工业出版社,2017.
[22] 龚少成. Spark 高级数据分析[M]. 北京:人民邮电出版社,2015.
[23] 王道远. Spark 快速大数据分析[M]. 北京:人民邮电出版社,2015.
[24] 高宇翔. 快学 Scala[M]. 北京:电子工业出版社,2017.
[25] 刘永川,闫龙川,高德荃,等. Apache Spark 机器学习[M]. 北京:机械工业出版社,2017.
[26] 于俊,向海,代其锋,等. Spark 核心技术与高级应用[M]. 北京:机械工业出版社,2016.
[27] 林子雨. 大数据基础编程、实验和案例教程[M]. 北京:清华大学出版社,2017.
[28] 杨磊. 循序渐进学 Spark[M]. 北京:机械工业出版社,2017.
[29] 刘军. Hadoop 大数据处理[M]. 北京:人民邮电出版社,2013.
[30] 林子雨. Spark 编程基础(Scala 版)[M]. 北京:人民邮电出版社,2018.
[31] 耿嘉安. Spark 内核设计的艺术[M]. 北京:机械工业出版社,2018.
[32] 朱凯. 企业级大数据平台构建[M]. 北京:机械工业出版社,2018.
[33] 周志华. 机器学习[M]. 北京:清华大学出版社,2018.
[34] Spark. http://spark.apache.org
[35] Hadoop. http://hadoop.apache.org

图书在版编目(CIP)数据

Spark 大数据编程基础：Scala 版／高建良，盛羽编著．－长沙：中南大学出版社，2019.3(2022.7 重印)
ISBN 978-7-5487-3574-8

Ⅰ.①S… Ⅱ.①高… ②盛… Ⅲ.①数据处理—教材 Ⅳ.①TP274

中国版本图书馆 CIP 数据核字(2019)第 033042 号

Spark 大数据编程基础
Spark DASHUJU BIANCHENG JICHU
(Scala 版)
(Scala BAN)

高建良　盛　羽　编著

□责任编辑	韩　雪			
□责任印制	李月腾			
□出版发行	中南大学出版社			
	社址：长沙市麓山南路		邮编：410083	
	发行科电话：0731-88876770		传真：0731-88710482	
□印　装	长沙雅鑫印务有限公司			
□开　本	787 mm×1092 mm 1/16	□印张 24.25	□字数 616 千字	
□版　次	2019 年 3 月第 1 版	□印次 2022 年 7 月第 2 次印刷		
□书　号	ISBN 978-7-5487-3574-8			
□定　价	65.00 元			

图书出现印装问题，请与经销商调换